国家重点研发计划项目(2016YFC0801400)资助
中煤科工西安研究院(集团)有限公司创新基金项目(2022XAYJS04)资助

厚硬顶板裸眼分段水力压裂技术研究与应用

郑凯歌　李彬刚　张　俭　著

中国矿业大学出版社
·徐州·

内 容 提 要

本书以神东矿区典型矿井为研究对象,系统开展了厚硬顶板破断运移规律、矿压显现规律、分段压裂裂缝扩展规律以及强矿压动力灾害裸眼分段水力压裂卸压机理等方面的研究,研发了井下定向长钻孔分段压裂成套技术装备,同时给出了典型厚硬顶板强矿压动力灾害分段压裂防治实例,为在厚硬顶板发育典型矿区开展矿压动力灾害防治工作提供了科学依据。

本书可供采矿工程、安全工程等相关专业的本科生和研究生参考使用,也可作为有关科研工作者、工程技术人员及高校教师的阅读、参考用书。

图书在版编目(CIP)数据

厚硬顶板裸眼分段水力压裂技术研究与应用 / 郑凯歌,李彬刚,张俭著. — 徐州 : 中国矿业大学出版社,2024.6. — ISBN 978-7-5646-6303-2

Ⅰ. TE357.1

中国国家版本馆 CIP 数据核字第 2024J3T469 号

书　　名	厚硬顶板裸眼分段水力压裂技术研究与应用
著　　者	郑凯歌　李彬刚　张　俭
责任编辑	李　敬　徐　玮
出版发行	中国矿业大学出版社有限责任公司
	（江苏省徐州市解放南路　邮编 221008）
营销热线	(0516)83885370　83884103
出版服务	(0516)83995789　83884920
网　　址	http://www.cumtp.com　E-mail:cumtpvip@cumtp.com
印　　刷	江苏凤凰数码印务有限公司
开　　本	787 mm×1092 mm　1/16　印张 12.5　字数 320 千字
版次印次	2024 年 6 月第 1 版　2024 年 6 月第 1 次印刷
定　　价	56.00 元

（图书出现印装质量问题,本社负责调换）

序

随着煤矿开采深度的增大和开采强度的提高,中东部地区煤炭资源日益枯竭,我国煤矿开采主要产地重心已逐步向西部地区转移。中、西部地区的山西、陕西、内蒙古、宁夏、新疆是我国煤炭的主产区。神东矿区侏罗系煤田厚硬顶板普遍发育,在煤层回采过程中,悬顶面积急剧增大,瞬时破断极易诱发强矿压动力灾害。针对现有的冲击地压防治技术存在的问题,本书提出了煤矿井下定向长钻孔裸眼分段压裂区域卸压控制方法,研究了煤矿井下定向长钻孔分段压裂成套关键技术及装备、超前区域卸压防治机理以及防治效果综合定量评价体系的搭建等。

本书作者历经 5 年的持续攻关,依托神东矿区典型煤层厚硬顶板地质条件,开展了大量的现场地质探勘、调研、样品采集、试验测试等基础工作,并在井下分段压裂装备设计、精密加工和室内检验测试方法方面做了卓有成效的工作,同时通过力学模型建立、工艺开发、灾害机理探索,形成了煤矿井下厚硬顶板矿压动力灾害超前区域防控成套理论,研发了一种煤矿井下长钻孔裸眼分段压裂装备及工艺技术,革新了厚硬顶板矿压动力灾害防治方法。

本书内容丰富、资料翔实、论据充分、观点鲜明,取得的主要成果如下:

(1)指出研究区厚硬顶板岩层宏观上呈现分选中等、次棱-次圆磨圆,以钙质、钙泥质、铁质胶结为主,局部有石英加大胶结特征;微观上呈现低孔隙度、超低渗、特小孔道和微细喉道等致密特征。最大抗拉强度和抗压强度分别为 6.7～9.0 MPa、90.0～112.0 MPa,具有较高的静载能量容积能力,随着抗拉强度和岩层厚度的增大,岩层破断步距增大,积聚的弹性能也逐渐增大。

(2)认为厚硬顶板初次破断过程中仅存在拉伸破坏模式,厚硬顶板沿倾向长边率先拉裂,底面走向发生"X"型张拉破断,短边拉破坏紧随其后发生,初次破断步距达 70 m 以上。周期来压期间呈现"倒梯"形长悬臂结构破断特征,相邻周期来压步距有明显差异,来压步距最大为 32.8 m,破断角为 46°,见方和来压效应明显,动载系数大于 1.4,破断动载能量频次及大小为未来压期间的 5 倍以上,极易诱发强矿压动力灾害。

(3)提出了基于能量原理的厚硬顶板分段压裂分区控制思路,分析了分段压裂合理的断顶方式,得出了周期来压期间厚硬顶板合理的悬顶长度公式;构建了初次来压及周期来压合理的造缝深度和压裂垮落体填充支撑高度定量判识公式。

(4)基于厚硬顶板静载能量积聚和破断动载能量释放的灾害本源,揭示了通过厚硬顶板井下分段压裂卸压改造机理,实现了厚硬顶板蓄能块体减小、应力转移与均布化的静载能量控制;减小了来压步距,采用分层垮落、垮落充填支撑方式降低了破断及回转的动载能量,并给出了垮落充填支撑高位能量补给抑制的区域卸压防治机理。

(5)研发了一种煤矿井下长钻孔裸眼分段压裂装备及工艺技术。该装备由正反洗导向器、裸眼高压封孔、定压压裂释放器等 7 部分组成,输出排量达 87 m³/h 以上,具备远程控制和数据实时记录功能,单孔防治范围为千米级,裸眼密封能力为 85 MPa,无限级压裂,遇阻可自动分离回收工具。通过 9 组数值模型分析得出,压裂段间距 30 m、钻孔间距 60 m、泵注排量 60 m³/h 为最优裸眼分段压裂施工参数组合,实现了厚硬顶板定点、均等分区压裂改造和区域、有效卸压防灾。

（6）在神东矿区典型矿井开展了规模化工程试验。试验结果表明,厚硬顶板分段压裂后卸压效果显著,压裂区域较未压裂区域来压步距减小 23％以上,动载系数减小 18％,来压频次增幅达 27％以上,能量降幅达 50％以上等,有效规避了强矿压动力灾害的发生,为神东矿区强矿压动力灾害区域防治提供了有力支撑。

在本书出版之际,作者邀请我作序,我很高兴向读者推荐这本著作。本书作者发现了厚硬顶板矿压动力灾害防治目前面临的关键科学难题,克服了重重困难,为后续深部动力多灾害协同防治提供了新思路。最后,对本书的出版表示祝贺。

安徽理工大学 党委副书记、校长

中国工程院院士

前　言

据统计,近10年煤矿安全事故中顶板事故死亡人数和发生起数分别占全国煤矿安全事故死亡人数和发生起数的27%、35%,处在各类事故之首。其中,厚硬顶板诱发的强矿压动力灾害事故已成为顶板类灾害事故主要类型。地跨内蒙古、陕西、山西的神东矿区煤层基本顶多发育有厚层粉砂岩、细粒砂岩,岩层厚度为12~40 m,抗压强度为50.1~124.0 MPa,整体坚硬难垮。回采过程中,基本顶悬顶面积大,顶板来压步距大幅增大,大面积悬露厚硬顶板具有瞬时性破断特征,积聚的弹性能突然释放,采场受动载作用明显,极易诱发厚硬顶板强矿压事故。煤层厚硬顶板类灾害防治已成为困扰矿井安全高效开采的关键问题。因此,系统开展关于厚硬顶板矿压显现规律、区域卸压机理及区域改造技术装备的研究,不仅具有重要的理论意义,而且具有重大的应用价值。

鉴于此,笔者在国家重点研发计划、中煤科工西安研究院(集团)有限公司创新基金项目的共同支持下,系统开展了神东矿区煤层厚硬顶板基本特征、矿压显现规律、区域卸压机理、长钻孔压裂成套技术装备等方面的研究,取得了多项研究成果。本书就是在这些研究成果的基础上完成的。

针对厚硬顶板大面积悬顶回采过程中突然垮落,易产生强烈动力灾害,引发大面积切顶来压、支架压死、爆缸、冲击地压、矿震、顺槽异常变形等矿压异常显现现象,本书以神东矿区典型矿井为研究对象,系统开展了厚硬顶板破断运移规律、矿压显现规律和强矿压灾害裸眼分段水力压裂卸压机理的研究,并开发了井下定向长钻孔分段压裂成套技术装备,为在厚硬顶板发育典型矿区开展矿压动力灾害防治工作提供科学依据。本书主要内容有:① 阐明了砂岩沉积、胶结、强度、孔渗等基本特征,揭示了厚硬顶板来压具有明显"时-步"差和"难垮难断"特征,其破断后悬臂结构呈"倒梯形"破断特征。"见方"和"来压"动载扰动效应明显,动载系数大于1.4,破断动载能量频次及大小为未来压的5倍以上。② 研发了由洗孔系统、导向系统、裸眼高压封孔系统、定压压裂系统、安全分离系统、高压压裂液输送系统、大排量供液系统等七大系统组成的成套裸眼分段压裂技术装备,构建了不同地质因素和施工因素条件下12个压裂裂缝扩展模型,揭示了裂缝扩展机理,筛选了影响裂缝扩展的主要因素。③ 针对井下爆破断顶卸压带来的次生灾害问题,提出了坚硬顶板分段压裂超前造缝滞后及时垮落的放顶技术模式,分析了坚硬顶板分段压裂合理的断顶方式,得出了周期来压期间坚硬顶板合理的悬顶长度公式,建立了初次来压及周期来压期间分段压裂造缝位置与造缝深度关系曲线,确定了任意造缝位置最佳造缝深度。此外,揭示了厚硬顶板蓄能块体减小、应力转移与均布化减冲的静载能量控制机制,以及采取减小来压步距、分层垮落、垮落充填支撑方式来降低破断及回转动载能量的区域卸压防治机理。④ 建立了等压裂段间距、不同排量和定排量条件下不同压裂段间距以及等排量条件下不同压裂钻孔间距3种工况的9组模型,优选了分段压裂施工参数,并建立了强矿压区域防治效果综合立体监测体系,形成了一套适于研究区"由内而外"的裸眼、无限级分段水力压裂工艺技术。⑤ 在神东矿区布尔台煤矿开展了工程应用研究,验证了"垮落填充体＋煤柱＋承重岩层"协同支撑力学系统、分段压裂成套技术装备的合理性及适用性。

本书共分6章,由郑凯歌统稿,其中第1章由郑凯歌和李彬刚共同完成,第2、5章由郑凯歌和张俭共同完成,第3、4、6章由郑凯歌完成。

本书的研究工作得到了中煤科工西安研究院(集团)有限公司、神东煤炭集团、安徽理工大学等单位的大力支持。感谢袁亮院士、张平松教授、胡宝林教授、张群研究员、杨俊哲教授级高级工程师、张通副教授、刘瑜讲师、刘帅讲师、陈志胜研究员、孙四清研究员、陈冬冬副研究员、李延军副研究员、张庆贺副教授、孙斌杨博士、许时昂博士、毕尧山博士、李圣林博士等对本书的指导和帮助。此外,宿州学院魏强副教授、西安科技大学王红伟教授、中国石油大学张广清教授,西安科技大学动力灾害预报与安全采矿团队的杨森、赵继展、王林涛、杨欢、戴楠、王豪杰、王泽阳、王晨阳、贾秉义、方秦月,以及神东煤炭集团的罗文副总经理、孟永兵经理、高振宇高级工程师、杨茂林高级工程师、刘小熊高级工程师、李伟高级工程师、杨真矿长、陶志勇副经理等也给予了大力支持和帮助,在此一并感谢。

限于研究水平和条件,书中难免存在不足之处,敬请读者批评指正。

著　者

2024 年 6 月

目　　录

1　绪论 ………………………………………………………………… 1

　1.1　研究背景及意义 ……………………………………………… 1

　1.2　国内外研究现状 ……………………………………………… 3

　1.3　研究内容与技术路线 ………………………………………… 14

2　厚硬顶板破断运移规律及矿压显现特征研究 ……………………… 16

　2.1　神东矿区厚硬顶板基本特征 ………………………………… 16

　2.2　厚硬顶板初次破断及弹性能释放规律研究 ………………… 42

　2.3　厚硬顶板周期破断运移规律及动载能量释放模拟研究 …… 68

　2.4　本章小结 ……………………………………………………… 79

3　井下分段压裂技术装备及裂缝扩展特征研究 ……………………… 81

　3.1　定向长钻孔分段压裂技术思路 ……………………………… 81

　3.2　定向长钻孔分段压裂关键装置研发 ………………………… 83

　3.3　压裂裂缝扩展物理模拟试验 ………………………………… 99

　3.4　水力压裂物理模拟试验结果分析 …………………………… 106

　3.5　压裂裂缝扩展数值模拟及影响因素分析 …………………… 115

　3.6　本章小结 ……………………………………………………… 126

4　厚硬顶板强矿压灾害裸眼分段水力压裂卸压机理研究 ………… 128

　4.1　分段压裂合理断顶卸压分析 ………………………………… 128

　4.2　压裂垮落充填支撑控能机制 ………………………………… 135

　4.3　基于压裂作用的覆岩运移与能量控制效果 ………………… 138

　4.4　裸眼分段水力压裂卸压机理 ………………………………… 146

　4.5　本章小结 ……………………………………………………… 151

5　研究区井下工程试验研究 …………………………………………… 152

　5.1　试验条件及设计 ……………………………………………… 152

　5.2　分段压裂工艺技术及效果评价 ……………………………… 155

　5.3　井下工程试验实施 …………………………………………… 168

　5.4　本章小结 ……………………………………………………… 177

6 结论与展望 ·· 179

  6.1 主要结论 ·· 179

  6.2 创新点 ··· 181

  6.3 研究展望 ·· 181

参考文献 ··· 182

1　绪　　论

1.1　研究背景及意义

我国能源资源整体上呈现"缺油、少气、相对富煤"的格局。通过近 10 年我国能源消费情况统计分析可知,由国内能源消费结构和发展趋势可以看出,化石能源消费量占比已呈现下降趋势,"无碳"能源消费量占比逐步上升,煤炭消费量在能量消费总量的占比更是由 2011 年的 70.2％降低至 2020 年的 56.8％,如图 1-1 所示。但考虑到清洁能源很难在短期内替代传统化石能源,煤炭在未来相当长时期内仍是主导能源,起到能源"压舱石和稳定器"的作用[1]。据统计,近 10 年煤矿安全事故中顶板事故发生起数和死亡人数分别占全国煤矿安全事故发生起数和死亡人数的 35％、27％,如图 1-2、图 1-3 所示,处在各类事故之首。厚硬顶板强矿压动力灾害防治成为煤矿安全高效开采的关键难题,因此,对于厚硬顶板异常运移破断造成的灾害防控已迫在眉睫[2]。

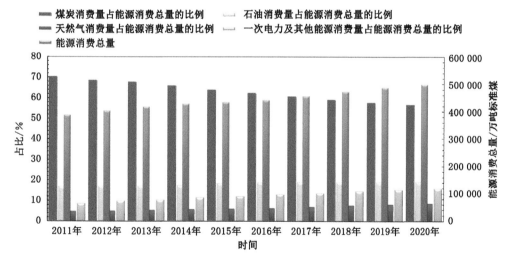

图 1-1　2011—2020 年我国能源消费结构情况

厚硬顶板强矿压动力灾害多发生于我国的山西、内蒙古、陕西、山东、新疆、宁夏等矿区。其中,地跨内蒙古、陕西、山西的神东矿区煤层基本顶多发育有厚层粉砂岩、细粒砂岩,岩层厚度为 12~40 m,抗压强度为 50.1~124.0 MPa,整体坚硬难垮。回采过程中,基本顶悬顶面积大,顶板来压步距大幅增大,致使极限悬顶面积可增大至 10 000 m² 以上。同时,大面积悬露厚硬顶板破断具有瞬时性特征,积聚的弹性能突然释放,采场受动载作用明显,动载系数可达 1~3,极易诱发厚硬顶板强矿压事故。在回采过程中已出现工作面巷道顺槽及帮部过度变形(变形量高达 2 m)、飓风、支架压死等动力显现现象。随着矿区开采强度的提高和采深的不断增大,神东矿区厚硬顶板已成为诱发顶板事故的主要因素,且以厚硬顶板为灾害发生因素代表的事故防治难度持续增大和非线性灾害事故愈发频繁。

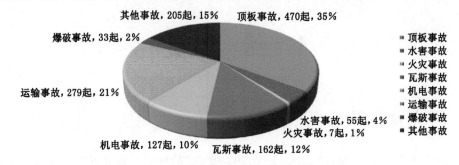

图 1-2 2015—2020 年煤矿事故发生起数占比

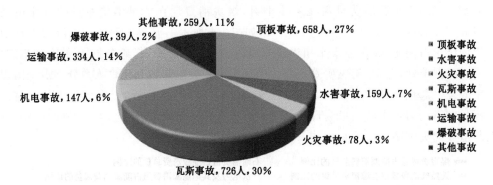

图 1-3 2015—2020 年煤矿事故死亡人数占比

煤层厚硬顶板类灾害控制已成为困扰矿井安全高效开采的关键问题。破坏厚硬顶板岩层的完整性、减小悬顶面积、消除或减小顶板积聚能量,是解决厚硬顶板强矿压动力灾害的重要途径。经过国内外学者多年的潜心研究,形成了一套基于井下常规水力压裂和爆破等技术的厚层坚硬顶板改造技术,取得了一定效果。但预裂爆破法施工难度大、危险性高,且其施工后产生的 CO、H_2S 等有毒有害气体易诱发煤与瓦斯突出等事故。常规钻孔压裂治理范围小,盲点、盲区多,难以有效控制厚硬顶板动载破断能量,尤其针对超宽工作面中部区域[3]。近年来,彬长公司开展了地面"L"形水平井分段压裂技术试验,通过采用千米定向钻进和地面大排量、大体积水力压裂技术对工作面上覆坚硬顶板产生的大范围裂缝实施区域弱化改性,促使其在工作面回采期间有序垮落,从而降低回采期间致灾风险。但在实施过程中也面临一些问题:① 受到地面各种因素影响,难以精确定位钻孔位置;② 受到雨期施工、青苗补偿、修路等影响,工期难以保证;③ 因地面压裂规模较大,控制精度有限,极易在构造发育区域诱发断层活化,尤其是在水文地质条件复杂区域易造成架间溃水、溃沙等次生灾害问题。为解决上述问题,本书提出了厚硬顶板强矿压动力灾害井下裸眼分段压裂超前区域主动防治技术。为了达到该技术的防治效果,探索了厚硬顶板强矿压动力灾害定向长钻孔裸眼分段压裂卸压解危机理,开发了定向长钻孔裸眼分段水力压裂关键孔内成套装置,并研究了厚层坚硬顶板卸压定向长钻孔层位选择方法与分段水力压裂工艺技术。

1.2　国内外研究现状

强矿压(冲击地压)灾害是世界煤矿开采面临的共同难题。自 18 世纪 30 年代末英国发生首次顶板冲击地压现象以来,德国、波兰、苏联等 20 余个国家相继发生了冲击地压灾害。其中,德国、苏联及乌克兰与我国多个矿区的冲击地压灾害地质条件相似;美国、英国、南非等国家冲击地压灾害发生地质环境与我国部分区域相近。1942—1982 年,波兰共发生灾害性冲击地压事件近 3 100 次,造成死亡 400 余人,破坏井巷 30 余万 m。德国 20 世纪 10～80 年代冲击地压灾害记录事件达 280 次以上,仅 1981—1989 年鲁尔矿区发生的冲击地压事件就有 22 次,伴随发生矿震事件近 5 200 次,造成了人员伤亡和设备损坏。以上产生冲击地压的煤层顶板绝大部分发育有 5～40 m 厚的厚层坚硬砂岩顶板,且 90% 以上的煤层开采方式为走向长壁垮落法。随着开采技术和开采强度的不断提高,我国冲击地压矿井数量显著增加,由 1985 年的 32 个增加至 2008 年的 121 个,2020 年更是达到 140 余个,尤其是西部厚硬顶板发育典型矿区,冲击地压灾害愈加严重[1-2]。

为有效防止厚硬顶板强矿压(冲击地压)灾害的发生,国内外学者对厚硬顶板强矿压(冲击地压)灾害的基础理论、防治技术进行了大量研究,硕果累累。本书主要围绕采场覆岩运移理论、厚硬顶板强矿压显现规律、厚硬顶板强矿压灾害防治技术以及水力压裂技术方面的研究进行文献综述。

1.2.1　采场覆岩运移理论研究

强矿压动力灾害是矿山压力异常显现的极端形式,采场上覆岩层变形失稳是顶板发生垮落、矿震、冲击地压等重大矿井动力灾害的根源[4-6]。以往的强矿压动力灾害研究主要针对煤层,厚硬顶板仅作为其中一种诱发关键因素考虑,将厚硬顶板覆岩运移-煤层异常破坏-强矿压显现作为整体分析的研究相对较少。我国煤层赋存条件复杂多变,煤层顶板发育有厚层坚硬岩层的煤矿数量占全国煤矿总数量的 1/3 左右[7],厚硬顶板造成的冲击地压等动力灾害尤为普遍,因此,需要针对采场运移覆岩相关研究进行论述。覆岩运移控制理论是采矿学研究的主要问题,自人类开始进行地下采矿活动以来,覆岩运移与强矿压动力灾害控制一直就是研究的主要难题。为了揭示采场矿压压力特征,防治矿压动力灾害,国内外学者开展了大量的假说与理论研究。依照发展时序,采场覆岩运移理论发展过程主要分为 5 个阶段,如图 1-4 所示。

(1)萌芽阶段

19 世纪末,德国学者舒里兹通过建立采场覆岩结构模型,并将采空区上覆岩层简化为梁或板,初步提出了采空区上覆岩层的"悬梁假说",随后苏联学者里特捷尔初步提出了"压力拱假说"构想。该阶段,研究人员主要提出了初步的设想,但未具体对该假说进行详细的阐述及采场矿压规律分析。

(2)初始阶段

20 世纪早期,德国学者施托克在"悬梁假说"的基础上,提出了"悬臂梁假说",如图 1-5所示。20 世纪 30 年代,德国学者哈克和吉利策尔在原"压力拱假说"基础上,提出了普遍认可的新"压力拱假说"[8-9]。该假说合理地解释了支架所受作用力小于上覆岩层重力的原因

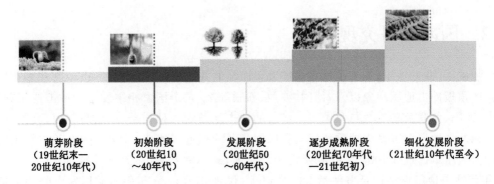

<table>
<tr><td>萌芽阶段
（19世纪末—
20世纪10年代）</td><td>初始阶段
（20世纪10
～40年代）</td><td>发展阶段
（20世纪50
～60年代）</td><td>逐步成熟阶段
（20世纪70年代
—21世纪初）</td><td>细化发展阶段
（21世纪10年代至今）</td></tr>
</table>

图 1-4　采场覆岩运移理论发展过程

以及工作面周期来压现象。整体上，以上假说主要定性地阐述了部分采场矿压的特征，但因未考虑采动效应下顶板矿压显现及变形等因素的影响，与实测数据相差较大。

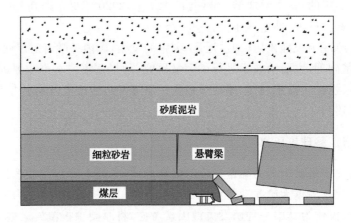

图 1-5　"悬臂梁"假说示意图

（3）发展阶段

从 20 世纪 50 年代起，随着长壁采煤工作面开采装备技术的发展，煤层顶板运移导致的冲击、矿震等灾害的频发，以及安全生产的要求，以往的矿压理论假说已难以有效保障现场安全生产。"铰接岩块"与"预成裂隙"假说应运而生[10]，分别如图 1-6 和图 1-7 所示。"铰接岩块"假说将工作面上覆岩层沿纵向方向进行了"分带"，提出了支架的"给定荷载"和"给定变形"两种工作状态。预成裂隙假说将工作面沿走向方向划分为应力降低区、应力增高区和采动影响区 3 个区域。该假说认为开采后的上覆岩层形成了各种裂隙，这些裂隙破坏了类塑性体的挤密特征，在自身重力和上覆岩层的作用下发生弯曲，但各岩层在不协调变形时将产生离层。该阶段提出的假说为覆岩结构"横三区、竖三带"理论的提出奠定了基础，但未能对顶板形成结构的平衡条件及支架合理参数的确定进行深入的研究。

（4）逐步成熟阶段

在以上 3 个阶段的基础上，基于采场设备的改善和技术水平的不断提高及我国国民经济发展的需求，自 20 世纪 60 年代以来，国内外学者对采场覆岩运移理论继续进行了深入研究，在继承以往研究成果的同时，依托现场实时观测和数据采集，提出了更贴合生产实际的

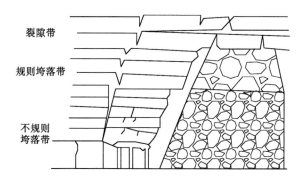

图 1-6 "铰接岩块"假说示意图

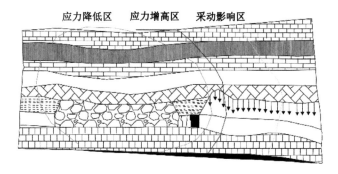

图 1-7 预成裂隙假说示意图

新理论模型。其中,最具典型代表的理论模型为由钱鸣高院士提出的"砌体梁"理论模型(图 1-8)和"关键层"理论模型(图 1-9)以及由宋振骐院士提出的"传递岩梁"模型(图 1-10)。

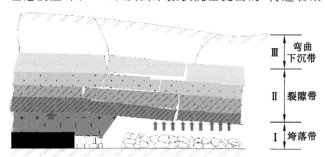

图 1-8 "砌体梁"理论模型

① "砌体梁"理论

自 20 世纪 70 年代末以来,钱鸣高等[11-13]依托煤矿井下岩层移动数据监测和井下岩层运移实际观测结果,提出了著名的"砌体梁"结构的理论模型。该理论建立了采场整体力学架构模型,给定了覆岩破断的铰接方式和平衡条件,形成了"S-R"稳定理论。此外,该理论还全面描述了采动覆岩结构形态,形成了"纵向上三带和横向上三区"的采场覆岩运移理论。同一时期,钱鸣高等[14-16]将传统基本顶破断梁模型拓展至板模型(图 1-11),利用马库斯理论,给出了不同条件下的基本顶板模型弯矩分布特征,提出了基本顶周期性的"O-X"型破断形式,以及破断后上覆岩体在剖面上呈"砌体梁"平衡状态。

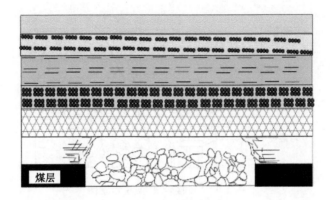

图 1-9 "关键层"理论模型

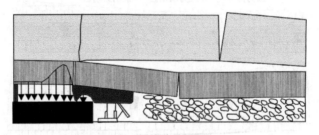

图 1-10 "传递岩梁"模型

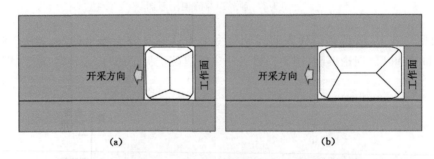

图 1-11 板模型

② "传递岩梁"假说

"传递岩梁"假说是由宋振骐院士通过现场实地跟踪观测矿压变化情况进行研究分析总结形成的。该假说建立了直接顶与基本顶的概念,并指出岩梁由同步或类同步运移的岩层组成,在采场推进过程中,组合岩梁中的岩块能够相互咬合,向煤壁与采空空间传递应力,并给定了工作面矿压显现与上覆岩层运移间的数学判识关系。宋振骐院士[17]基于现场实际观测情况,指出矿压显现研究的重点是不能局限于瞬时值的特点,应分析整个采动全过程的矿压变化规律及其与上覆岩层运移耦合关系。该理论以实测数据为基础,从实践中提炼并应用到实践中,密切联系了矿上现场生产实际,但整体上未对该结构的平衡条件进行定量推导与评价。

③ "关键层"理论

20 世纪 90 年代末,随着煤炭开采技术的迅猛发展,尤其是综采机械化开采的大规模推广,覆岩运移不仅影响采场附近顶板与巷道围岩的安全控制,同时随着大采高、高采速及宽工作面的长壁开采模式的采用,煤层上覆岩层破断与变形规模加大,极易诱发煤矿顶板强矿压、瓦斯灾害、突水、地表沉陷、环境恶化等伴生灾害。在"砌体梁"理论基础上,钱鸣高院士创建了"关键层"理论[18-19]。该理论给出了采场覆岩关键层的具体定义,并阐释了关键层的内涵与特征,建立了关键层力学模型及判识方法。关键层作为在覆岩运移过程中起主导控制作用的岩层,控制着其上方一定范围内的岩层协同运移。关键层识别的关键参数为变形和破断数据。当关键层破断时,其控制的全部或部分岩层的变形破断是基本协调一致的。关键层理论整体揭示了岩层控制的基本规律,融合了矿压控制、绿色开采等多个方面的研究成果。

（5）细化发展阶段

随着煤矿矿压在线智能监测监控设备、超大采高开采装备的开发及精准、绿色、高效、安全开采理念的提出,大批学者开展了传统覆岩运移及矿压控制的细化或拓展研究。例如,姜福兴等[20-22]针对厚硬顶板冲击地压灾害,提出了"荷载三带"理论模型,并通过微震监测数据分析,将采场覆岩空间类型划分为"O"型、"S"型、"C"型和"θ"型。赵德深等[23]基于理论分析,提出了"拱板式"和"板式"两种覆岩平衡模型。王双明等[24-25]依据覆岩运移特征,提出了保水采煤新理念。随着我国矿井开采强度的不断提高以及逐渐转向深部煤炭资源开发,国内的冲击地压事故呈井喷式发生。窦林名等[26]针对冲击地压灾害提出了动静载叠加诱发机理,并系统研究了微型地震、地音、电磁辐射、CT 等多种监测方法,建立了矿压、应力等多参量监测平台。上述研究成果丰富了采场覆岩运移理论,有效地指导了强矿压动力灾害防治、保水采煤等技术的应用。

1.2.2　厚硬顶板强矿压显现机理研究

厚硬顶板一般指赋存在煤层或者薄层直接顶软岩上具有高强度、大厚度、强完整性、极致密性等特点的厚且坚硬的砂、砾岩或灰岩等岩层。在开采过程中,它容易在采空区形成大面积悬顶、短期内难以垮落的顶板[27-28]。厚硬顶板发育工作面来压剧烈,具有明显的时差性和步距差异,来压时周期性明显,整体来压不均匀,来压时动载系数大(大于 1.3);来压步距大,初次来压步距 60～150 m,最大达 200 m,周期来压步距大于 15 m;垮落岩块尺寸大(长 5～10 m),垮落高度大,可达 50～80 m,乃至贯通地表;顶板突然垮落,易产生飓风,严重时可引发冲击地压或矿震灾害[29-30]。我国有近 1/3 的矿区煤层顶板发育厚硬岩层,如大同、义马、神府等矿区,其顶板主要以厚层砂、砾岩为主,煤层开采后采空区大面积悬顶,形成了顶板强矿压动力灾害发生的初始条件。厚硬顶板是诱发强矿压动力灾害的关键因素,近年来,厚硬顶板造成的强矿压动力灾害事故频次和危险程度呈现明显升高态势[31-33]。国内外学者主要从以下两个方面对厚硬顶板灾害发生机理开展了大量的研究。

（1）基于应力及覆岩破断的灾害机理研究

杜学领[34]通过对应力场变化、扰动能量增幅及回转空间变化等因素分析,揭示了厚层坚硬煤系地层强矿压动力灾害(冲击地压)机理。杨强等[35]、王锐等[36]采用数值分析和现场实测等方法,研究了采掘过程中厚硬顶板条件下的应力场演化及破断特征。赵通[37]、许斌[38]采用现场实测、物理仿真模拟、数值计算等研究手段分析了巨厚坚硬顶板垮落运移特征和应力场变化特征,并揭示了巨厚坚硬顶板诱发矿震、冲击地压等强矿压动力灾害的机理。轩大洋等[39]、胡敏军等[40]对 140 m 巨厚火成岩采动效应下应力演化和瓦斯突出灾害机理进行了研究，认为巨厚火成岩的存在促使采场应力集中系数呈线性增大趋势，应力影响范围扩大 3 倍。窦林名等[41]通过分析坚硬顶板对冲击灾害的影响，指出上覆厚硬砂岩顶板的破断运移是产生冲击灾害的关键因素，并提出了相应的监测与治理方案。牟宗龙[42]提出了顶板诱冲的冲能机理，并将该机理划分为稳时的"稳态诱冲机理"和动时的"动态诱冲机理"两类。其通过分析顶板运移作用下煤体冲击应力能量叠加原理，结合岩石介质能量传播规律和顶板冲击危险程度划分，推导出了"顶板诱冲关键层"判识准则。尽管国内外科学工作者在厚硬顶板灾害发生机理方面做了大量研究[43-46]，成果丰硕，但因厚硬顶板强矿压动力灾害影响因素较多且复杂多变，截至目前，尚未有一套理论能够完全解释该类灾害发生的原理。

（2）基于梁、板等结构模型的灾害机理研究

厚硬顶板与强矿压动力灾害的关系研究取得了大量成果，为进一步研究厚硬顶板强矿压动力灾害防治工作提供了有力支撑。煤层顶板岩层研究最常用的岩层分析模型为梁、板模型。钱鸣高等[47-48]通过分析提出了顶板破断前后弹性基础梁和基础板力学模型，并揭示了该模型的顶板破断机理和特征，界定了基础梁模型和基础板模型的应用范围。杨胜利[49]以厚硬顶板大采高综放工作面为背景，基于中厚板理论，揭示了厚硬顶板破断致灾机理与动载发生机理。蒋金泉等[50]研究了厚硬顶板破断、矿压显现及失稳致灾机理，指出厚硬石英砂岩致密难垮、大面积悬空、超大步距破断是引发支架强烈受载和工作面风流逆转的动力源头。潘岳等[51]建立了受均布、超前隆起荷载和支护阻力协同作用的坚硬顶板挠度微分方程，为坚硬顶板损伤断裂分析提供了理论支撑。李新元等[52-53]将工作面坚硬顶板等效为线弹性地基的岩梁，构建了工作面回采过程弹性梁和坚硬顶板破断的弹性振动力学模型。郭惟嘉等[54]从地质开采环境出发，分析了巨厚坚硬顶板采动滞后大步距破断诱发冲击灾害和地表斑裂机理。吴洪词[55]、贺广零[56-58]、王金安等[59-60]、潘红宇等[61]、刘晓青等[62]、李洪等[63]依托 Winkler 假说构建了弹性基础板模型，将厚硬顶板简化为弹性薄板，煤柱简化为连续均布支撑弹簧，揭示了顶板破断规律、应力变形及突变失稳全过程，给定了坚硬顶板-煤柱失稳数学判据和力学条件。牟宗龙等[64]、刘贵等[65]建立了厚硬顶板与煤柱的失稳突变模型，结合尖点突变理论对厚硬顶板与煤柱组成的系统进行了分析。吴志刚等[66]建立了厚硬基本顶周期来压力学模型，分析了顶板沉降速度与厚硬基本顶来压的关系，提出了利用顶板沉降速度预测厚硬顶板来压的思路。姚顺利[67]通过分析巨厚坚硬砂岩顶板连续开采过程中"O-S-O"型结构的特征，指出了应力转移和集中是巨厚坚硬砂岩顶板破断失稳致灾的主要原因。唐巨鹏等[68]基于华丰煤矿巨厚砾岩的地质条件，建立了地表变形速度、顶板周期破断规律与冲击灾害的关系，提出了采用地表沉降预测冲击灾害的新指标，指出巨厚坚硬砂岩是冲击地压灾害发生的主要因素。马其华[69]分析了"O"型采空空间矿压特征，指出工作面回采"见方"位置矿压显现最为强烈，提出了厚硬岩层的夹持效应是回采初期基本顶与直接顶转化的根本原因。

1.2.3 厚硬顶板强矿压灾害防治技术研究

我国厚硬顶板强矿压动力灾害防治技术研究起步相对较晚。随着煤矿开采强度的提高和深度的增大，厚硬顶板强矿压动力灾害危险程度逐年提高，受影响范围逐年扩大，政府和各大科研团队关注力度不断上升，厚硬顶板强矿压动力灾害防治技术研究取得了重要进展。

（1）区域防治技术

区域防治技术主要通过保护层开采、煤层错层布置、采掘布设优化及开采接续调整等技术方法，在矿区设计布设时期进行区域大范围卸压或高应力集中区域合理避让，实现强矿压动力灾害的有效防治。

① 开采、开拓方式合理布设

合理的开拓布设和开采方式可以借助煤层或工作面的开采顺序调整、巷道及硐室布置、遗留或孤岛煤柱的留设选择和采煤支护设备及方式的合理选择等规避后期采掘面临的高应力集中或叠加，破坏强矿压动力灾害的孕育环境，提高开采支护能量，有效降低灾害发生概率。

② 保护层卸压开采

保护层卸压开采是在多煤层开采过程中，在采掘扰动影响下，对邻近被保护煤层进行"卸压、降能、减震"作用，从而降低或消除被保护煤层发生强矿压动力灾害危险的方法。保护层卸压开采是目前最有效的区域防治战略性措施。

③ 厚及特厚煤层临空巷道错位布设

对于厚及特厚煤层的分层开采，受上分层顶板破断变形扰动影响，下分层临空巷道支撑应力增大，且上分层覆岩未发生完全稳定垮落，在下分层回采过程中，易发生二次垮落运移，形成动静载叠加，增强下分层临空巷道动力破坏倾向性。为了规避上分层高应力静荷载强烈动载扰动，将下分层临空巷道布设在上分层采空区内，即使负煤柱内错式布设，从而规避或降低下分层临空巷道强矿压危险。

（2）局部解危技术

针对厚硬顶板强矿压动力灾害的局部控制，目前采用的方法主要为提高工作面回采支架能力、大直径卸压钻孔、井下爆破、注水弱化、水力压裂等。限于支架设备难以无限制地提高支撑能力，满足井下生产需求，也难以从源头解决强矿压动力灾害问题，因此主动弱化控制厚硬顶板成为近年来强矿压动力灾害局部治理的主要技术方法。

① 大直径卸压钻孔

大直径卸压钻孔(图 1-12)主要指在煤层或顶板中提前人工预制直径大于 100 mm 的密集钻孔，当发生强矿压动力显现时，大直径钻孔通过孔内空间收缩吸收动载能量和围岩闭合产生"楔形"阻力带抑制强矿压动力灾害的发生。但整体上该方法是被动地接受能量来源进行抑制灾害发生的，并不能从根本上解决厚硬顶板引发的相关问题。

② 爆破法

爆破法可控制厚硬顶板垮落，减弱应力集中和能量积聚，从而避免厚硬顶板大面积悬空危害。陈殿赋[70]针对工作面采空区大面积悬顶问题，通过深孔爆破技术对厚硬顶板进行弱化处理，弱化顶板第一岩梁和第二岩梁厚度分别由 33.0 m、40.0 m 减小至 21.1 m、27.2 m，有效控制了采空区大面积悬顶问题。姬健帅等[71]针对厚硬顶板发育条件下初采期间支架压死等灾害问题，通过理论、数值及现场试验分析，确定了深孔预裂爆破目标层高度，并开展了工程试验，顶板初次垮裂步距由原始的 49.7 m 减小至 17.0～30.0 m，来压整体不剧烈，有效控制了厚硬顶板初次来压扰动灾害。顾成富[72]针对大采高工作面的厚硬顶板强矿压显现问题，通过深孔爆破方法控制使初次和周期来压步距分别由 50 m、25 m 减小至 27 m、12 m，有效控制了顶板来压显现特征，实现了矿压显现程度的有效降低。王开等[73]针对厚

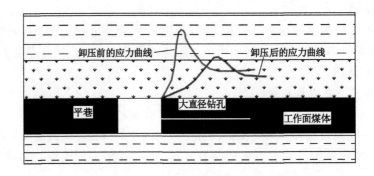

图 1-12　大直径卸压钻孔示意图

硬顶板长壁采煤工作面初次来压步距大、周期破断步距大、易形成矿压动力灾害等问题,通过固支梁模型比较了循环浅孔、中部及端部拉槽爆破方法对坚硬顶板控制的效果,得出了端部拉槽爆破方法整体工程投入小,但效果更好的结论。于斌等[74-75]组织实施了地面垂直井充水爆破。该方法借助水的不可压缩性,减小了爆破能量损耗,提高了爆破预裂效果,破岩效率相比常规爆破提高了 3 倍以上。但其危险程度高,爆破产生了 CO 及 H_2S 等有害气体,且破坏能量和方向难以定量控制,易产生损坏支护系统或诱发强矿压动力灾害的风险,故难以大规模推广应用。

③ 注水软化法

注水软化法主要通过改变煤岩体物理力学性质等途径来破坏矿压动力灾害发生的能量条件和强度条件,降低煤岩体自身灾害危险性,从而实现煤岩体的卸压控制,但对于水敏性矿物含量低的厚硬顶板效果不明显。

(3) 常规水力压裂法

常规水力压裂法通过在顶板进行高压水力造缝改造,使厚硬顶板岩层完整性降低,提高厚硬顶板冒放性,提前释放积聚的能量,减小厚硬顶板悬顶长度,从而降低来压强度,防治矿压动力灾害。常规水力压裂技术影响半径可达 6～10 m。该方法相比爆破法清洁、安全,可改变距煤层较远的坚硬顶板岩层固有的物理属性,如图 1-13 所示。但传统短钻孔水力压裂技术存在钻探施工精度低、有效压裂长度小,以及裸眼封孔效果较差等问题,难以有效解决工作面来压问题。尤其对于宽度大于 200 m 的工作面中部顶板,因其钻孔长度只有 40～70 m,无法进行区域有效压裂,难以保障矿井安全、高效生产。地面水平井分段压裂(图 1-14)成本高、工期难以保证,且在多灾害共存矿井采用时易诱发次生灾害问题。

1.2.4　水力压裂技术研究

(1) 压裂裂缝扩展与控制因素研究

水力压裂技术广泛应用于地应力测试、煤层瓦斯增透抽采、矿压动力灾害控制和采空区处理等方面。Q. Lei 等[76]通过研究指出,压裂裂缝规模是解决储层改造和灾害控制的关键。压裂裂缝规模受地应力与钻孔方位空间关系、致密岩层的脆性强度等级、天然裂缝发育程度、非均质特征等因素的共同作用,最终可形成横向、纵向或转向等多种形态的压裂裂缝,如图 1-15 所示。

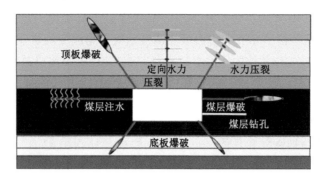

图 1-13 常规水力压裂法局部解危措施示意图

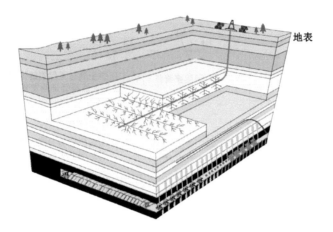

图 1-14 地面水平井分段压裂示意图

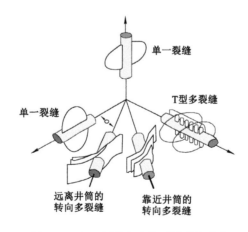

图 1-15 人工压裂产生的不同裂缝形态

  国内外学者对压裂人工裂缝的扩展规律开展了大量研究。T. L. Blanton[77]认为单一压裂裂缝与天然裂缝间的干扰角度和水平主应力差是影响水力裂缝发育的关键因素。P. L. P. Wasantha 等[78]采用完全耦合的水力力学模型,研究了不同地应力条件下单级和多级水力压裂裂缝遏制行为。J. T. Shakib[79]研究了在随机几何条件下,水力裂缝与自然裂缝的相互作用。吕帅锋等[80]认为压裂液进入岩层中的天然裂缝会促使其规模延伸或产生新的分支裂缝,并分析了在天然裂缝发育条件下不同排量压裂裂缝的延伸特征。M. Y. Soliman 等[81]从力学角度分析了钻孔和水力裂缝诱发地应力场改变的机制,提出了两种使脆性岩层产生缝网结构的方法,并认为压裂目标岩层的非均质性、脆性以及压裂液的性质等是压裂裂缝形成的重要因素。N. P. Roussel 等[82]通过研究指出,天然裂缝较人工压裂裂缝更易转向,二者呈现 3 种沟通模式(图 1-16):① 人工压裂裂缝与天然裂缝沟通,并沿天然裂缝延伸发育;② 人工压裂裂缝穿过天然裂缝,天然裂缝仍保持闭合状态;③ 人工压裂裂缝穿过天然裂缝,且天然裂缝被恢复和延伸。此外,其通过模拟还指出,人工压裂裂缝的产生会在周围的地层岩石中诱发应力和应变,导致原地应力各向异性的重新定向。J. Liu 等[83]进行了煤层气储层水力压裂试验研究,发现新的水力裂缝倾向于沿已有裂缝方向以较小的接近角度扩展。

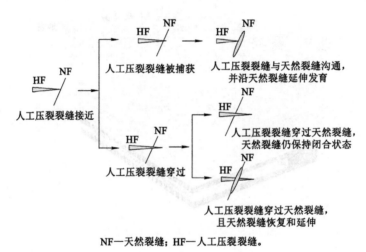

NF—天然裂缝;HF—人工压裂裂缝。

图 1-16 人工压裂裂缝在延伸过程中与天然裂缝的沟通模式

国内外许多学者采用三维有限元裂缝扩展模型模拟多簇分阶段压裂,证明了小簇间距对应力变化的影响更大[84-86]。此外,与单射孔簇的多阶段压裂相比,多射孔簇的多阶段压裂优先产生复杂的裂缝[87]。

(2)压裂裂缝特征对厚硬顶板采场应力特征的影响

目前,对于厚硬顶板强矿压动力灾害主要采用调整采掘布局、人工主动弱化治理等方法进行防治,但目前多数矿区的采掘设计已经形成,如强行进行调整会影响整个矿区的安全生产,造成大量浪费,提高生产成本。人工压裂主动弱化控制厚硬顶板强矿压动力灾害是最合适的途径。采取主动压裂技术措施,可减小厚硬顶板下沉垮落空间,降低工作面设备所需抵抗强矿压动载能力,减小厚硬顶板悬顶面积,从而规避大能量破断事件[88-90]。

针对厚硬顶板诱发的强矿压动力灾害,波兰自 20 世纪 60 年代起就开始针对坚硬顶板引起的冲击地压型强矿压动力灾害监测和防治技术开展了研究,建立了微地震、地音监测系统及 CT 透视方法,提出了短钻孔定向水力压裂防治技术,并取得了初步成效[91-95]。我国煤矿顶板控制的高压压裂技术自 1997 年从波兰引入后,限于设备和施工人员水平等影响,推进缓慢,不过近十年来随着技术装备的提升,推广应用范围逐步扩大[96-99]。其主要在常规钻孔成孔后,通过切片成槽形成诱导缝,利用高压压裂装备进行压裂成缝,从而降低岩石强度。在工作面回采过程中,压裂裂缝促使厚硬顶板更易垮落,并实现削峰转移应力作用,防止强矿压动力灾害的发生。但短钻孔定向压裂施工工艺技术的整体有效治理面积较小,存在盲点、盲段,无法实现整个工作面乃至盘区区域的弱化解危。笔者提出了适用于煤矿井下坚硬顶板冲击地压动力灾害治理的定向长钻孔分段水力压裂超前弱化解危技术和装备,以期有效防治坚硬顶板强矿压动力灾害,实现超前、精准、区域弱化治理,但目前缺乏定向压裂裂缝对采场应力影响的研究,仍无法进行定量耦合判识。

水力压裂最重要和最独特的特点是裂缝的张开会引起周围应力场的不断改变。美国在20世纪80年代末开展了水力压裂试验。试验结果表明,水力压裂后储层应力场分布受水力压裂产生的人工裂缝影响。I. N. Sneddon 等[100]揭示了当无限大弹性体内穿透型裂缝表面作用有均布压应力时裂缝周围应力的分布规律,并推导出应力场分布的定量估算公式。M. S. Bruno 等[101]通过室内压裂试验发现,随着高压压裂液的不断注入,孔隙压力不断增大,当达到破裂压力后,新的压裂裂缝不断发育和延伸;Dowell 公司进行了水力压裂对应力场变化影响的模拟试验,发现水力压裂形成的人造裂缝会改变钻孔周围的应力场分布特征。R. Roundtree[102]利用钻孔的几何学、岩石力学特征及应力场分布状况,搭建了压裂储层应力场分布模型;付江伟[103]针对井下煤层水力压裂过程中"瓦斯场、渗流场、应力场"重新分布规律问题,采用理论研究、数值计算、应用试验等手段,分析了不同煤体结构适用的井下水力压裂技术,揭示了压裂影响范围应力场分布特征。康红普等[104]采用空心包体应变计,对水力压裂前后钻孔周围煤层应力的变化进行了监测分析。研究表明,当压裂实施后,垂直应力增大,水平应力减小,压裂造成的应力场扰动变化远大于采掘影响,顶板压裂可有效降低超前支撑压力和来压强度。于斌等[105]针对大同矿区侏罗系、石炭系双系煤层厚硬顶板发育易诱发强矿压动力灾害问题,采用地面和井下水力压裂技术有效降低了采场矿压强度。

1.2.5 研究现状分析

通过文献查阅和分析可知,国内外学者在采场覆岩运移理论、厚硬顶板强矿压动力灾害发生机理、卸压防治技术、短钻孔压裂顶板控制机理及效果监测评价等方面取得了丰富研究成果。但是,目前缺乏煤矿井下厚硬顶板定向长钻孔裸眼分段压裂区域卸压方面的系统研究,主要体现在以下几个方面:

(1)现有研究多集中在通过应力及覆岩破断和中厚板及薄板理论揭示坚硬顶板强矿压动力灾害发生机理,对厚硬顶板覆岩破断结构模型和多场分析条件下覆岩运移及矿压显现特征缺少系统研究。

(2)煤矿井下定向长钻孔分段压裂区域卸压机理尚不明确。现有研究成果多集中在常规短钻孔顶板压裂卸压原理分析,而井下定向长钻孔分段压裂方法作为近期才提出的强矿压动力灾害区域防治方法,亟须开展卸压控制机理的系统研究。

(3)井下厚硬顶板卸压技术的主动区域性卸压防控研究不足。目前煤矿井下卸压技术主要为爆破、大直径卸压钻孔及短钻孔水力压裂等局部防治方法,难以实现井下超前、区域性、精准、有效的卸压控制。

(4)目前井下定向长钻孔裸眼分段压裂卸压试验规模较小,且尚未有针对煤矿井下定向长钻孔的分段压裂效果监测评价行之有效的方法。因此,亟须优选典型区域开展井下工程试验,改进压裂裂缝扩展特征展示和压裂超前防治效果评价方法,以验证技术装备的合理性和卸压机理及效果评价体系的有效性。

基于此,本书以神东矿区布尔台等煤矿为研究对象,开展厚硬顶板裸眼分段水力压裂卸压应用理论研究,并结合现场条件开展装备与技术应用研究。

1.3 研究内容与技术路线

1.3.1 研究内容

本书重点研究了煤矿井下厚硬顶板定向钻孔分段压裂区域主动卸压机理及强矿压动力灾害防治工艺技术,研发了相关成套装备,创建了煤矿井下强矿压动力灾害超前区域主动防治模式,主要研究内容包括以下几个方面。

(1) 厚硬顶板破断运移规律及其矿压显现特征

本部分研究以厚硬顶板为基础,通过物性、力学及沉积特征3个方面的研究分析了厚硬顶板基本特征。基于厚硬顶板理论,搭建了厚硬顶板物理力学模型,分析了厚硬顶板初次破断及弹性能释放特征。采用物理相似模拟分析方法,揭示了厚硬顶板运移规律及其矿压显现特征。

(2) 定向长钻孔分段压裂技术及裂缝扩展特征研究

本部分研究主要是研发了集裸眼钻孔密封、定压压裂、定向控制裂缝、安全分离可控和裸眼钻孔清洗等功能于一体的厚硬顶板分段水力压裂关键装置,提出了煤矿井下定向长钻孔裸眼分段压裂工艺技术;构建了地质因素和技术因素的相互关系物理模型,并结合应力-渗流-损伤三场耦合的模拟分析方法,揭示了厚硬顶板裸眼分段压裂裂缝发育特征。

(3) 厚硬顶板强矿压灾害裸眼分段压裂卸压机理研究

本部分研究主要是建立了基于"垮落填充体+煤柱+承重岩层"协同支撑系统和初采及周期性合理断顶卸压力学模型,进行了支撑系统作用机制及稳定性分析,定量确定了压裂钻孔布置层位高度,构建了分段压裂造缝点位置与造缝深度间的关系;通过厚硬顶板岩层弹性能蓄积、破断扰动动能释放及回转下沉重力势能叠加效应分析,并结合压裂前后覆岩破断、应力及能量显现特征研究,揭示了井下分段压裂区域卸压机理。

(4) 厚硬顶板强矿压灾害防治试验研究

本部分研究选择典型厚层坚硬顶板工作面为工程试验背景,开展了厚硬顶板强矿压动力灾害定向长钻孔分段压裂卸压防治试验研究;建立了压裂效果"时空"响应多参量动-静结合的综合监测评价技术体系,定量揭示了压裂裂缝展布特征;有效评价了厚硬顶板强矿压灾害防治效果,验证了该综合评价方法、技术装备及卸压机理的有效性。

1.3.2 研究技术路线

基于以上分析,本书综合采用理论分析、物理模拟、数值计算、装置研发、工程试验及现场监测等方法,开展上述内容的研究,具体的研究技术路线如图1-17所示。

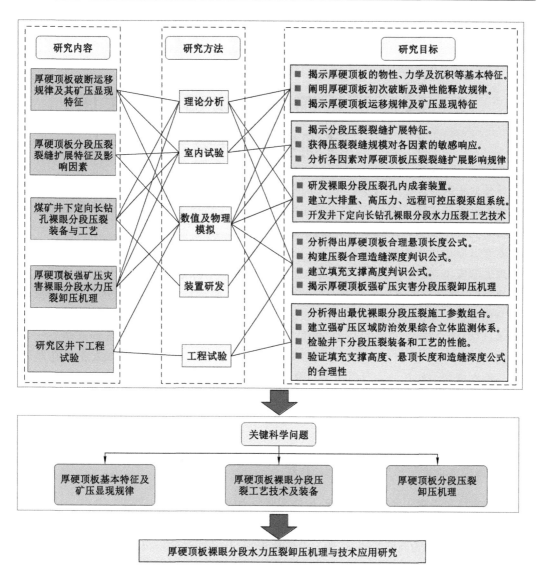

图 1-17 研究技术路线

2 厚硬顶板破断运移规律及矿压显现特征研究

厚硬顶板破断失稳是诱发矿井一系列矿压动力灾害的直接原因,因此分析厚硬顶板条件下覆岩破断和矿压显现特征,将有利于掌握其破断失稳规律及诱灾机理,为科学地进行厚硬顶板弱化技术装备研发和动力灾害控制提供依据。

本章以厚硬顶板为研究对象,首先分析神东矿区厚硬顶板的基本特征;然后建立厚硬顶板物理力学模型,提出基于最小二乘法的傅里叶级数求解方法,获得弹性厚硬顶板三维应力状态解析解,建立与各点应力状态适配的破坏判据,从而定量表征并量化分析厚硬顶板初次破断演化过程中弹性能积聚释放特征;最后,建立厚硬顶板相似模拟物理模型,采用近景摄影技术、应力传感技术、声发射技术、微震监测技术对采动覆岩应力及能量释放动态变化进行监测,获得厚硬顶板周期破断运移特征应力及能量演化规律。研究成果对指导在厚硬顶板工作面实施超前卸压防灾具有重要意义。

2.1 神东矿区厚硬顶板基本特征

2.1.1 厚硬顶板岩层物质组成与结构特征

神东矿区位于鄂尔多斯盆地南缘,岩性主要分为碎屑岩和化学岩两类。其中,碎屑岩主要包括各类砂岩、泥岩及页岩,其是碎屑颗粒在河流等地质营力搬运作用下,经过机械沉积作用形成的;化学岩主要为碳酸盐岩、铁质岩及铝质岩等,其是通过化学沉积作用而形成的。在陆相碎屑沉积盆地中,碎屑岩较多,化学岩较少。厚硬顶板以各类砂岩为主,泥岩相对较少。本书主要以碎屑岩类砂岩为研究对象,依托神东矿区布尔台、补连塔、大柳塔等矿井地面补勘钻孔取样测试结果,并结合研究区已有测试分析结果[106],来分析厚硬顶板物性特征。

(1)厚硬顶板矿物特征

岩石胶结类型、矿物组分与岩石力学特征紧密相关,石英、长石等矿物的含量影响岩石骨架强度及刚度,胶结程度直接影响岩石内部密实程度。通过对窟野河、考考乌苏河、乌兰木伦河等地质剖面的系统测量,结合不同含煤段、煤层厚硬顶板露头剖面测量、钻孔岩心地质精细编录等实物资料,采集不同岩性的厚硬顶板岩心、手标本样品,开展岩石薄片测试。结果表明,研究区各类砂岩成分以长石砂岩为主,岩屑长石砂岩和长石石英砂岩次之,还有少量的长石岩屑砂岩、石英砂岩和岩屑砂岩。碎屑成分具体测试结果见表 2-1。延安组不同岩性段砂岩类型三角图如图 2-1 所示。由图可知,各类砂岩在剖面上大致反映出延安组第一岩性段和第五岩性段成分的成熟度相对较高,第一岩性段和第四岩性段杂砂岩的含量较高,均高于 40%。通过显微镜及扫描电镜测试可以看出,砂岩中长石和云母的含量较高,碎屑成分含量无明显的变化规律。砂岩的分选中等,次棱-次圆磨圆,以钙质、钙泥质、铁质胶结为主,砂岩颗粒以线状、点-线状接触为主,填隙物以黏土、变质岩类等为主,同时具有石英加大胶结的特征,具体如图 2-2、图 2-3 所示。

表 2-1 砂岩碎屑成分测试结果

序号	岩性	石英含量/%	长石含量/%	岩屑含量/%	杂基含量/%	云母含量/%
1	粉砂岩	68.50	26.70	48.00	12.00	3.30
2	粉砂岩	53.00	34.00	13.00	12.00	1.50
3	细粒砂岩	53.40	36.00	10.00	12.00	2.00
4	中粒砂岩	58.40	32.90	8.70	10.90	2.20
5	细粒砂岩	67.80	25.50	6.70	12.80	2.60
6	中粒砂岩	48.00	12.00	10.00	28.33	1.67
7	细粒砂岩	48.33	30.67	13.33	5.67	2.00
8	粉砂岩	40.67	10.00	7.00	24.33	13.00
9	粉砂岩	40.67	19.33	10.00	14.33	15.67
10	细粒砂岩	51.33	11.67	5.33	23.33	8.33
11	粗粒砂岩	39.33	7.67	11.00	38.67	2.00
平均值		51.77	22.40	13.00	17.67	5.10

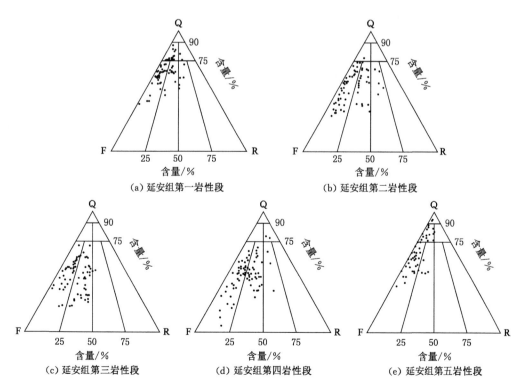

(a) 延安组第一岩性段   (b) 延安组第二岩性段

(c) 延安组第三岩性段   (d) 延安组第四岩性段   (e) 延安组第五岩性段

• —测试样品投影;F—长石;Q—含英;R—除长石和石英之外的其他岩屑。

图 2-1 延安组不同岩性段砂岩类型三角图

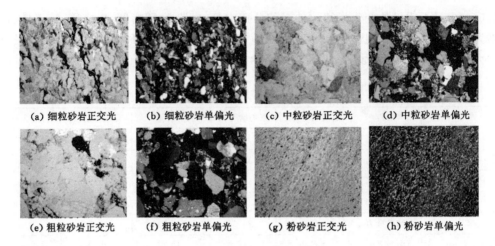

(a) 细粒砂岩正交光　　(b) 细粒砂岩单偏光　　(c) 中粒砂岩正交光　　(d) 中粒砂岩单偏光

(e) 粗粒砂岩正交光　　(f) 粗粒砂岩单偏光　　(g) 粉砂岩正交光　　(h) 粉砂岩单偏光

图 2-2　砂岩显微镜下照片

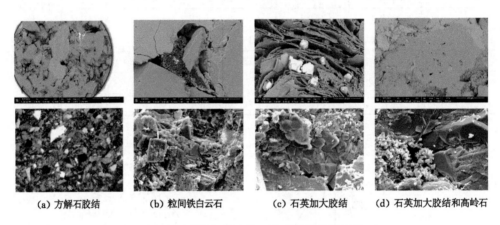

(a) 方解石胶结　　(b) 粒间铁白云石　　(c) 石英加大胶结　　(d) 石英加大胶结和高岭石

图 2-3　砂岩扫描电镜下微观结构特征图

（2）砂岩的粒度特征

根据地层沉积旋回结构，延安组沉积段按照沉积特征划分为延安期第一亚期（$J_2 y^1$）、延安期第二亚期（$J_2 y^2$）、延安期第三亚期（$J_2 y^3$）、延安期第四亚期（$J_2 y^4$）和延安期第五亚期（$J_2 y^5$）等 5 个沉积段，现针对以上 5 个沉积段进行砂岩粒度特征分析。

对收集的地质资料分析可知，延安组第一个沉积段砂岩的含砂率平均为 66%，以斜层理灰白色、浅灰色中、粗粒砂岩为主，砂岩中发育有河床相标志的槽状、板状交错层理。该段具有代表性的中粒砂岩粒度分析结果（图 2-4）表明，粒度分布曲线为不对称双峰曲线，尾部较长，优势组分为粒度为 0.5 mm 和 5.0 mm 的砂岩，这表明沉积物由中粒砂岩和粉砂岩构成，分选较差；累积频率曲线下部陡立，向上变缓；累积概率曲线为跳跃和悬浮构成的两段式曲线，具有河床相砂岩的粒度曲线特征。

延安组第二个沉积段砂岩的含砂率平均为 45%，砂岩含量明显降低，以灰色、深灰色粉砂岩和泥岩为主，发育水平波状层理，砂、泥岩中夹大量黑色碳质薄层或条带，具有三角洲平原分流间湾沉积特征。该段典型砂岩的粒度分析结果（图 2-5）表明，粒度分布曲线为单峰正偏态曲线，尾部略宽，优势组分为粉砂岩，沉积物分选中等偏好；累积频率曲线相对平缓，斜率不大,砂岩呈三角洲平原亚相特征;累积概率曲线为多段式曲线,沉积形态属三角洲分支河道沉积的典型形态。

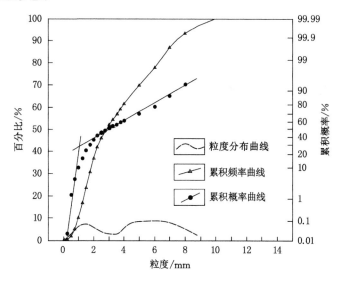

图 2-4　延安组第一个沉积段砂岩粒度分布曲线

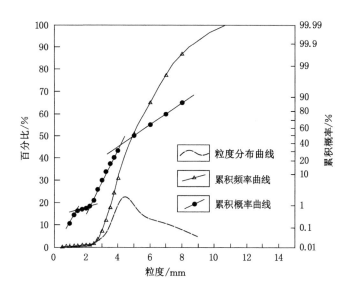

图 2-5　延安组第二个沉积段砂岩粒度分布曲线

在延安组第三个沉积段,湖水开始向盆地中心方向萎缩,在此背景下该段发育了三角洲平原亚相沉积,地层以细粒沉积物为主,地层含砂率为 12%～58%,平均为 32%,同第二个沉积段相似,沉积微相在垂向上分为分流河道、天然堤和分流间湾沼泽 3 个类型。

在延安组第四个沉积段,河流沉积占主导地位,地层含砂率平均为 59%,该段代表性中粗粒砂岩的粒度分析结果(图 2-6)表明:粒度分布曲线为尾部较长的双峰曲线,优势组分为粒度为 2.5 mm 的细粒砂岩和粒度为 5.0 mm 的粉砂岩,沉积物分选中等至差;累积频率曲线下部斜率较大,上部斜率较小;累积概率曲线为不完整的三段式曲线,跳跃总体 A′、跳跃总体 A 和悬浮总体 B 同时存在,跳跃总体 A 与 A′之间的截点表明该段沉积物以河流冲刷作用为主,同时受湖泊波浪回流作用影响。

在第五个沉积段,湖泊及沼泽范围进一步缩小,研究区植被明显减少,粗碎屑物的快速堆积结束了成煤作用。该段地层含砂率平均为 86%,中、粗粒砂岩发育板状、槽状交错层理。砂岩粒度分析结果(图 2-7)表明,粒度分布直方图宽幅低峰,尾部较长,表明沉积物粒度成分分散,分选中等,具有曲流河条件下的砂岩沉积特征。累积概率曲线为以跳跃总体 A 和悬浮总体 B 为主的两段式曲线,缺少牵引(滚动)总体,且悬浮总体 B 所占比例大于跳跃总体 A,表明该时期为坡度平缓的曲流河沉积时期,后期地层又受到大范围的剥蚀和冲刷,使区内地层沉积物保存残缺不全,仅保留了下部河床相粗碎屑沉积物。

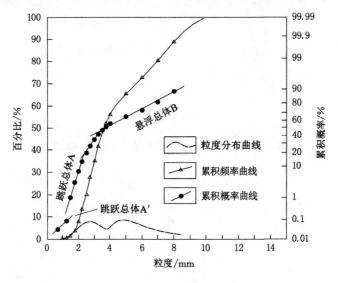

图 2-6 延安组第四个沉积段砂岩粒度分布曲线

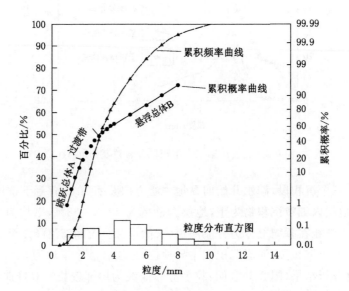

图 2-7 延安组第五个沉积段砂岩粒度分布曲线

（3）厚硬顶板孔渗特征

根据油气储层评价标准,对研究区 14 块岩心样品进行氮气等温吸附、高压压汞试验测试,分析其孔隙度、渗透率特征。这 14 块岩心样品为 4 块泥岩、2 块粉砂岩、4 块细粒砂岩、2 块中粒砂岩和 2 块粗粒砂岩。分析结果表明,除 2 块粗粒砂岩外,其余岩心样品孔隙度均小于 14%,渗透率均小于 0.2×10^{-3} μm^2,整体表现为低孔超低渗特征。其中,泥岩渗透率均小于 0.04×10^{-3} μm^2,孔隙度介于 7%～11%;粉砂岩渗透率在 0.015×10^{-3} μm^2 左右,孔隙度在 7% 左右;细粒砂岩渗透率的分布范围为 0.003×10^{-3}～0.013×10^{-3} μm^2,孔隙度介于 3%～13%。砂岩整体上呈现随着其粒度的增大,孔隙度和渗透率均增大的变化规律,如图 2-8 所示。孔隙半径平均值为 0.02～0.18 μm,孔隙半径中值为 0.015～0.160 μm,岩层呈现低孔隙结构特征,如图 2-9 所示。

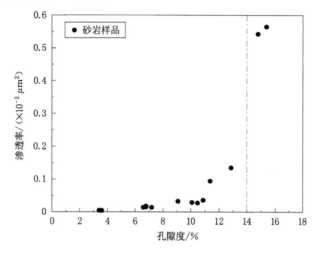

图 2-8　孔隙度-渗透率分布图

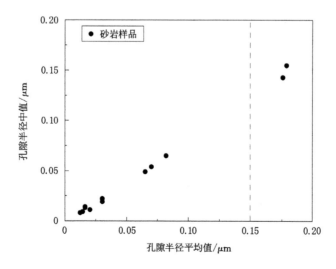

图 2-9　孔隙半径平均值-中值分布图

高压压汞试验结果(表 2-2)显示,研究区样品排驱压力随岩层颗粒粒度的变小而增大,最大为 27.539 MPa,平均为 8.845 MPa;渗透率分布频率峰值随岩层颗粒粒度的增大而减小,最大为53.81%,平均为 36.34%;孔隙度分布频率峰值随岩层颗粒粒度的增大而增大,最大为26.39%,平均为 18.61%;孔喉半径中值随岩层颗粒粒度的增大而增大,最大为 0.155 μm,平均为 0.049 μm。孔喉表现为特小孔道和微细喉道。除粗粒砂岩外,其余岩样孔喉半径均小于 0.07 μm,孔喉半径分布范围较小,单一范围孔喉半径最大占比 34.85%,最小占比 1.54%,如图 2-10~图 2-14 所示。

表 2-2 高压压汞试验结果

样品名	岩性	排驱压力 /MPa	孔喉半径 中值/μm	汞饱和度中值压力/MPa	最大汞饱和度/%	渗透率分布频率峰值/%	孔隙度分布频率峰值/%
ZK254-2-1	泥岩	13.777	0.008	89.79	77.47	38.00	19.07
ZK254-2-2	泥岩	13.775	0.009	81.64	77.05	36.51	16.80
ZK254-5-1	泥岩	8.258	0.011	67.66	80.56	43.92	14.14
ZK254-5-2	泥岩	13.776	0.014	52.76	83.50	31.58	26.39
ZK249-1-1	细粒砂岩	27.539			43.66	43.67	15.22
ZK249-1-2	细粒砂岩	13.770			43.47	53.81	9.75
ZK249-2-1	粉砂岩	13.773	0.013	58.47	76.52	36.76	20.77
ZK249-2-2	粉砂岩	5.497	0.019	38.82	76.59	34.99	18.27
ZK249-4-1	中粒砂岩	5.499	0.052	33.58	82.96	32.34	19.75
ZK249-4-2	中粒砂岩	2.735	0.067	13.68	84.88	31.79	18.72
ZK249-6-1	粗粒砂岩	0.668	0.155	4.74	89.51	29.96	20.96
ZK249-6-2	粗粒砂岩	0.675	0.143	5.15	88.59	30.40	19.85
ZK249-7-1	细粒砂岩	1.357	0.045	11.31	86.41	33.77	20.20
ZK249-7-2	细粒砂岩	2.737	0.049	14.85	82.57	31.32	20.60

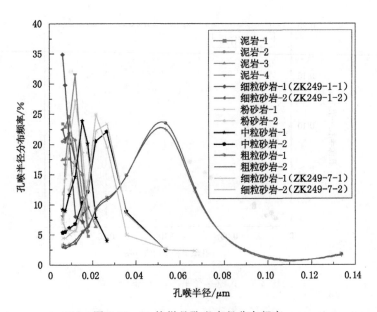

图 2-10 14 块样品孔喉半径分布频率

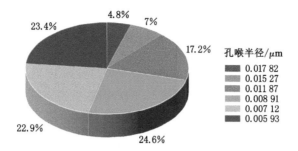

图 2-11　样品泥岩-1 孔喉半径分布频率

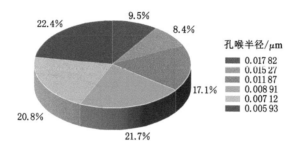

图 2-12　样品细粒砂岩-2 孔喉半径分布频率

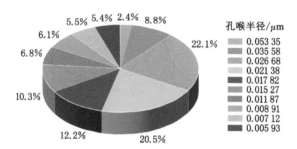

图 2-13　样品中粒砂岩-2 孔喉半径分布频率

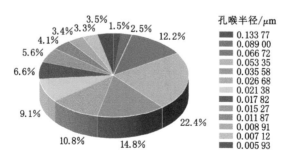

图 2-14　样品粗粒砂岩-2 孔喉半径分布频率

由试验结果可以看出,研究区岩层孔喉特征与岩性有较强的相关性:泥岩、粉砂岩的孔隙度及渗透率均较小,孔喉半径也较小,排驱压力较大;粒度较大的粗粒砂岩的孔隙度和渗透率均较大,孔喉半径也较大,但排驱压力较小。在水力压裂实施过程中,粉砂岩、细粒砂岩等区域起压较快,压裂液滤失量较小,而粗粒砂岩区域则起压较慢,压裂液滤失量较大。

由严继民等[107]提出的凝聚理论可知,毛细孔固体材料吸附-解吸试验的吸附、解吸两条曲线会重叠或者分离,吸附、解吸两条曲线的开口大小及形状在一定程度上能够反映被测试样品的孔隙结构特征。对研究区砂岩样品进行氮气等温吸附-解吸试验,试验结果如图 2-15 所示。由图 2-15 可以看出,在低压段吸附量 V 平缓增大,此时氮气分子吸附在孔隙内表面,在氮气分压 $P/P_0 = 0.8 \sim 1.0$ 时吸附量有一突增。该段的位置反映了样品孔径的大小,从

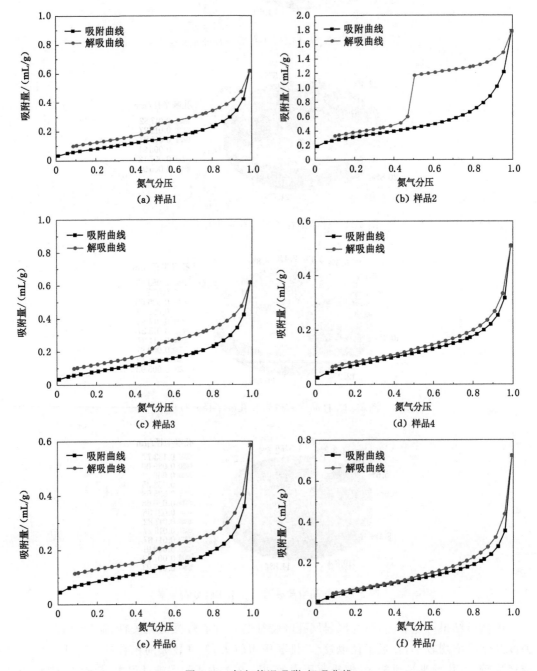

图 2-15 氮气等温吸附-解吸曲线

吸附曲线来看,各个样品的孔径大小基本一致。

国际理论与应用化学联合会(IUPAC)根据吸附、解吸两条曲线开口大小及形状,将滞后环分为 H_1、H_2、H_3、H_4 4 类(图 2-16)。其中,H_1 类对应两端开放的圆筒形孔隙,H_2 类对应墨水瓶形孔隙,H_3 类和 H_4 类对应狭缝形孔隙。由图 2-15、图 2-16 可以看出,除了样品 2 的吸附-解吸曲线与 H_2 类相似之外,其余样品的吸附-解吸曲线与 H_4 类相似,即主要含有狭缝形孔隙,呈现低孔隙致密特征。

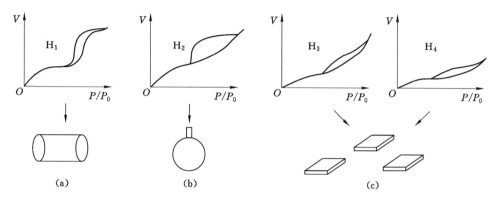

图 2-16 滞后环类型

通过研究区样品的微观特征分析可知,研究区顶板砂岩呈现低孔、低渗、特小孔道和微细喉道的特征,在水力压裂作业过程中会出现压力高、滤失量小的现象。根据水力压裂作业情况,可将研究区岩性定义为致密岩层,加之岩层赋存条件为厚层连续发育,故研究区砂岩顶板为厚层致密岩层。

2.1.2 神东矿区厚硬顶板沉积环境分析

神东矿区地处鄂尔多斯盆地,其主要聚煤期为侏罗纪,煤层主要集中在延安组地层。在晚三叠世后期,晚印支运动促使盆地抬升露出水面,由于风化侵蚀及季节性洪水冲刷作用,延安组地层顶部受到强烈的侵蚀切割,形成了高地、残丘、谷地、平原等沟谷纵横的丘陵地貌。自侏罗纪早期充填性河流相开始到延安组煤系地层结束是鄂尔多斯内陆凹陷盆地的第二个沉积阶段。该阶段盆地中部为汇水区,沉积中心与沉降中心基本一致。在侏罗纪早期,沿着沟谷发育了古甘陕水系,沉积了厚度为 $20\sim260$ m、呈树枝状展布的近 3 万 km^2 的河道砂体,此时一度处于干旱气候环境,出现了红层。随着侏罗纪早期沉积物的充填,鄂尔多斯盆地逐渐趋于平原化,气候转为温暖潮湿,植被相对旺盛,湖塘、沼泽遍布,发育形成了河流相与沼泽相广泛分布的延安组煤系地层,在鄂尔多斯盆地东北部更是出现了浅水湖泊环境。在侏罗纪中期,盆地有所抬升,延安组地层受到风化和剥蚀,之后河流相和三角洲体系再次发育,形成了以砂砾岩为主的干旱河流沉积,最终形成了干旱咸化湖泊,这是鄂尔多斯盆地第三个沉积阶段。该阶段沉积中心仍处于盆地中心偏南位置,且向西迁移,但沉降中心则在石沟驿一带继续发育。

鄂尔多斯盆地在侏罗纪时期是典型的大型坳陷。其吸收四周古山系剥蚀区的物质,底部发育残积相、坡积相和洪积相。煤层顶板岩性以粉砂质泥岩、泥岩为主,在古河道冲刷部位以中、粗粒砂岩为主。煤层顶板岩性和厚度受沉积环境的控制,在相带展布方向上较稳定,而在相带垂直方向上变化较大,顶板岩层为较软岩-坚硬岩,但整体上坚硬岩层及砂岩透镜体较为发育,岩性主要以粉砂岩、细粒砂岩为主;岩体内断裂、裂隙等不发育,岩体完整性好,综合评价为工程地质特征中等。研究区属侏罗系煤层,其在陆相沉积分流河道的横向迁移摆渡作用下,形成了不同类型的沉积岩层。根据现有研究显示,陆相沉积环境下厚硬顶板岩层以砂岩为主。

根据区域沉积环境背景,结合研究区钻孔地质钻探资料、岩性分析描述、砂岩粒度分析、地球物理测井相分析、沉积旋回性分析、岩心沉积构造特征分析等,构建了"点-线-面-体"四位一体的沉积环境特征分析体系,即:以地面、井下地质勘查钻孔钻探取心和地球物理测井、采样测试所获取的地质资料(图 2-17 和图 2-18)为点来分析顶板的岩性和岩石力学、地球物理等特征;以地质剖面测量数据(图 2-19)和钻孔横、纵向剖面的连接剖面测量数据来初步分析不同方向线上顶板厚硬岩层在剖面上的相变特征及变化规律;然后通过矿井井筒掘进、石门工作面钻孔揭露数据,分析在工作面尺度上厚硬顶板及其沉积环境的特征,得到坚硬岩层在平面上的展布形态,如图 2-20 所示;最后,按照沉积的旋回性,分析不同厚硬岩层在空间上的展布形态和沉积环境演化过程,得到体空间形态的展布特征。

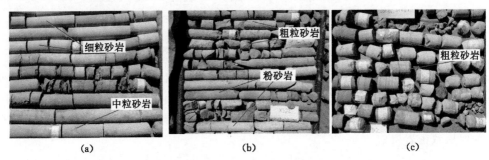

(a)   (b)   (c)

图 2-17   厚硬顶板砂岩样品

(a) 分流河道底部的脉状层理   (b) 分流河道底部的树干化石

(c) 主河道砂岩顶板主关键层   (d) 河道砂岩冲刷构造

图 2-18   煤矿井下厚硬顶板沉积环境

（a）4-2煤层底板露头剖面

（b）槽状交错层理　　（c）斜层理和板状交错层理　　（d）斜层理　　（e）脉状层理

图 2-19　厚硬顶板沉积环境地质剖面测量分析

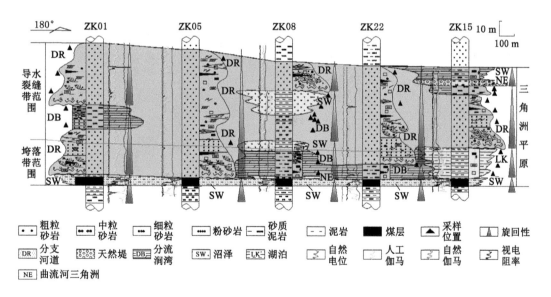

图 2-20　沉积微相剖面图

2.1.3　神东矿区厚硬顶板力学特征

（1）岩石力学特征

神东矿区主要发育侏罗系煤层和多条古河流，在分流河道的横向迁移摆渡作用下，形成了纵向厚硬砂岩叠置发育结构（图 2-21）。本节以布尔台、补连塔等煤矿采集的 138 个地面钻井样品（表 2-3）为研究对象，结合研究区已有样品力学参数测试结果，分别对白垩系志丹群、侏罗系安定组、侏罗系直罗组、侏罗系延安组各个地层粗粒砂岩、中粒砂岩、细粒砂岩及粉砂岩的力学参数进行对比分析,结果如图 2-22 所示。其中,布尔台、补连塔等煤矿样品以厚硬顶板发育的延安组砂岩为主,其余样品参考文献[106]进行综合分析。

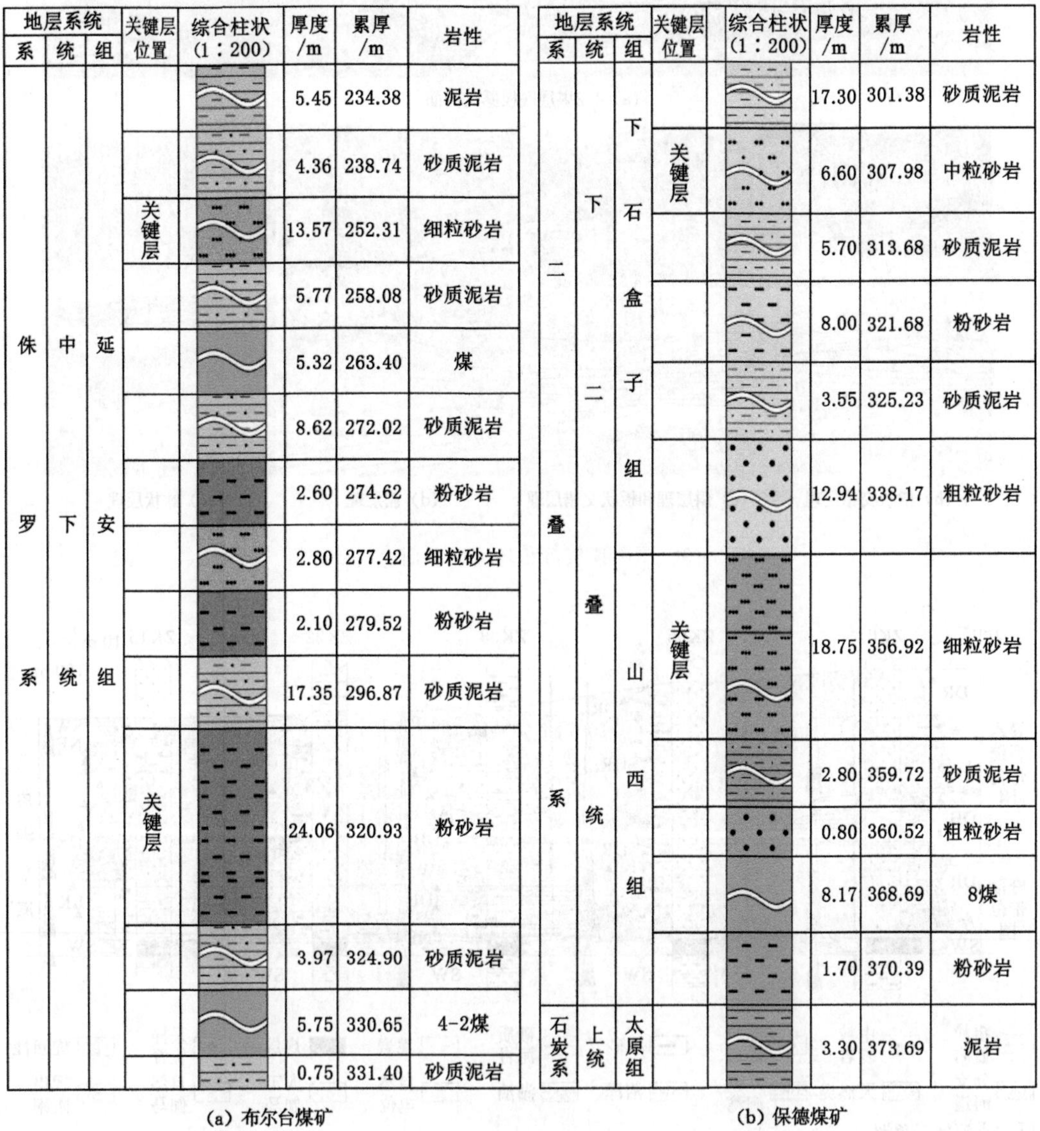

(a) 布尔台煤矿

系	统	组	关键层位置	综合柱状(1:200)	厚度/m	累厚/m	岩性
侏	中	延			5.45	234.38	泥岩
					4.36	238.74	砂质泥岩
			关键层		13.57	252.31	细粒砂岩
					5.77	258.08	砂质泥岩
罗	下	安			5.32	263.40	煤
					8.62	272.02	砂质泥岩
					2.60	274.62	粉砂岩
					2.80	277.42	细粒砂岩
系	统	组			2.10	279.52	粉砂岩
					17.35	296.87	砂质泥岩
			关键层		24.06	320.93	粉砂岩
					3.97	324.90	砂质泥岩
					5.75	330.65	4-2煤
					0.75	331.40	砂质泥岩

(b) 保德煤矿

系	统	组	关键层位置	综合柱状(1:200)	厚度/m	累厚/m	岩性
	下	下石盒子组			17.30	301.38	砂质泥岩
			关键层		6.60	307.98	中粒砂岩
二					5.70	313.68	砂质泥岩
					8.00	321.68	粉砂岩
					3.55	325.23	砂质泥岩
叠					12.94	338.17	粗粒砂岩
		山西组	关键层		18.75	356.92	细粒砂岩
系	统				2.80	359.72	砂质泥岩
					0.80	360.52	粗粒砂岩
					8.17	368.69	8煤
					1.70	370.39	粉砂岩
石炭系	上统	太原组			3.30	373.69	泥岩

图 2-21　神东矿区典型坚硬顶板结构

表 2-3　研究区样品采集情况

组号	样品编号	样品数量	采样深度/m	采样长度/m	岩性
第 1 组	BK254-1	6	493.98～495.28	0.14～0.17	粗粒砂岩
第 2 组	BK254-2	4	499.90～500.83	0.10～0.15	泥岩
第 3 组	BK254-3	6	497.74～498.80	0.13～0.19	粗粒砂岩
第 4 组	BK254-4	6	494.20～495.24	0.15～0.19	中粒砂岩

表 2-3(续)

组号	样品编号	样品数量	采样深度/m	采样长度/m	岩性
第 5 组	BK254-5	6	439.65～461.05	0.12～0.22	泥岩
第 6 组	BK254-6	5	438.23～439.81	0.13～0.28	粗粒砂岩
第 7 组	BK254-7	6	423.11～424.39	0.11～0.19	中粒砂岩
第 8 组	BK254-8	3	413.50～420.60	0.10～0.17	粉砂岩
第 9 组	BK254-9	5	411.44～413.67	0.16～0.25	细粒砂岩
第 10 组	BK254-10	7	402.28～406.29	0.15～0.22	粗粒砂岩
第 11 组	BK254-11	6	396.00～397.30	0.12～0.21	粗粒砂岩
第 12 组	BK249-1	3	476.22～476.72	0.13～0.20	细粒砂岩
第 13 组	BK249-2	6	474.10～475.67	0.11～0.18	粉砂岩
第 14 组	BK249-3	5	472.12～473.30	0.20～0.24	细粒砂岩
第 15 组	BK249-4	3	464.70～465.12	0.11～0.17	中粒砂岩
第 16 组	BK249-5	6	462.63～463.70	0.13～0.18	细粒砂岩
第 17 组	BK249-6	4	456.97～457.63	0.15～0.21	粗粒砂岩
第 18 组	BK249-7	5	449.60～451.97	0.11～0.18	细粒砂岩
第 19 组	BK249-8	5	440.47～441.60	0.11～0.25	粗粒砂岩
第 20 组	BK249-9	5	408.55～410.27	0.13～0.15	细粒砂岩
第 21 组	BK249-10	4	395.23～396.45	0.18～0.27	中粒砂岩
第 22 组	BK249-11	5	378.73～380.10	0.16～0.27	粗粒砂岩
第 23 组	BK250-1	3	464.89～465.43	0.12～0.22	细粒砂岩
第 24 组	BK250-2	3	454.84～456.31	0.12～0.20	粉砂岩
第 25 组	BK250-3	3	453.59～454.18	0.15～0.18	粗粒砂岩
第 26 组	BK250-4	3	452.44～452.95	0.15～0.20	粉砂岩
第 27 组	BK250-5	3	434.62～435.25	0.20～0.23	粗粒砂岩
第 28 组	BK250-6	3	409.14～409.89	0.15～0.24	粉砂岩
第 29 组	BK250-7	3	395.45～396.05	0.20	中粒砂岩
第 30 组	BK250-8	3	385.56～386.10	0.12～0.14	粉砂岩
第 31 组	BK250-9	3	374.96～375.77	0.11～0.24	粗粒砂岩

岩石质量指标(RQD)是反映岩层结构连续性和完整性好坏的重要指标。通过对图 2-22 的分析可知,除侏罗系安定组、侏罗系直罗组、侏罗系延安组砂岩中部分粗粒砂岩的 RQD 值小于 50% 之外,其他砂岩的 RQD 值都大于 50%。其中,粗粒砂岩 RQD 值为 35.76%～71.65%,平均 53.06%;中粒砂岩 RQD 值为 58.36%～94.37%,平均 75.89%;细粒砂岩 RQD 值为 53.43%～94.90%,平均 72.38%;粉砂岩共测试样品 20 组,除有一组样品 RQD 值为 20.00% 外,其余样品 RQD 值为 69.00%～88.92%,平均 76.34%。

将研究区同一岩性在不同沉积时期的抗压强度绘制成图,并以各矿井不同沉积时期为基础,对同一岩性的抗压强度进行对比分析,结果如图 2-23～图 2-26 所示。通过不同砂岩

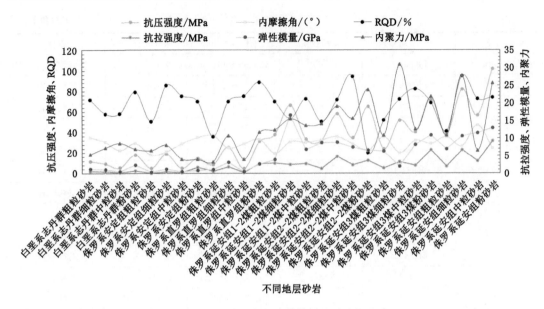

图 2-22　不同地层砂岩力学特征

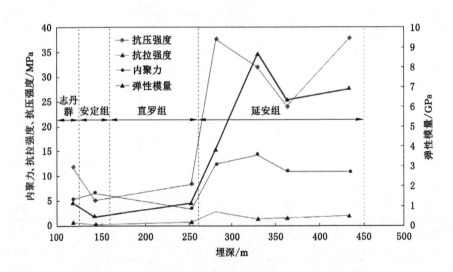

图 2-23　粗粒砂岩力学特征随埋深变化情况

力学特征与沉积时期的关系分析可知：

① 整体上，不同砂岩的抗压强度和弹性模量随着沉积时间的增加而增大，其中粗粒砂岩和细粒砂岩的抗压强度和弹性模量有明显的"波动"变化。粗粒砂岩和中粒砂岩的整体抗压强度分别为 5.01～37.80 MPa、4.57～56.47 MPa，弹性模量分别为 0.40～8.71 GPa、0.43～11.47 GPa，比同一沉积期的细粒砂岩和粉砂岩小很多。沉积时间对中粒砂岩影响最大，其最大抗压强度是最小抗压强度的 12.36 倍，且对比分析可知，随着沉积时间的增加，中粒砂岩的抗压强度呈直线增大趋势。细粒砂岩和粉砂岩无论是抗压强度还是弹性模量均大于同期的其他岩性，是顶板强矿压动力灾害防治的重点对象。

② 通过不同时期 4 种典型砂岩的抗拉强度对比可知，粉砂岩和细粒砂岩的抗拉强度虽

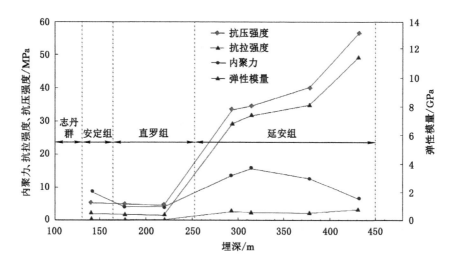

图 2-24　中粒砂岩力学特征随埋深变化情况

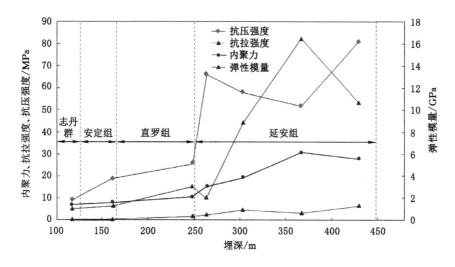

图 2-25　细粒砂岩力学特征随埋深变化情况

然有局部波动情况,但与沉积时间具有相关性,呈现良好的线性关系。粉砂岩最大抗拉强度是其最小抗拉强度的 12 倍以上;细粒砂岩最大抗拉强度为同一沉积时期粗粒砂岩、中粒砂岩的 3.45 倍、1.90 倍。

③ 通过不同沉积时期 4 种典型砂岩的内聚力对比分析可知,随着沉积时间的增加,粉砂岩的内聚力呈"波动"上升趋势,二者呈正相关关系。细粒砂岩的内聚力与沉积时间具有较好的线性关系,随着沉积时间的增加逐步增大。中粒砂岩及粗粒砂岩的内聚力随沉积时间的增加都是呈现先减小、后增大、再减小的趋势。

(2) 厚硬顶板初次垮落前力学特征分析

厚硬顶板初次垮落前,可以将其等效为支撑在煤层或薄层直接顶板上的岩梁或岩板。因此,初次垮落前的力学模型可分为双支点岩梁模型和四边支承的岩板模型两种。

① 双支点岩梁力学模型

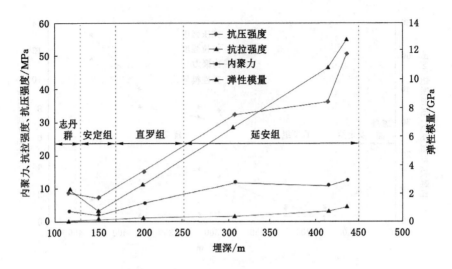

图 2-26　粉砂岩力学特征随埋深变化情况

　　采煤工作面的倾向长度远大于基本顶的走向悬顶跨距,据此,可将基本顶视作一端固定在工作面的煤壁,另一端由边界煤柱支撑的固定梁。按支点属性不同,岩梁力学模型分为固支梁力学模型(图 2-27)和简支梁力学模型(图 2-28)2 种。如果岩梁由实体煤壁支撑,煤体由于变形很小,可看作固支点。如果岩梁由小煤柱支撑,煤体由于变形显著,可看作简支点。荷载按其分布不同,可分为均布荷载和非均布荷载 2 种。事实上,岩梁荷载是非均匀的,因为支承压力分布和岩梁各点的变形都是非均匀的。对于厚硬顶板,由于支承压力分布范围广,应力集中程度低,加上岩梁在破断前总体上变形微小,故各点荷载差异很小,采用均布荷载可以满足采矿工程计算的要求。

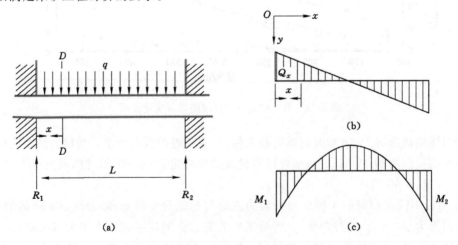

图 2-27　固支梁力学模型[93]

　　固支梁力学模型为对称结构,因此模型两端的反作用力与弯矩相等,即 $R_1 = R_2$, $M_1 = M_2$。在力学平衡条件下进行计算,模型内任意截面 $D—D'$ 的剪切力为:

$$Q_x = R_1 - qx = \frac{qL}{2}\left(1 - \frac{2x}{L}\right) \tag{2-1}$$

模型内任意截面 $D—D'$ 的弯矩为：

$$M_x = R_1 x - qx \cdot \frac{x}{2} + M_1 \tag{2-2}$$

式中，$M_1 = -\frac{1}{12}qL^2$，因此可得：

$$M_x = \frac{q}{12}(6Lx - 6x^2 - L^2) \tag{2-3}$$

在实际开采条件下，两端支撑条件也有较大差异，如当一侧临空时，隔离煤柱上覆顶板处于自由端状态，该情况就更接近于简支梁力学模型。简支梁剪切应力为：

$$Q_x = R_1 - qx = \frac{qL}{2} - qx \tag{2-4}$$

模型内任意截面 $D—D'$ 的弯矩为：

$$M_x = R_1 x - qx \cdot \frac{x}{2} = \frac{qx}{2}(L - x) \tag{2-5}$$

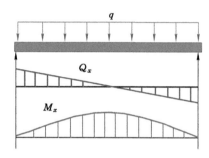

图 2-28　简支梁力学模型

② 四边支承的岩板力学模型

根据开采条件及采区边界煤柱的特征，可将基本顶模型分为如图 2-29 所示的 4 种情况。采用板的 Marcus 算法，按照挠度相等的原则可得到板中部及边界上的弯矩及其分布，如图 2-30 所示。

以四边固支模型为例，板的长边中部边界处的弯矩 $M_{x1} = -\frac{q_x a^2}{12}$，短边中部边界处的弯矩 $M_{y1} = -\frac{q_y b^2}{12}$。其中：$q_x$、$q_y$ 分别为板在 x、y 方向作为条梁时的单位长度荷载；a、b 分别为板的长边和短边的长度。

通过对以上 2 种模型的分析可知，初次来压前，两种模型均从最大弯矩处开始断裂，不同点在于弯矩的计算方式有差异。依据材料力学求解方式，梁的最大弯矩 $M_{max} = \frac{1}{12}qL_0^2$；板的最大弯矩 $M'_{max} = \frac{1}{12}qL_0^2/(1 + a_1^4)$。其中：$q$ 为厚硬顶板岩梁及上覆岩层传递的荷载；L_0 为顶板的极限跨距；$a_1 = l_0/l$，l_0 为初次来压步距，l 为工作面长度。

钱鸣高院士以板的弯矩理论为基础，采用分段附加低次函数方法对 Marcus 简算式加以修正，指出板与梁的弯矩之比 k 的最大值为 $1/(1 + a_1^4)$，k 与 a_1 的关系如图 2-31 所示，并给出了岩梁、岩板力学模型的适用范围，见表 2-4。考虑到厚硬顶板岩层的非均匀性，靳钟

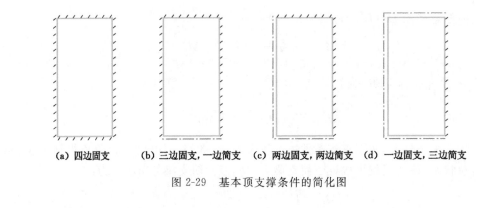

(a) 四边固支　　(b) 三边固支，一边简支　(c) 两边固支，两边简支　(d) 一边固支，三边简支

图 2-29　基本顶支撑条件的简化图

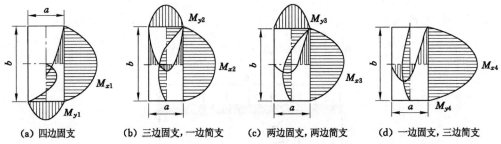

(a) 四边固支　　(b) 三边固支，一边简支　(c) 两边固支，两边简支　(d) 一边固支，三边简支

图 2-30　各类支撑条件下板四周及中心轴线弯矩分布[95]

铭[108]对厚硬顶板工作面进行了预测分析，认为：当工作面长度不小于 2 倍的初次来压步距时，即 $a_1 \leqslant 0.5$ 时，应采用岩梁模型进行计算；当 $a_1 > 0.5$ 时，应采用岩板模型进行计算。综上所述，可用如图 2-32 所示的简化固支岩梁模型来分析坚硬顶板初次断裂前的极限跨距。

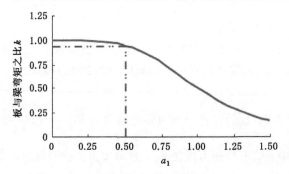

图 2-31　板与梁的弯矩比值 k 和 a_1 的关系

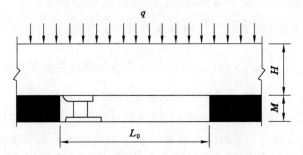

图 2-32　坚硬顶板初次断裂前的岩梁力学模型

表 2-4　岩梁、岩板力学模型的选择

岩板模型		岩梁模型	
支撑条件	适用范围	边界条件	适用范围
四边固支	$a_1 > 0.60$	双固支	$a_1 \leqslant 0.60$
三边固支,一边简支	$a_1 > 0.66$	简支	$a_1 \leqslant 0.66$
两边固支,两边简支	$a_1 > 0.49$	简支	$a_1 \leqslant 0.49$
一边固支,三边简支	$a_1 > 0.55$	简支	$a_1 \leqslant 0.55$

相比简支梁而言,固支梁的支座不仅能传递水平和垂直两个方向的力,还能传递弯矩,因此,最大的形变往往发生在两端。例如,钢筋混凝土板与其下面的梁同时现浇,并有板中的钢筋伸入梁中,或是钢结构的梁用焊接的方法与支座相连,焊接部位的刚度大于梁的刚度,这两种情况下的梁模型就是固支梁。实际情况下,支撑厚硬顶板的煤柱在未进行采掘扰动时,整体上具备一定的完整性及强度,因此厚硬顶板与支撑煤柱就形成了有效接触,厚硬顶板的初次来压更适合用固支梁受力模型进行分析。

固支梁是均匀荷载下的受力结构,它与简支梁的区别在于固支梁支座本身能传递力矩,所以需要在固支梁两边的支座补充相应的力矩,使其转变为静定结构。鉴于固支梁力学模型的推导分析需多次用到静定结构,为了便于计算和使用,这里直接给出固支梁每点的剪力和力矩计算公式,如式(2-6)所示,式中,$0 \leqslant x \leqslant l$。

$$\begin{cases} F_x(x) = \dfrac{ql}{2} - qx \\ M(x) = \dfrac{ql}{2}x - \dfrac{q}{2}x^2 - \dfrac{ql^2}{12} \end{cases} \tag{2-6}$$

与简支梁的计算公式对比可知,简支梁和固支梁的剪力都是一样的,不同之处在于固支梁的力矩计算公式多了一项 $-\dfrac{ql^2}{12}$。固支梁每点的力矩变化曲线如图 2-33 所示。由式(2-6)计算可得,固支梁力矩和剪力最大的点均在端点位置,这与简支梁相比差异较大,简支梁的最大力矩在梁长的一半位置。

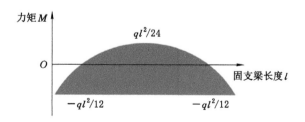

图 2-33　固支梁力矩变化曲线

(3) 厚硬顶板周期垮落期间力学特征分析

煤层上覆厚硬顶板岩层可视为夹持在上覆顶板和煤层之间且以煤层为基础的弹性应变梁。当厚硬顶板发生初次破断后,随着工作面的持续推进,梁的一端固定于工作面前方煤壁,另一端悬挂在采空区之上,从而形成了"悬臂梁"结构[109]。若工作面持续推进,"悬臂梁"就会发生周期性破断。

厚硬顶板"悬臂梁"结构的荷载形式主要有 3 种,即均布荷载、非均布荷载和集中荷载。这 3 种形式荷载的最大弯矩均位于煤壁固支端,且以均布荷载最为常见。据此可建立"悬臂梁"力学模型,具体受力情况如图 2-34 所示。图中控顶区内支架的支护作用力可简化为三角形分布,支架切顶线处的阻力为 p;支架所承受的"悬臂梁"长度为 d;支架控顶矩为 d_k;支架所承受的"悬臂梁"长度为 d_s;煤厚为 M;坚硬顶板的厚度为 H。

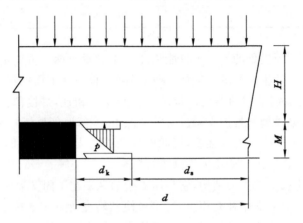

图 2-34 "悬臂梁"力学模型

下面重点讲述厚硬顶板"悬臂梁"结构的断裂条件与极限跨距。

按照相关材料力学专著[110]的描述,顶板某点断裂的力学条件为:

$$\sigma_{max} = [\sigma] \tag{2-7}$$

式中 σ_{max}——岩梁受到的最大拉应力;

   $[\sigma]$——岩梁的许可拉应力,该值的大小由材料类型决定,刚性比较大的材料其值一般较大。

梁上任何一点受到的最大拉应力由该点所受的力矩及岩梁截面模量决定,即

$$\sigma_{max} = \frac{M}{W} \tag{2-8}$$

式中 W——岩梁截面模量,岩梁横截面的形状不同,W 的取值不同。此处岩梁横截面设置为矩形横截面[111-114],其截面模量 $W = \dfrac{H^2}{6}$,其中 H 为厚硬顶板岩梁厚度。

假如上覆 n 层岩层对厚硬顶板岩梁影响的荷载为 $(q_n)_0$,则 $(q_n)_0$ 可表示为[115]:

$$(q_n)_0 = \frac{EH^3(\gamma H + \gamma_1 h_1 + \cdots + \gamma_n h_n)}{EH^3 + E_1 h_1^3 + \cdots + E_n h_n^3} \tag{2-9}$$

式中 $h_1, h_2, h_3, \cdots, h_n$——岩梁上覆各岩层厚度;

   $E_1, E_2, \cdots, E_n$——岩梁上覆各岩层的弹性模量;

   E——厚硬顶板岩梁的弹性模量;

   γ——厚硬顶板岩梁重力密度;

   $\gamma_1, \gamma_2, \cdots, \gamma_n$——岩梁上覆各岩层的岩梁重力密度。

将式(2-7)代入式(2-8)可得:

$$[\sigma] = \frac{M}{W} \tag{2-10}$$

通过分析可知,固支梁和悬臂梁在端点处的力矩最大,由此可计算出固支梁和悬臂梁的极限跨距 L_0。假设根据式(2-9)计算出的最终荷载为 q,为方便对比,整理得出不同受力结构的极限跨距和最大弯矩,具体见表2-5。

表 2-5　不同受力结构的极限跨距和最大弯矩

受力结构	固支梁	悬臂梁
最大弯矩	$qL_0^2/12$	$qL_0^2/2$
极限跨距	$\sqrt{2H^2[\sigma]/q}$	$\sqrt{H^2[\sigma]/3q}$
适用条件	初次来压	周期来压

由表2-5可知,在均匀荷载下,悬臂梁的极限跨距是固支梁极限跨距的 $1/\sqrt{6}$(0.408 2)。

(4) 矿山压力显现特征

以神东矿区布尔台煤矿工作面为研究对象,采用工作面支架 pm32 传感器对压力数据进行监测并传输到地面操作台,然后采用 Surfer、Excel 软件将数据绘制成图,并结合现场观测,分析工作面的初次来压与周期来压步距关系、来压强度与动载系数关系、来压持续时间与工作面推进距离关系等矿压显现规律。

① 工作面矿压显现特征监测方案

监测工作面全长 320 m,总共布置液压支架 150 个。工作面共设置 3 个支架工作阻力测区,分别为下部测区(Ⅰ)、中部测区(Ⅱ)和上部测区(Ⅲ),其中下部测区对应 120 支架,中部测区对应 80 支架,上部测区对应 40 支架。每个测区布置 1 条测线,每条测线对应 1 个支架,如图 2-35 所示。工作面各个支架阻力监测记录实时向地面传输。

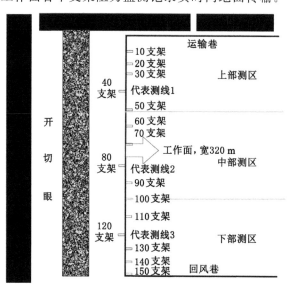

图 2-35　工作面矿压监测测区布置

② 工作面矿压显现规律分析

通过实时数据采集和处理,分析了工作面正常推进 0～960 m 过程中支架工作阻力数据,并统计了工作面共 150 个支架的工作阻力数据,以 10 个支架宽度作为 1 个分析区域宽度,以该区域内全部支架同一循环工作阻力均值变化特征来研究工作面区域矿压变化规律。在跟踪观测期间,工作面在回采时共发生周期来压 11 次,包括初次来压和 10 次周期来压。来压数据统计见表 2-6。

表 2-6　厚硬顶板条件下回采矿压显现数据

类别	来压步距/m	支架范围/架	支架循环末阻力/bar		动载系数	备注
			来压前	来压时均值		
初次来压	75.8	30～130	289	450	1.51	
周期来压	21	周期来压 1:40～110	291	422	1.45	在未压裂治理范围内截取 10 次周期来压的数据
	30	周期来压 2:20～80	311	429	1.38	
	25	周期来压 3:50～100	285	417	1.46	
	23	周期来压 4:30～120	288	421	1.46	
	24	周期来压 5:50～110	294	425	1.45	
	33	周期来压 6:60～130	281	406	1.44	
	20	周期来压 7:20～155	299	405	1.35	
	22	周期来压 8:25～110	302	423	1.40	
	23	周期来压 9:75～125	300	426	1.42	
	24	周期来压 10:15～110	297	429	1.44	
周期来压均值	24.5	支架循环末阻力均值	294.8	420.3	1.43	

注:1 bar＝0.1 MPa。

a. 初采来压特征

通过井下实际观测可知,初采前 26 m(不含开切眼长度 9.8 m,下同)范围内,工作面几乎没有压力显现情况。当工作面推进至 26 m 时,支架 80 和支架 90 之间出现小范围来压,直接顶砂质泥岩开始垮落,来压强度不大。当工作面推进至 35.1 m 时,两平巷顶板采空区垮落,工作面机头、机尾附近有小量的飓风出现,直接顶发生整体垮落。当工作面推进至 60 m 时,出现强烈来压,来压最高达 58.8 MPa,大部分支架安全阀首次开启,呈喷射状,工作面初次来压。工作面在回采过程中,自机尾至机头方向出现多次顶板垮落产生的飓风,两平巷局部存在压力显现,煤壁局部出现帮鼓现象(机头帮鼓长度 4 m,最大帮鼓量 0.4 m),持续约 6 m 后结束。工作面初次来压分布特征如图 2-36 所示。

b. 周期来压特征

截取监测区间 10 次周期来压的数据,来压范围在支架 30 和支架 120 之间,来压步距为 20～33 m,平均来压步距为 24.5 m。在来压期间,均伴随工作面片帮,片帮深度最大 1.0 m,工作面辅运巷出现帮鼓及锚索锁具回退现象。该区域回采期间工作面正常支架循环末阻力为 281～311 bar,平均为 294.8 bar。周期来压期间,支架循环末阻力为 405～429 bar,平均为 420.3 bar。以工作面回采过程中来压前后支架阻力数据为基础,分析衡量支架动载系数。在工作面推进监测区域过程中,支架动载系数为 1.35～1.46,平均为 1.43。回采过程工作面来压时,来压范围广,反应剧烈。工作面周期来压分布特征如图 2-37 所示。

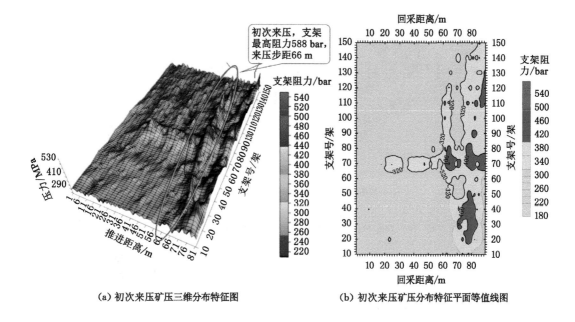

(a) 初次来压矿压三维分布特征图　　　　　(b) 初次来压矿压分布特征平面等值线图

图 2-36　工作面初次来压分布特征

c. 区域代表监测曲线矿压特征

将监测区域分为上、中、下 3 个测区,将 40 支架、80 支架、120 支架 3 个支架阻力测线分别作为 3 个测区代表,分析跟踪监测期间矿压强度的变化,研究矿压显现特征。回采距离716～960 m 范围内周期来压分布特征如图 2-38 所示。

由图 2-38 可知,上部测区对应的 40 支架在矿压数据跟踪监测期间,共发生周期来压 8次,来压期间支架阻力整体为 533～585 bar,相邻周期来压步距有明显差异,来压步距为16.0～30.4 m,平均为 24.6 m。中部测区对应的 80 支架在矿压数据跟踪监测期间,共发生周期来压 10 次,来压期间支架阻力整体为 480～578 bar,来压步距为 11.1～32.8 m,平均为 20.5 m。下部测区对应的 120 支架在井下跟踪监测期间,共发生周期来压 12 次,来压期间支架阻力整体为 450～611 bar,来压步距为 10.4～25.0 m,平均为 17.9 m。

通过现场矿压观测及数据分析可知,厚硬顶板采场与普通采场矿山压力显现的差异明显,具体表现为以下 4 个方面:

(1) 大面积悬顶、来压步距大、动载系数大

厚硬顶板整体性强且不易自然垮落,极易积聚大量弹性能,断裂时释放巨大的动载动能[116]。初次来压步距为 75.8 m,周期来压步距为 10.0～32.8 m;动载系数大,初次来压时达 1.50 以上,周期来压期间为 1.35～1.46,平均为 1.43。

(2) 来压强度高、顶板活动波及层位高、垮落块度大

采空区顶板随着工作面的推进逐步垮落,随着采空区面积的增大,厚硬顶板岩层呈整体一次切落,并带动上方软弱顶板垮落,产生因破断前变形、蠕变与突然切落冲击产生的能量。其中,突然切落冲击产生的能量与垮落冲击岩体质量成正比,与厚硬顶板及其上方软弱顶板

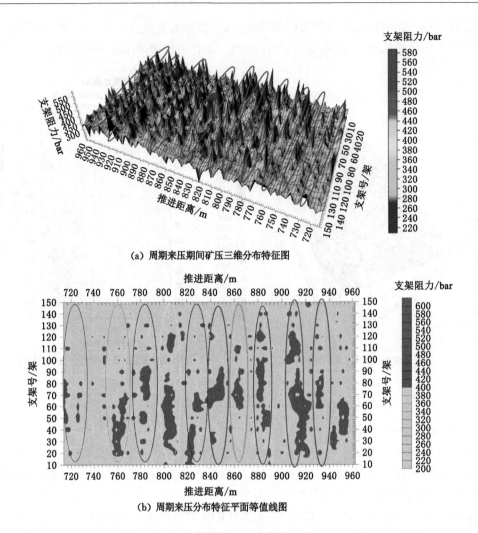

(a) 周期来压期间矿压三维分布特征图

(b) 周期来压分布特征平面等值线图

图 2-37　工作面周期来压分布特征

重力的平方成正比,与来压步距的四次方成正比,形成了瞬时大能量来压。

(3) 厚硬顶板来压具有明显的时间差和步距差

在工作面回采过程中,直接顶板岩层垮落,产生低强度小周期来压;小周期来压过程造成了直接顶与坚硬岩层离层;随着回采的推进,坚硬岩层发生拉断破坏、垮落,且常常在采空区发生大范围悬顶之后,工作面产生高强度的大周期来压。

(4) 厚硬顶板工作面支架荷载周期性强且分布不均匀

在非周期来压阶段,支架荷载小,处于初撑状态,当初次来压或周期来压时,支架荷载迅速增大,瞬间荷载超过支架额定阻力,支架安全阀开启,甚至破坏;在顶板来压期间,支架后柱的增阻速度和增阻值明显大于支架前柱,因安全阀来不及开启而引发的立柱爆裂事故也经常发生在支架后柱,支架荷载合力点靠近后排支柱。

因此,掌握厚硬顶板采场矿山压力变化规律和覆岩破断特征,并有针对性地采取措施有效控制厚硬顶板破断运移,是保证工作面安全生产、防治重大顶板事故的关键。

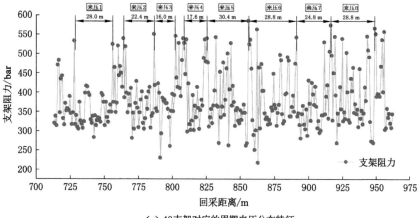

(a) 40支架对应的周期来压分布特征

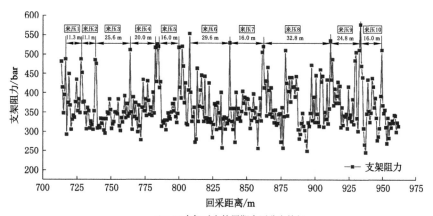

(b) 80支架对应的周期来压分布特征

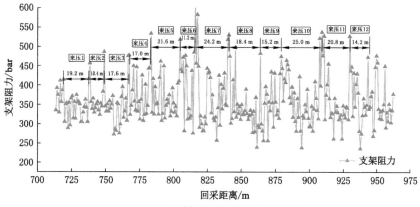

(c) 120支架对应的周期来压分布特征

图 2-38 回采距离 716～960 m 范围内周期来压分布特征

2.2 厚硬顶板初次破断及弹性能释放规律研究

2.2.1 边界条件与物理力学模型

模拟工作面为神东矿区布尔台煤矿 4-2 煤层 2 盘区首采工作面,其厚硬顶板结构如图 2-21(a)所示,工作面走向长 5 000 m,倾向长 240 m,煤厚平均为 5.6 m,综放开采,一次性采全高,煤层发育有 22.0～28.0 m 厚的细粒砂岩,岩石平均抗压强度为 60 MPa 以上。采区煤层回采时长壁工作面一般开采顺序示意图如图 2-39 所示。由图可知,首采面布置在采区边界,厚硬岩层初次破断前处于四边固支状态,周期来压之前处于三边固支一边自由状态。强矿压动力灾害常发生在厚硬岩层初次来压和周期来压期间,尤其是初次来压期间,矿压显现剧烈。本小节以首采面上覆厚硬岩层为研究对象,通过建立厚硬岩层物理力学模型(图 2-40)来分析初次来压期间受载、应力分布规律和破裂演化机制。模型初始为四边固支状态,随着破裂的发展,已形成裂缝边界可视为简支条件。

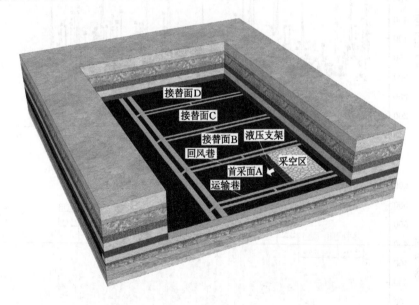

图 2-39 采区长壁工作面一般开采顺序示意图

2.2.2 基于最小二乘法的傅里叶级数求解方法

(1) 状态方程求解

弹性力学有三大基本方程,其中平衡微分方程如式(2-11)所示,几何方程如式(2-12)所示,物理方程(本构方程)如式(2-13)所示。

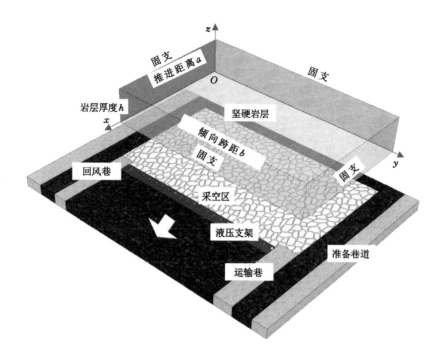

图 2-40　厚硬岩层物理力学模型

$$
\begin{cases}
\dfrac{\partial \sigma_x}{\partial x} + \dfrac{\partial \tau_{xy}}{\partial y} + \dfrac{\partial \tau_{xz}}{\partial z} = 0 \\[2mm]
\dfrac{\partial \tau_{xy}}{\partial x} + \dfrac{\partial \sigma_y}{\partial y} + \dfrac{\partial \tau_{yz}}{\partial z} = 0 \\[2mm]
\dfrac{\partial \tau_{xz}}{\partial x} + \dfrac{\partial \tau_{yz}}{\partial y} + \dfrac{\partial \sigma_z}{\partial z} = 0
\end{cases}
\tag{2-11}
$$

式中，σ_x、σ_y、σ_z 为正应力分量；τ_{xy}、τ_{xz}、τ_{yz} 为剪应力分量；x、y、z 为单位体积外力。

$$
\begin{cases}
\varepsilon_x = \dfrac{\partial u}{\partial x} \\[2mm]
\varepsilon_y = \dfrac{\partial v}{\partial y} \\[2mm]
\varepsilon_z = \dfrac{\partial w}{\partial z} \\[2mm]
\gamma_{xy} = \dfrac{\partial u}{\partial x} + \dfrac{\partial u}{\partial y} \\[2mm]
\gamma_{xz} = \dfrac{\partial w}{\partial x} + \dfrac{\partial u}{\partial z} \\[2mm]
\gamma_{yz} = \dfrac{\partial v}{\partial z} + \dfrac{\partial w}{\partial y}
\end{cases}
\tag{2-12}
$$

$$\begin{bmatrix} \sigma_x \\ \sigma_y \\ \sigma_z \\ \tau_{xy} \\ \tau_{xz} \\ \tau_{yz} \end{bmatrix} = \begin{bmatrix} 2G+\lambda & \lambda & \lambda & 0 & 0 & 0 \\ \lambda & 2G+\lambda & \lambda & 0 & 0 & 0 \\ \lambda & \lambda & 2G+\lambda & 0 & 0 & 0 \\ 0 & 0 & 0 & G & 0 & 0 \\ 0 & 0 & 0 & 0 & G & 0 \\ 0 & 0 & 0 & 0 & 0 & G \end{bmatrix} \cdot \begin{bmatrix} \varepsilon_x \\ \varepsilon_y \\ \varepsilon_z \\ \gamma_{xy} \\ \gamma_{xz} \\ \gamma_{yz} \end{bmatrix} \quad (2\text{-}13)$$

式中，ε_x、ε_y、ε_z 为正应变分量；γ_{xy}、γ_{xz}、γ_{yz} 为剪应变分量；u、v、w 为位移分量；G 为剪切模量；λ 为 Lame 常数。

将式(2-12)代入式(2-13)可得：

$$\begin{bmatrix} \sigma_x \\ \sigma_y \\ \sigma_z \\ \tau_{xy} \\ \tau_{xz} \\ \tau_{yz} \end{bmatrix} = \begin{bmatrix} 2G+\lambda & \lambda & \lambda & 0 & 0 & 0 \\ \lambda & 2G+\lambda & \lambda & 0 & 0 & 0 \\ \lambda & \lambda & 2G+\lambda & 0 & 0 & 0 \\ 0 & 0 & 0 & G & 0 & 0 \\ 0 & 0 & 0 & 0 & G & 0 \\ 0 & 0 & 0 & 0 & 0 & G \end{bmatrix} \cdot \begin{bmatrix} \dfrac{\partial u}{\partial x} \\ \dfrac{\partial v}{\partial y} \\ \dfrac{\partial w}{\partial z} \\ \dfrac{\partial u}{\partial x}+\dfrac{\partial u}{\partial y} \\ \dfrac{\partial w}{\partial x}+\dfrac{\partial u}{\partial z} \\ \dfrac{\partial v}{\partial z}+\dfrac{\partial w}{\partial y} \end{bmatrix} \quad (2\text{-}14)$$

由式(2-11)可得：

$$\begin{cases} \dfrac{\partial \tau_{xz}}{\partial z} = -\dfrac{\partial \sigma_x}{\partial x} - \dfrac{\partial \tau_{xy}}{\partial y} \\ \dfrac{\partial \tau_{yz}}{\partial z} = -\dfrac{\partial \tau_{xy}}{\partial x} - \dfrac{\partial \sigma_y}{\partial y} \\ \dfrac{\partial \sigma_z}{\partial z} = -\dfrac{\partial \tau_{xz}}{\partial x} - \dfrac{\partial \tau_{yz}}{\partial y} \end{cases} \quad (2\text{-}15)$$

由式(2-14)可得：

$$\begin{cases} \dfrac{\partial w}{\partial z} = \dfrac{1}{2G+\lambda} \cdot \left(\sigma_z - \lambda\dfrac{\partial u}{\partial x} - \lambda\dfrac{\partial v}{\partial y} \right) \\ \dfrac{\partial u}{\partial z} = \dfrac{\tau_{xz}}{G} - \dfrac{\partial w}{\partial x} \\ \dfrac{\partial v}{\partial z} = \dfrac{\tau_{yz}}{G} - \dfrac{\partial w}{\partial y} \end{cases} \quad (2\text{-}16)$$

$$\begin{cases} \sigma_x = (2G+\lambda) \cdot \dfrac{\partial u}{\partial x} + \lambda \cdot \dfrac{\partial v}{\partial y} + \lambda \cdot \dfrac{\partial w}{\partial z} \\ \sigma_y = \lambda \cdot \dfrac{\partial u}{\partial x} + (2G+\lambda) \cdot \dfrac{\partial v}{\partial y} + \lambda \cdot \dfrac{\partial w}{\partial z} \\ \tau_{xy} = G \cdot \left(\dfrac{\partial u}{\partial y} + \dfrac{\partial v}{\partial x} \right) \end{cases} \quad (2\text{-}17)$$

将式(2-16)第 1 式代入式(2-17)第 1 式和第 2 式可得：

$$\begin{cases} \sigma_x = \dfrac{4G(G+\lambda)}{2G+\lambda} \cdot \dfrac{\partial u}{\partial x} + \dfrac{2G\lambda}{2G+\lambda} \cdot \dfrac{\partial v}{\partial y} + \dfrac{\lambda}{2G+\lambda} \cdot \sigma_z \\[3mm] \sigma_y = \dfrac{2G\lambda}{2G+\lambda} \cdot \dfrac{\partial u}{\partial x} + \dfrac{4G(G+\lambda)}{2G+\lambda} \cdot \dfrac{\partial v}{\partial y} + \dfrac{\lambda}{2G+\lambda} \cdot \sigma_z \\[3mm] \tau_{xy} = G \cdot \left(\dfrac{\partial u}{\partial y} + \dfrac{\partial v}{\partial x} \right) \end{cases} \tag{2-18}$$

将式(2-18)整理成矩阵形式可得：

$$\boldsymbol{\sigma} = \boldsymbol{H} \cdot \boldsymbol{V} \tag{2-19}$$

式(2-19)中，矩阵 $\boldsymbol{\sigma}$、$\boldsymbol{H}$ 和 $\boldsymbol{V}$ 为：

$$\begin{cases} \boldsymbol{\sigma} = \begin{bmatrix} \sigma_x & \sigma_y & \tau_{xy} \end{bmatrix}^{\mathrm{T}} \\[2mm] \boldsymbol{V} = \begin{bmatrix} u & v & \sigma_z \end{bmatrix}^{\mathrm{T}} \\[2mm] \boldsymbol{H} = \begin{bmatrix} \eta_1 \cdot \dfrac{\partial}{\partial x} & \eta_2 \cdot \dfrac{\partial}{\partial y} & \lambda \cdot \eta_3 \\[3mm] \eta_2 \cdot \dfrac{\partial}{\partial x} & \eta_1 \cdot \dfrac{\partial}{\partial y} & \lambda \cdot \eta_3 \\[3mm] G \cdot \dfrac{\partial}{\partial y} & G \cdot \dfrac{\partial}{\partial x} & 0 \end{bmatrix} \end{cases} \tag{2-20}$$

式(2-20)中，系数 η_1、η_2 和 η_3 为：

$$\eta_1 = \frac{4G(G+\lambda)}{2G+\lambda}, \eta_2 = \frac{2G\lambda}{2G+\lambda}, \eta_3 = \frac{1}{2G+\lambda} \tag{2-21}$$

将式(2-18)第 1 式代入式(2-15)第 1 式和第 2 式可得：

$$\begin{cases} \dfrac{\partial \tau_{xz}}{\partial z} = -\dfrac{4G(G+\lambda)}{2G+\lambda} \cdot \dfrac{\partial^2 u}{\partial x^2} - G \cdot \dfrac{\partial^2 u}{\partial y^2} - \dfrac{G(2G+3\lambda)}{2G+\lambda} \cdot \dfrac{\partial^2 v}{\partial x \partial y} - \dfrac{\lambda}{2G+\lambda} \cdot \dfrac{\partial \sigma_z}{\partial x} \\[3mm] \dfrac{\partial \tau_{yz}}{\partial z} = -\dfrac{G(2G+3\lambda)}{2G+\lambda} \cdot \dfrac{\partial^2 u}{\partial x \partial y} - G \cdot \dfrac{\partial^2 v}{\partial x^2} - \dfrac{4G(G+\lambda)}{2G+\lambda} \cdot \dfrac{\partial^2 v}{\partial y^2} - \dfrac{\lambda}{2G+\lambda} \cdot \dfrac{\partial \sigma_z}{\partial y} \end{cases} \tag{2-22}$$

联立式(2-15)的第 3 式、式(2-16)和式(2-22)可得：

$$\begin{cases} \dfrac{\partial \sigma_z}{\partial z} = -\dfrac{\partial \tau_{xz}}{\partial x} - \dfrac{\partial \tau_{yz}}{\partial y} \\[3mm] \dfrac{\partial w}{\partial z} = \dfrac{1}{2G+\lambda} \cdot \left(\sigma_z - \lambda \dfrac{\partial u}{\partial x} - \lambda \dfrac{\partial v}{\partial y} \right) \\[3mm] \dfrac{\partial u}{\partial z} = \dfrac{\tau_{xz}}{G} - \dfrac{\partial w}{\partial x} \\[3mm] \dfrac{\partial v}{\partial z} = \dfrac{\tau_{yz}}{G} - \dfrac{\partial w}{\partial y} \\[3mm] \dfrac{\partial \tau_{xz}}{\partial z} = -\dfrac{4G(G+\lambda)}{2G+\lambda} \cdot \dfrac{\partial^2 u}{\partial x^2} - G \cdot \dfrac{\partial^2 u}{\partial y^2} - \dfrac{G(2G+3\lambda)}{2G+\lambda} \cdot \dfrac{\partial^2 v}{\partial x \partial y} - \dfrac{\lambda}{2G+\lambda} \cdot \dfrac{\partial \sigma_z}{\partial x} \\[3mm] \dfrac{\partial \tau_{yz}}{\partial z} = -\dfrac{G(2G+3\lambda)}{2G+\lambda} \cdot \dfrac{\partial^2 u}{\partial x \partial y} - G \cdot \dfrac{\partial^2 v}{\partial x^2} - \dfrac{4G(G+\lambda)}{2G+\lambda} \cdot \dfrac{\partial^2 v}{\partial y^2} - \dfrac{\lambda}{2G+\lambda} \cdot \dfrac{\partial \sigma_z}{\partial y} \end{cases} \tag{2-23}$$

将式(2-23)整理成矩阵形式可得：

$$\frac{\mathrm{d} \boldsymbol{F}}{\mathrm{d} z} = \boldsymbol{P} \cdot \boldsymbol{F} \tag{2-24}$$

式(2-24)中，矩阵 $\boldsymbol{F}$ 和 $\boldsymbol{P}$ 为：

$$\begin{cases} \boldsymbol{F} = \begin{bmatrix} u & v & \sigma_z & \tau_{xz} & \tau_{yz} & w \end{bmatrix}^{\mathrm{T}} \\ \boldsymbol{P} = \begin{bmatrix} 0 & \boldsymbol{P}_1 \\ \boldsymbol{P}_2 & 0 \end{bmatrix} \end{cases} \tag{2-25}$$

式(2-25)中,矩阵 $\boldsymbol{P}_1$ 和 $\boldsymbol{P}_2$ 为:

$$\boldsymbol{P}_1 = \begin{bmatrix} \dfrac{1}{G} & 0 & -\dfrac{\partial}{\partial x} \\ 0 & \dfrac{1}{G} & -\dfrac{\partial}{\partial y} \\ -\dfrac{\partial}{\partial x} & -\dfrac{\partial}{\partial y} & 0 \end{bmatrix} \tag{2-26}$$

$$\boldsymbol{P}_2 = \begin{bmatrix} -\eta_1 \cdot \dfrac{\partial^2}{\partial x^2} - G \cdot \dfrac{\partial^2}{\partial y^2} & -\eta_4 \cdot \dfrac{\partial^2}{\partial x \partial y} & -\lambda \cdot \eta_3 \cdot \dfrac{\partial}{\partial x} \\ -\eta_4 \cdot \dfrac{\partial^2}{\partial x \partial y} & -G \cdot \dfrac{\partial^2}{\partial x^2} - \eta_1 \cdot \dfrac{\partial^2}{\partial y^2} & -\lambda \cdot \eta_3 \cdot \dfrac{\partial}{\partial y} \\ -\lambda \cdot \dfrac{\partial}{\partial x} & -\lambda \cdot \dfrac{\partial}{\partial y} & \eta_3 \end{bmatrix} \tag{2-27}$$

式(2-27)中,系数 η_4 为:

$$\eta_4 = \frac{G(2G + 3\lambda)}{2G + \lambda} \tag{2-28}$$

将矩阵 $\boldsymbol{F}$ 展开为二重傅里叶级数可得:

$$\boldsymbol{F} = \begin{bmatrix} u \\ v \\ \sigma_z \\ \tau_{xz} \\ \tau_{yz} \\ w \end{bmatrix} = \begin{bmatrix} \sum\limits_{m=0}^{m=M} \sum\limits_{n=0}^{n=N} \boldsymbol{U}_{mn}^{u}(z) \cdot \mathrm{Tri}(\boldsymbol{g}_{mn}^1) \\ \sum\limits_{m=0}^{m=M} \sum\limits_{n=0}^{n=N} \boldsymbol{U}_{mn}^{v}(z) \cdot \mathrm{Tri}(\boldsymbol{g}_{mn}^2) \\ \sum\limits_{m=0}^{m=M} \sum\limits_{n=0}^{n=N} \boldsymbol{U}_{mn}^{\sigma_z}(z) \cdot \mathrm{Tri}(\boldsymbol{g}_{mn}^3) \\ \sum\limits_{m=0}^{m=M} \sum\limits_{n=0}^{n=N} \boldsymbol{U}_{mn}^{\tau_{xz}}(z) \cdot \mathrm{Tri}(\boldsymbol{g}_{mn}^1) \\ \sum\limits_{m=0}^{m=M} \sum\limits_{n=0}^{n=N} \boldsymbol{U}_{mn}^{\tau_{yz}}(z) \cdot \mathrm{Tri}(\boldsymbol{g}_{mn}^2) \\ \sum\limits_{m=0}^{m=M} \sum\limits_{n=0}^{n=N} \boldsymbol{U}_{mn}^{w}(z) \cdot \mathrm{Tri}(\boldsymbol{g}_{mn}^3) \end{bmatrix} \tag{2-29}$$

式(2-29)中,各矩阵为:

$$\begin{cases} \boldsymbol{U}_{mn}^{u}(z) = \begin{bmatrix} \boldsymbol{A}_{mn}^{u}(z) & \boldsymbol{B}_{mn}^{u}(z) & \boldsymbol{C}_{mn}^{u}(z) & \boldsymbol{D}_{mn}^{u}(z) \end{bmatrix} \\ \boldsymbol{U}_{mn}^{v}(z) = \begin{bmatrix} \boldsymbol{A}_{mn}^{v}(z) & \boldsymbol{B}_{mn}^{v}(z) & \boldsymbol{C}_{mn}^{v}(z) & \boldsymbol{D}_{mn}^{v}(z) \end{bmatrix} \\ \boldsymbol{U}_{mn}^{\sigma_z}(z) = \begin{bmatrix} \boldsymbol{A}_{mn}^{\sigma_z}(z) & \boldsymbol{B}_{mn}^{\sigma_z}(z) & \boldsymbol{C}_{mn}^{\sigma_z}(z) & \boldsymbol{D}_{mn}^{\sigma_z}(z) \end{bmatrix} \\ \boldsymbol{U}_{mn}^{\tau_{xz}}(z) = \begin{bmatrix} \boldsymbol{A}_{mn}^{\tau_{xz}}(z) & \boldsymbol{B}_{mn}^{\tau_{xz}}(z) & \boldsymbol{C}_{mn}^{\tau_{xz}}(z) & \boldsymbol{D}_{mn}^{\tau_{xz}}(z) \end{bmatrix} \\ \boldsymbol{U}_{mn}^{\tau_{yz}}(z) = \begin{bmatrix} \boldsymbol{A}_{mn}^{\tau_{yz}}(z) & \boldsymbol{B}_{mn}^{\tau_{yz}}(z) & \boldsymbol{C}_{mn}^{\tau_{yz}}(z) & \boldsymbol{D}_{mn}^{\tau_{yz}}(z) \end{bmatrix} \\ \boldsymbol{U}_{mn}^{w}(z) = \begin{bmatrix} \boldsymbol{A}_{mn}^{w}(z) & \boldsymbol{B}_{mn}^{w}(z) & \boldsymbol{C}_{mn}^{w}(z) & \boldsymbol{D}_{mn}^{w}(z) \end{bmatrix} \end{cases} \tag{2-30}$$

$$
\begin{cases}
\mathrm{Tri}(\boldsymbol{g}_{mn}^{1}) = \begin{bmatrix} \boldsymbol{CS}_{mn} & \boldsymbol{SS}_{mn} & \boldsymbol{SC}_{mn} & \boldsymbol{CC}_{mn} \end{bmatrix}^{\mathrm{T}} \\
\mathrm{Tri}(\boldsymbol{g}_{mn}^{2}) = \begin{bmatrix} \boldsymbol{SC}_{mn} & \boldsymbol{CC}_{mn} & \boldsymbol{CS}_{mn} & \boldsymbol{SS}_{mn} \end{bmatrix}^{\mathrm{T}} \\
\mathrm{Tri}(\boldsymbol{g}_{mn}^{3}) = \begin{bmatrix} \boldsymbol{SS}_{mn} & \boldsymbol{CS}_{mn} & \boldsymbol{CC}_{mn} & \boldsymbol{SC}_{mn} \end{bmatrix}^{\mathrm{T}} \\
\boldsymbol{CS}_{mn} = \cos(\kappa_m \cdot x) \cdot \sin(\kappa_n \cdot y) \\
\boldsymbol{SS}_{mn} = \sin(\kappa_m \cdot x) \cdot \sin(\kappa_n \cdot y) \\
\boldsymbol{SC}_{mn} = \sin(\kappa_m \cdot x) \cdot \cos(\kappa_n \cdot y) \\
\boldsymbol{CC}_{mn} = \cos(\kappa_m \cdot x) \cdot \cos(\kappa_n \cdot y) \\
\kappa_m = \dfrac{m\pi}{a} \\
\kappa_n = \dfrac{n\pi}{b}
\end{cases}
\tag{2-31}
$$

将矩阵 $\boldsymbol{\sigma}$ 展开为二重傅里叶级数可得：

$$
\boldsymbol{\sigma} = \begin{bmatrix} \sigma_x \\ \sigma_y \\ \tau_{xy} \end{bmatrix} = \begin{bmatrix} \displaystyle\sum_{m=0}^{m=M}\sum_{n=0}^{n=N} \boldsymbol{U}_{mn}^{\sigma_x}(z) \cdot \mathrm{Tri}(\boldsymbol{g}_{mn}^{3}) \\ \displaystyle\sum_{m=0}^{m=M}\sum_{n=0}^{n=N} \boldsymbol{U}_{mn}^{\sigma_y}(z) \cdot \mathrm{Tri}(\boldsymbol{g}_{mn}^{3}) \\ \displaystyle\sum_{m=0}^{m=M}\sum_{n=0}^{n=N} \boldsymbol{U}_{mn}^{\tau_{xy}}(z) \cdot \mathrm{Tri}(\boldsymbol{g}_{mn}^{4}) \end{bmatrix}
\tag{2-32}
$$

式(2-32)中,各矩阵为：

$$
\begin{cases}
\boldsymbol{U}_{mn}^{\sigma_x}(z) = \begin{bmatrix} \boldsymbol{A}_{mn}^{\sigma_x}(z) & \boldsymbol{B}_{mn}^{\sigma_x}(z) & \boldsymbol{C}_{mn}^{\sigma_x}(z) & \boldsymbol{D}_{mn}^{\sigma_x}(z) \end{bmatrix} \\
\boldsymbol{U}_{mn}^{\sigma_y}(z) = \begin{bmatrix} \boldsymbol{A}_{mn}^{\sigma_y}(z) & \boldsymbol{B}_{mn}^{\sigma_y}(z) & \boldsymbol{C}_{mn}^{\sigma_y}(z) & \boldsymbol{D}_{mn}^{\sigma_y}(z) \end{bmatrix} \\
\boldsymbol{U}_{mn}^{\tau_{xy}}(z) = \begin{bmatrix} \boldsymbol{A}_{mn}^{\tau_{xy}}(z) & \boldsymbol{B}_{mn}^{\tau_{xy}}(z) & \boldsymbol{C}_{mn}^{\tau_{xy}}(z) & \boldsymbol{D}_{mn}^{\tau_{xy}}(z) \end{bmatrix} \\
\mathrm{Tri}(\boldsymbol{g}_{mn}^{4}) = \begin{bmatrix} \boldsymbol{CC}_{mn} & \boldsymbol{SC}_{mn} & \boldsymbol{SS}_{mn} & \boldsymbol{CS}_{mn} \end{bmatrix}^{\mathrm{T}}
\end{cases}
\tag{2-33}
$$

将式(2-29)和式(2-32)代入式(2-19),并对比两边系数可得：

$$
\begin{bmatrix} \boldsymbol{A}_{mn}^{1}(z) \\ \boldsymbol{B}_{mn}^{1}(z) \\ \boldsymbol{C}_{mn}^{1}(z) \\ \boldsymbol{D}_{mn}^{1}(z) \end{bmatrix} = \begin{bmatrix} \boldsymbol{H}_{mn}^{A} & 0 & 0 & 0 \\ 0 & \boldsymbol{H}_{mn}^{B} & 0 & 0 \\ 0 & 0 & \boldsymbol{H}_{mn}^{C} & 0 \\ 0 & 0 & 0 & \boldsymbol{H}_{mn}^{D} \end{bmatrix} \cdot \begin{bmatrix} \boldsymbol{A}_{mn}^{2}(z) \\ \boldsymbol{B}_{mn}^{2}(z) \\ \boldsymbol{C}_{mn}^{2}(z) \\ \boldsymbol{D}_{mn}^{2}(z) \end{bmatrix}
\tag{2-34}
$$

式(2-34)中,各分块矩阵为：

$$
\begin{cases}
\boldsymbol{A}_{mn}^{1}(z) = \begin{bmatrix} \boldsymbol{A}_{mn}^{\sigma_x}(z) & \boldsymbol{A}_{mn}^{\sigma_y}(z) & \boldsymbol{A}_{mn}^{\tau_{xy}}(z) \end{bmatrix}^{\mathrm{T}} \\
\boldsymbol{B}_{mn}^{1}(z) = \begin{bmatrix} \boldsymbol{B}_{mn}^{\sigma_x}(z) & \boldsymbol{B}_{mn}^{\sigma_y}(z) & \boldsymbol{B}_{mn}^{\tau_{xy}}(z) \end{bmatrix}^{\mathrm{T}} \\
\boldsymbol{C}_{mn}^{1}(z) = \begin{bmatrix} \boldsymbol{C}_{mn}^{\sigma_x}(z) & \boldsymbol{C}_{mn}^{\sigma_y}(z) & \boldsymbol{C}_{mn}^{\tau_{xy}}(z) \end{bmatrix}^{\mathrm{T}} \\
\boldsymbol{D}_{mn}^{1}(z) = \begin{bmatrix} \boldsymbol{D}_{mn}^{\sigma_x}(z) & \boldsymbol{D}_{mn}^{\sigma_y}(z) & \boldsymbol{D}_{mn}^{\tau_{xy}}(z) \end{bmatrix}^{\mathrm{T}} \\
\boldsymbol{A}_{mn}^{2}(z) = \begin{bmatrix} \boldsymbol{A}_{mn}^{u}(z) & \boldsymbol{A}_{mn}^{v}(z) & \boldsymbol{A}_{mn}^{\sigma_z}(z) \end{bmatrix}^{\mathrm{T}} \\
\boldsymbol{B}_{mn}^{2}(z) = \begin{bmatrix} \boldsymbol{B}_{mn}^{u}(z) & \boldsymbol{B}_{mn}^{v}(z) & \boldsymbol{B}_{mn}^{\sigma_z}(z) \end{bmatrix}^{\mathrm{T}} \\
\boldsymbol{C}_{mn}^{2}(z) = \begin{bmatrix} \boldsymbol{C}_{mn}^{u}(z) & \boldsymbol{C}_{mn}^{v}(z) & \boldsymbol{C}_{mn}^{\sigma_z}(z) \end{bmatrix}^{\mathrm{T}} \\
\boldsymbol{D}_{mn}^{2}(z) = \begin{bmatrix} \boldsymbol{D}_{mn}^{u}(z) & \boldsymbol{D}_{mn}^{v}(z) & \boldsymbol{D}_{mn}^{\sigma_z}(z) \end{bmatrix}^{\mathrm{T}}
\end{cases}
\tag{2-35}
$$

$$\begin{cases}
\boldsymbol{H}_{mn}^{A} = \begin{bmatrix} -\eta_1 \cdot \kappa_m & -\eta_2 \cdot \kappa_n & \lambda \cdot \eta_3 \\ -\eta_2 \cdot \kappa_m & -\eta_1 \cdot \kappa_n & \lambda \cdot \eta_3 \\ G \cdot \kappa_n & G \cdot \kappa_m & 0 \end{bmatrix} \\[6pt]
\boldsymbol{H}_{mn}^{B} = \begin{bmatrix} \eta_1 \cdot \kappa_m & -\eta_2 \cdot \kappa_n & \lambda \cdot \eta_3 \\ \eta_2 \cdot \kappa_m & -\eta_1 \cdot \kappa_n & \lambda \cdot \eta_3 \\ G \cdot \kappa_n & -G \cdot \kappa_m & 0 \end{bmatrix} \\[6pt]
\boldsymbol{H}_{mn}^{C} = \begin{bmatrix} \eta_1 \cdot \kappa_m & \eta_2 \cdot \kappa_n & \lambda \cdot \eta_3 \\ \eta_2 \cdot \kappa_m & \eta_1 \cdot \kappa_n & \lambda \cdot \eta_3 \\ -G \cdot \kappa_n & -G \cdot \kappa_m & 0 \end{bmatrix} \\[6pt]
\boldsymbol{H}_{mn}^{D} = \begin{bmatrix} -\eta_1 \cdot \kappa_m & \eta_2 \cdot \kappa_n & \lambda \cdot \eta_3 \\ -\eta_2 \cdot \kappa_m & \eta_1 \cdot \kappa_n & \lambda \cdot \eta_3 \\ -G \cdot \kappa_n & G \cdot \kappa_m & 0 \end{bmatrix}
\end{cases} \tag{2-36}$$

将式(2-29)代入式(2-36)，并对比级数项的系数可得：

$$\frac{\mathrm{d}}{\mathrm{d}z}\begin{bmatrix} \boldsymbol{A}_{mn}^{3}(z) \\ \boldsymbol{B}_{mn}^{3}(z) \\ \boldsymbol{C}_{mn}^{3}(z) \\ \boldsymbol{D}_{mn}^{3}(z) \end{bmatrix} = \begin{bmatrix} \boldsymbol{P}_{mn}^{A} & 0 & 0 & 0 \\ 0 & \boldsymbol{P}_{mn}^{B} & 0 & 0 \\ 0 & 0 & \boldsymbol{P}_{mn}^{C} & 0 \\ 0 & 0 & 0 & \boldsymbol{P}_{mn}^{D} \end{bmatrix} \cdot \begin{bmatrix} \boldsymbol{A}_{mn}^{3}(z) \\ \boldsymbol{B}_{mn}^{3}(z) \\ \boldsymbol{C}_{mn}^{3}(z) \\ \boldsymbol{D}_{mn}^{3}(z) \end{bmatrix} \tag{2-37}$$

式(2-37)中，各矩阵为：

$$\begin{cases}
\boldsymbol{A}_{mn}^{3}(z) = \begin{bmatrix} \boldsymbol{A}_{mn}^{u}(z) & \boldsymbol{A}_{mn}^{v}(z) & \boldsymbol{A}_{mn}^{\sigma_z}(z) & \boldsymbol{A}_{mn}^{\tau_{xz}}(z) & \boldsymbol{A}_{mn}^{\tau_{yz}}(z) & \boldsymbol{A}_{mn}^{w}(z) \end{bmatrix}^{\mathrm{T}} \\
\boldsymbol{B}_{mn}^{3}(z) = \begin{bmatrix} \boldsymbol{B}_{mn}^{u}(z) & \boldsymbol{B}_{mn}^{v}(z) & \boldsymbol{B}_{mn}^{\sigma_z}(z) & \boldsymbol{B}_{mn}^{\tau_{xz}}(z) & \boldsymbol{B}_{mn}^{\tau_{yz}}(z) & \boldsymbol{B}_{mn}^{w}(z) \end{bmatrix}^{\mathrm{T}} \\
\boldsymbol{C}_{mn}^{3}(z) = \begin{bmatrix} \boldsymbol{C}_{mn}^{u}(z) & \boldsymbol{C}_{mn}^{v}(z) & \boldsymbol{C}_{mn}^{\sigma_z}(z) & \boldsymbol{C}_{mn}^{\tau_{xz}}(z) & \boldsymbol{C}_{mn}^{\tau_{yz}}(z) & \boldsymbol{C}_{mn}^{w}(z) \end{bmatrix}^{\mathrm{T}} \\
\boldsymbol{D}_{mn}^{3}(z) = \begin{bmatrix} \boldsymbol{D}_{mn}^{u}(z) & \boldsymbol{D}_{mn}^{v}(z) & \boldsymbol{D}_{mn}^{\sigma_z}(z) & \boldsymbol{D}_{mn}^{\tau_{xz}}(z) & \boldsymbol{D}_{mn}^{\tau_{yz}}(z) & \boldsymbol{D}_{mn}^{w}(z) \end{bmatrix}^{\mathrm{T}}
\end{cases} \tag{2-38}$$

$$\begin{cases}
\boldsymbol{P}_{mn}^{A} = \begin{bmatrix} 0 & {}^{1}\boldsymbol{P}_{mn}^{A} \\ {}^{2}\boldsymbol{P}_{mn}^{A} & 0 \end{bmatrix} & \boldsymbol{P}_{mn}^{C} = \begin{bmatrix} 0 & {}^{1}\boldsymbol{P}_{mn}^{C} \\ {}^{2}\boldsymbol{P}_{mn}^{C} & 0 \end{bmatrix} \\[10pt]
\boldsymbol{P}_{mn}^{B} = \begin{bmatrix} 0 & {}^{1}\boldsymbol{P}_{mn}^{B} \\ {}^{2}\boldsymbol{P}_{mn}^{B} & 0 \end{bmatrix} & \boldsymbol{P}_{mn}^{D} = \begin{bmatrix} 0 & {}^{1}\boldsymbol{P}_{mn}^{D} \\ {}^{2}\boldsymbol{P}_{mn}^{D} & 0 \end{bmatrix}
\end{cases} \tag{2-39}$$

式(2-39)中，各矩阵为：

$$\begin{cases}
{}^{1}\boldsymbol{P}_{mn}^{A} = \begin{bmatrix} \eta_4 & 0 & \kappa_1 \\ 0 & \eta_4 & \kappa_2 \\ \kappa_1 & \kappa_2 & 0 \end{bmatrix} & {}^{1}\boldsymbol{P}_{mn}^{C} = \begin{bmatrix} \eta_4 & 0 & \kappa_1 \\ 0 & \eta_4 & \kappa_2 \\ \kappa_1 & \kappa_2 & 0 \end{bmatrix} \\[14pt]
{}^{1}\boldsymbol{P}_{mn}^{B} = \begin{bmatrix} \eta_4 & 0 & \kappa_1 \\ 0 & \eta_4 & \kappa_2 \\ \kappa_1 & \kappa_2 & 0 \end{bmatrix} & {}^{1}\boldsymbol{P}_{mn}^{D} = \begin{bmatrix} \eta_4 & 0 & \kappa_1 \\ 0 & \eta_4 & \kappa_2 \\ \kappa_1 & \kappa_2 & 0 \end{bmatrix}
\end{cases} \tag{2-40}$$

$$
\begin{cases}
{}^{2}\boldsymbol{P}_{mn}^{A} = \begin{bmatrix} \eta_{5} \cdot (\kappa_{1})^{2} + G \cdot (\kappa_{2})^{2} & \eta_{1} \cdot \kappa_{1} \cdot \kappa_{2} & \lambda \cdot \eta_{3} \cdot \kappa_{1} \\ \eta_{1} \cdot \kappa_{1} \cdot \kappa_{2} & G \cdot (\kappa_{1})^{2} + \eta_{5} \cdot (\kappa_{2})^{2} & \lambda \cdot \eta_{3} \cdot \kappa_{2} \\ \lambda \cdot \kappa_{1} & \lambda \cdot \kappa_{2} & \eta_{3} \end{bmatrix} \\[2em]
{}^{2}\boldsymbol{P}_{mn}^{B} = \begin{bmatrix} \eta_{5} \cdot (\kappa_{1})^{2} + G \cdot (\kappa_{2})^{2} & \eta_{1} \cdot \kappa_{1} \cdot \kappa_{2} & \lambda \cdot \eta_{3} \cdot \kappa_{1} \\ \eta_{1} \cdot \kappa_{1} \cdot \kappa_{2} & G \cdot (\kappa_{1})^{2} + \eta_{5} \cdot (\kappa_{2})^{2} & \lambda \cdot \eta_{3} \cdot \kappa_{2} \\ \lambda \cdot \kappa_{1} & \lambda \cdot \kappa_{2} & \eta_{3} \end{bmatrix} \\[2em]
{}^{2}\boldsymbol{P}_{mn}^{C} = \begin{bmatrix} \eta_{5} \cdot (\kappa_{1})^{2} + G \cdot (\kappa_{2})^{2} & \eta_{1} \cdot \kappa_{1} \cdot \kappa_{2} & \lambda \cdot \eta_{3} \cdot \kappa_{1} \\ \eta_{1} \cdot \kappa_{1} \cdot \kappa_{2} & G \cdot (\kappa_{1})^{2} + \eta_{5} \cdot (\kappa_{2})^{2} & \lambda \cdot \eta_{3} \cdot \kappa_{2} \\ \lambda \cdot \kappa_{1} & \lambda \cdot \kappa_{2} & \eta_{3} \end{bmatrix} \\[2em]
{}^{2}\boldsymbol{P}_{mn}^{D} = \begin{bmatrix} \eta_{5} \cdot (\kappa_{1})^{2} + G \cdot (\kappa_{2})^{2} & \eta_{1} \cdot \kappa_{1} \cdot \kappa_{2} & \lambda \cdot \eta_{3} \cdot \kappa_{1} \\ \eta_{1} \cdot \kappa_{1} \cdot \kappa_{2} & G \cdot (\kappa_{1})^{2} + \eta_{5} \cdot (\kappa_{2})^{2} & \lambda \cdot \eta_{3} \cdot \kappa_{2} \\ \lambda \cdot \kappa_{1} & \lambda \cdot \kappa_{2} & \eta_{3} \end{bmatrix}
\end{cases} \tag{2-41}
$$

式(2-37)为标准的常系数齐次常微分方程组,可用常微分方程基本理论求得其解,即

$$
\boldsymbol{U}_{mn}^{3}(z) = \boldsymbol{\Lambda}_{mn} \cdot \boldsymbol{\Omega}_{mn}(z) \cdot \mathrm{Const}_{mn} \tag{2-42}
$$

式(2-42)中,各矩阵为:

$$
\begin{cases}
\boldsymbol{U}_{mn}^{3}(z) = \begin{bmatrix} \boldsymbol{A}_{mn}^{3}(z)^{\mathrm{T}} & \boldsymbol{B}_{mn}^{3}(z)^{\mathrm{T}} & \boldsymbol{C}_{mn}^{3}(z)^{\mathrm{T}} & \boldsymbol{D}_{mn}^{3}(z)^{\mathrm{T}} \end{bmatrix}^{\mathrm{T}} \\
\boldsymbol{\Lambda}_{mn} = \mathrm{Diag}(\boldsymbol{\Lambda}_{mn}^{A}, \boldsymbol{\Lambda}_{mn}^{B}, \boldsymbol{\Lambda}_{mn}^{C}, \boldsymbol{\Lambda}_{mn}^{D}) \\
\boldsymbol{\Omega}_{mn}(z) = \mathrm{Diag}(\boldsymbol{\Omega}_{mn}^{A}, \boldsymbol{\Omega}_{mn}^{B}, \boldsymbol{\Omega}_{mn}^{C}, \boldsymbol{\Omega}_{mn}^{D}) \\
\mathrm{Const}_{mn} = \begin{bmatrix} \mathrm{Const}_{mn}^{A} & \mathrm{Const}_{mn}^{B} & \mathrm{Const}_{mn}^{C} & \mathrm{Const}_{mn}^{D} \end{bmatrix}^{\mathrm{T}}
\end{cases} \tag{2-43}
$$

式(2-43)中,函数 $\mathrm{Diag}(x_{1}, x_{2}, \cdots)$ 表示以 $x_{1}, x_{2}, \cdots$ 为对角元素的对角矩阵,其中对角元素可以是矩阵,也可以是标量。式(2-43)中,各矩阵为:

$$
\begin{cases}
\boldsymbol{\Lambda}_{mn}^{A} = \begin{bmatrix} {}^{1}\boldsymbol{\Lambda}_{mn}^{A} & {}^{2}\boldsymbol{\Lambda}_{mn}^{A} & {}^{3}\boldsymbol{\Lambda}_{mn}^{A} & {}^{4}\boldsymbol{\Lambda}_{mn}^{A} & {}^{5}\boldsymbol{\Lambda}_{mn}^{A} & {}^{6}\boldsymbol{\Lambda}_{mn}^{A} \end{bmatrix} \\
\boldsymbol{\Lambda}_{mn}^{B} = \begin{bmatrix} {}^{1}\boldsymbol{\Lambda}_{mn}^{B} & {}^{2}\boldsymbol{\Lambda}_{mn}^{B} & {}^{3}\boldsymbol{\Lambda}_{mn}^{B} & {}^{4}\boldsymbol{\Lambda}_{mn}^{B} & {}^{5}\boldsymbol{\Lambda}_{mn}^{B} & {}^{6}\boldsymbol{\Lambda}_{mn}^{B} \end{bmatrix} \\
\boldsymbol{\Lambda}_{mn}^{C} = \begin{bmatrix} {}^{1}\boldsymbol{\Lambda}_{mn}^{C} & {}^{2}\boldsymbol{\Lambda}_{mn}^{C} & {}^{3}\boldsymbol{\Lambda}_{mn}^{C} & {}^{4}\boldsymbol{\Lambda}_{mn}^{C} & {}^{5}\boldsymbol{\Lambda}_{mn}^{C} & {}^{6}\boldsymbol{\Lambda}_{mn}^{C} \end{bmatrix} \\
\boldsymbol{\Lambda}_{mn}^{D} = \begin{bmatrix} {}^{1}\boldsymbol{\Lambda}_{mn}^{D} & {}^{2}\boldsymbol{\Lambda}_{mn}^{D} & {}^{3}\boldsymbol{\Lambda}_{mn}^{D} & {}^{4}\boldsymbol{\Lambda}_{mn}^{D} & {}^{5}\boldsymbol{\Lambda}_{mn}^{D} & {}^{6}\boldsymbol{\Lambda}_{mn}^{D} \end{bmatrix}
\end{cases} \tag{2-44}
$$

$$
\begin{cases}
\mathrm{Diag}_{mn}^{A} = \begin{bmatrix} \mathrm{e}^{z \cdot {}^{1}\lambda_{mn}^{A}} & \mathrm{e}^{z \cdot {}^{2}\lambda_{mn}^{A}} & \mathrm{e}^{z \cdot {}^{3}\lambda_{mn}^{A}} & \mathrm{e}^{z \cdot {}^{4}\lambda_{mn}^{A}} & \mathrm{e}^{z \cdot {}^{5}\lambda_{mn}^{A}} & \mathrm{e}^{z \cdot {}^{6}\lambda_{mn}^{A}} \end{bmatrix} \\
\mathrm{Diag}_{mn}^{B} = \begin{bmatrix} \mathrm{e}^{z \cdot {}^{1}\lambda_{mn}^{B}} & \mathrm{e}^{z \cdot {}^{2}\lambda_{mn}^{B}} & \mathrm{e}^{z \cdot {}^{3}\lambda_{mn}^{B}} & \mathrm{e}^{z \cdot {}^{4}\lambda_{mn}^{B}} & \mathrm{e}^{z \cdot {}^{5}\lambda_{mn}^{B}} & \mathrm{e}^{z \cdot {}^{6}\lambda_{mn}^{B}} \end{bmatrix} \\
\mathrm{Diag}_{mn}^{C} = \begin{bmatrix} \mathrm{e}^{z \cdot {}^{1}\lambda_{mn}^{C}} & \mathrm{e}^{z \cdot {}^{2}\lambda_{mn}^{C}} & \mathrm{e}^{z \cdot {}^{3}\lambda_{mn}^{C}} & \mathrm{e}^{z \cdot {}^{4}\lambda_{mn}^{C}} & \mathrm{e}^{z \cdot {}^{5}\lambda_{mn}^{C}} & \mathrm{e}^{z \cdot {}^{6}\lambda_{mn}^{C}} \end{bmatrix} \\
\mathrm{Diag}_{mn}^{D} = \begin{bmatrix} \mathrm{e}^{z \cdot {}^{1}\lambda_{mn}^{D}} & \mathrm{e}^{z \cdot {}^{2}\lambda_{mn}^{D}} & \mathrm{e}^{z \cdot {}^{3}\lambda_{mn}^{D}} & \mathrm{e}^{z \cdot {}^{4}\lambda_{mn}^{D}} & \mathrm{e}^{z \cdot {}^{5}\lambda_{mn}^{D}} & \mathrm{e}^{z \cdot {}^{6}\lambda_{mn}^{D}} \end{bmatrix}
\end{cases} \tag{2-45}
$$

$$
\begin{cases}
\mathrm{Const}_{mn}^{A} = \begin{bmatrix} {}^{1}\boldsymbol{C}_{mn}^{A} & {}^{2}\boldsymbol{C}_{mn}^{A} & {}^{3}\boldsymbol{C}_{mn}^{A} & {}^{4}\boldsymbol{C}_{mn}^{A} & {}^{5}\boldsymbol{C}_{mn}^{A} & {}^{6}\boldsymbol{C}_{mn}^{A} \end{bmatrix} \\
\mathrm{Const}_{mn}^{B} = \begin{bmatrix} {}^{1}\boldsymbol{C}_{mn}^{B} & {}^{2}\boldsymbol{C}_{mn}^{B} & {}^{3}\boldsymbol{C}_{mn}^{B} & {}^{4}\boldsymbol{C}_{mn}^{B} & {}^{5}\boldsymbol{C}_{mn}^{B} & {}^{6}\boldsymbol{C}_{mn}^{B} \end{bmatrix} \\
\mathrm{Const}_{mn}^{C} = \begin{bmatrix} {}^{1}\boldsymbol{C}_{mn}^{C} & {}^{2}\boldsymbol{C}_{mn}^{C} & {}^{3}\boldsymbol{C}_{mn}^{C} & {}^{4}\boldsymbol{C}_{mn}^{C} & {}^{5}\boldsymbol{C}_{mn}^{C} & {}^{6}\boldsymbol{C}_{mn}^{C} \end{bmatrix} \\
\mathrm{Const}_{mn}^{D} = \begin{bmatrix} {}^{1}\boldsymbol{C}_{mn}^{D} & {}^{2}\boldsymbol{C}_{mn}^{D} & {}^{3}\boldsymbol{C}_{mn}^{D} & {}^{4}\boldsymbol{C}_{mn}^{D} & {}^{5}\boldsymbol{C}_{mn}^{D} & {}^{6}\boldsymbol{C}_{mn}^{D} \end{bmatrix}
\end{cases} \tag{2-46}
$$

式(2-45)中,${}^{1}\lambda_{mn}^{A}$、${}^{2}\lambda_{mn}^{A}$、${}^{3}\lambda_{mn}^{A}$ 等为矩阵 $\boldsymbol{P}_{mn}^{A}$ 的特征值。式(2-44)中,列向量 ${}^{1}\boldsymbol{\Lambda}_{mn}^{A}$ 为特征值 ${}^{1}\lambda_{mn}^{A}$ 对应的特征向量。式(2-46)中,${}^{1}\boldsymbol{C}_{mn}^{A}$、${}^{2}\boldsymbol{C}_{mn}^{A}$、${}^{3}\boldsymbol{C}_{mn}^{A}$ 等为独立常数。在式(2-42)中,分别令

$z=0$ 和 $z=h$，可得：

$$\begin{bmatrix} \boldsymbol{U}^4_{mn}(0) \\ \boldsymbol{U}^4_{mn}(h) \end{bmatrix} = \begin{bmatrix} \boldsymbol{\Lambda}^{3:5}_{mn} \cdot \boldsymbol{\Omega}_{mn}(0) \\ \boldsymbol{\Lambda}^{3:5}_{mn} \cdot \boldsymbol{\Omega}_{mn}(h) \end{bmatrix} \cdot \mathrm{Const}_{mn} \tag{2-47}$$

式（2-47）中，矩阵 $\boldsymbol{U}^4_{mn}$ 和 $\boldsymbol{\Lambda}^{3:5}_{mn}$ 为：

$$\boldsymbol{U}^4_{mn}(z) = \begin{bmatrix} \boldsymbol{A}^4_{mn}(z)^{\mathrm{T}} & \boldsymbol{B}^4_{mn}(z)^{\mathrm{T}} & \boldsymbol{C}^4_{mn}(z)^{\mathrm{T}} & \boldsymbol{D}^4_{mn}(z)^{\mathrm{T}} \end{bmatrix}^{\mathrm{T}} \tag{2-48}$$

$$\boldsymbol{\Lambda}^{3:5}_{mn} = \mathrm{Diag}(_{3:5}\boldsymbol{\Lambda}^A_{mn},_{3:5}\boldsymbol{\Lambda}^B_{mn},_{3:5}\boldsymbol{\Lambda}^C_{mn},_{3:5}\boldsymbol{\Lambda}^D_{mn}) \tag{2-49}$$

式（2-48）中，各矩阵为：

$$\begin{cases} \boldsymbol{A}^4_{mn}(z) = \begin{bmatrix} \boldsymbol{A}^{\sigma_z}_{mn}(z) & \boldsymbol{A}^{\tau_{xz}}_{mn}(z) & \boldsymbol{A}^{\tau_{yz}}_{mn}(z) \end{bmatrix}^{\mathrm{T}} \\ \boldsymbol{B}^4_{mn}(z) = \begin{bmatrix} \boldsymbol{B}^{\sigma_z}_{mn}(z) & \boldsymbol{B}^{\tau_{xz}}_{mn}(z) & \boldsymbol{B}^{\tau_{yz}}_{mn}(z) \end{bmatrix}^{\mathrm{T}} \\ \boldsymbol{C}^4_{mn}(z) = \begin{bmatrix} \boldsymbol{C}^{\sigma_z}_{mn}(z) & \boldsymbol{C}^{\tau_{xz}}_{mn}(z) & \boldsymbol{C}^{\tau_{yz}}_{mn}(z) \end{bmatrix}^{\mathrm{T}} \\ \boldsymbol{D}^4_{mn}(z) = \begin{bmatrix} \boldsymbol{D}^{\sigma_z}_{mn}(z) & \boldsymbol{D}^{\tau_{xz}}_{mn}(z) & \boldsymbol{D}^{\tau_{yz}}_{mn}(z) \end{bmatrix}^{\mathrm{T}} \end{cases} \tag{2-50}$$

式（2-49）中，矩阵 $_{3:5}\boldsymbol{\Lambda}^A_{mn}$ 表示由矩阵 $\boldsymbol{\Lambda}^A_{mn}$ 的第 3 行至第 5 行组成的新矩阵。由式（2-47）得到的常数矩阵 Const_{mn} 为：

$$\mathrm{Const}_{mn} = \begin{bmatrix} \boldsymbol{\Lambda}^{3:5}_{mn} \cdot \boldsymbol{\Omega}_{mn}(0) \\ \boldsymbol{\Lambda}^{3:5}_{mn} \cdot \boldsymbol{\Omega}_{mn}(h) \end{bmatrix} \cdot \begin{bmatrix} \boldsymbol{U}^{3:5}_{mn} \cdot \boldsymbol{\Omega}_{mn}(0) \\ \boldsymbol{U}^{3:5}_{mn} \cdot \boldsymbol{\Omega}_{mn}(h) \end{bmatrix} \tag{2-51}$$

板的上下界面的边界条件为：

$$\begin{cases} z=0: \begin{cases} \sigma_z(x,y,0) = p(x,y) \\ \tau_{xz}(x,y,0) = 0 \\ \tau_{yz}(x,y,0) = 0 \end{cases} \\ z=h: \begin{cases} \sigma_z(x,y,h) = 0 \\ \tau_{xz}(x,y,h) = 0 \\ \tau_{yz}(x,y,h) = 0 \end{cases} \end{cases} \tag{2-52}$$

将边界荷载 $p(x,y)$ 展开为级数可得：

$$p = \sum_{m=0}^{m=M}\sum_{n=0}^{n=N} \begin{bmatrix} \boldsymbol{A}^P_{mn} & \boldsymbol{B}^P_{mn} & \boldsymbol{C}^P_{mn} & \boldsymbol{D}^P_{mn} \end{bmatrix} \cdot \begin{bmatrix} \boldsymbol{CS}_{mn} & \boldsymbol{SS}_{mn} & \boldsymbol{SC}_{mn} & \boldsymbol{CC}_{mn} \end{bmatrix}^{\mathrm{T}} \tag{2-53}$$

式（2-53）中，级数系数为：

$$\begin{cases} \boldsymbol{A}^P_{mn} = \dfrac{4}{ab}\int_0^a\int_0^b p(x,y)\cos\dfrac{m\pi x}{a}\sin\dfrac{n\pi x}{b}\mathrm{d}x\mathrm{d}y \\ \boldsymbol{B}^P_{mn} = \dfrac{4}{ab}\int_0^a\int_0^b p(x,y)\cos\dfrac{m\pi x}{a}\sin\dfrac{n\pi x}{b}\mathrm{d}x\mathrm{d}y \\ \boldsymbol{C}^P_{mn} = \dfrac{4}{ab}\int_0^a\int_0^b p(x,y)\cos\dfrac{m\pi x}{a}\sin\dfrac{n\pi x}{b}\mathrm{d}x\mathrm{d}y \\ \boldsymbol{D}^P_{mn} = \dfrac{4}{ab}\int_0^a\int_0^b p(x,y)\cos\dfrac{m\pi x}{a}\sin\dfrac{n\pi x}{b}\mathrm{d}x\mathrm{d}y \end{cases} \tag{2-54}$$

将式（2-29）代入式（2-52）可得：

$$\begin{cases} \boldsymbol{U}^4_{mn}(0) = \begin{bmatrix} \boldsymbol{A}^5_{mn} & \boldsymbol{B}^5_{mn} & \boldsymbol{C}^5_{mn} & \boldsymbol{D}^5_{mn} \end{bmatrix}^{\mathrm{T}} \\ \boldsymbol{U}^4_{mn}(h) = 0 \end{cases} \tag{2-55}$$

式（2-55）中，各矩阵为：

$$
\begin{cases}
\boldsymbol{A}_{mn}^{5}(z) = \begin{bmatrix} \boldsymbol{A}_{mn}^{P}(z) & 0 & 0 \end{bmatrix} \\
\boldsymbol{B}_{mn}^{5}(z) = \begin{bmatrix} \boldsymbol{B}_{mn}^{P}(z) & 0 & 0 \end{bmatrix} \\
\boldsymbol{C}_{mn}^{6}(z) = \begin{bmatrix} \boldsymbol{C}_{mn}^{P}(z) & 0 & 0 \end{bmatrix} \\
\boldsymbol{D}_{mn}^{5}(z) = \begin{bmatrix} \boldsymbol{D}_{mn}^{P}(z) & 0 & 0 \end{bmatrix}
\end{cases}
\tag{2-56}
$$

将式(2-55)代入式(2-51)可求得常数矩阵,然后将其代入式(2-42)即可求得系数矩阵$\boldsymbol{U}_{mn}^{3}(z)$。

(2) 四边简支边界条件求解

四边简支模型的具体边界条件为:

$$
\begin{cases}
x=0: \begin{cases} \sigma_x(0,y,z)=0 \\ v(0,y,z)=0 \\ w(0,y,z)=0 \end{cases}
\quad
y=0: \begin{cases} u(x,0,z)=0 \\ \sigma_y(x,0,z)=0 \\ w(x,0,z)=0 \end{cases} \\[4mm]
x=a: \begin{cases} \sigma_x(a,y,z)=0 \\ v(a,y,z)=0 \\ w(a,y,z)=0 \end{cases}
\quad
y=b: \begin{cases} u(x,b,z)=0 \\ \sigma_y(x,b,z)=0 \\ w(x,b,z)=0 \end{cases}
\end{cases}
\tag{2-57}
$$

将式(2-29)和式(2-32)代入式(2-57)可得:

$$
\begin{bmatrix} \sigma_x(0,y,z) \\ v(0,y,z) \\ w(0,y,z) \end{bmatrix} =
\begin{bmatrix}
\sum\limits_{m=0}^{m=M}\sum\limits_{n=0}^{n=N} \boldsymbol{U}_{mn}^{\sigma_x}(z) \cdot \begin{bmatrix} 0 & \boldsymbol{S}_n & \boldsymbol{C}_n & 0 \end{bmatrix}^{\mathrm{T}} \\
\sum\limits_{m=0}^{m=M}\sum\limits_{n=0}^{n=N} \boldsymbol{U}_{mn}^{v}(z) \cdot \begin{bmatrix} 0 & \boldsymbol{C}_n & \boldsymbol{S}_n & 0 \end{bmatrix}^{\mathrm{T}} \\
\sum\limits_{m=0}^{m=M}\sum\limits_{n=0}^{n=N} \boldsymbol{U}_{mn}^{w}(z) \cdot \begin{bmatrix} 0 & \boldsymbol{S}_n & \boldsymbol{C}_n & 0 \end{bmatrix}^{\mathrm{T}}
\end{bmatrix}
\tag{2-58}
$$

$$
\begin{bmatrix} \sigma_x(a,y,z) \\ v(a,y,z) \\ w(a,y,z) \end{bmatrix} =
\begin{bmatrix}
\sum\limits_{m=0}^{m=M}\sum\limits_{n=0}^{n=N} \boldsymbol{U}_{mn}^{\sigma_x}(z) \cdot \begin{bmatrix} 0 & (-1)^m \cdot \boldsymbol{S}_n & (-1)^m \cdot \boldsymbol{C}_n & 0 \end{bmatrix}^{\mathrm{T}} \\
\sum\limits_{m=0}^{m=M}\sum\limits_{n=0}^{n=N} \boldsymbol{U}_{mn}^{v}(z) \cdot \begin{bmatrix} 0 & (-1)^m \cdot \boldsymbol{C}_n & (-1)^m \cdot \boldsymbol{S}_n & 0 \end{bmatrix}^{\mathrm{T}} \\
\sum\limits_{m=0}^{m=M}\sum\limits_{n=0}^{n=N} \boldsymbol{U}_{mn}^{w}(z) \cdot \begin{bmatrix} 0 & (-1)^m \cdot \boldsymbol{S}_n & (-1)^m \cdot \boldsymbol{C}_n & 0 \end{bmatrix}^{\mathrm{T}}
\end{bmatrix}
\tag{2-59}
$$

$$
\begin{bmatrix} \sigma_y(x,0,z) \\ u(x,0,z) \\ w(x,0,z) \end{bmatrix} =
\begin{bmatrix}
\sum\limits_{m=0}^{m=M}\sum\limits_{n=0}^{n=N} \boldsymbol{U}_{mn}^{\sigma_y}(z) \cdot \begin{bmatrix} 0 & 0 & \boldsymbol{C}_m & \boldsymbol{S}_m \end{bmatrix}^{\mathrm{T}} \\
\sum\limits_{m=0}^{m=M}\sum\limits_{n=0}^{n=N} \boldsymbol{U}_{mn}^{u}(z) \cdot \begin{bmatrix} 0 & 0 & \boldsymbol{S}_m & \boldsymbol{C}_m \end{bmatrix}^{\mathrm{T}} \\
\sum\limits_{m=0}^{m=M}\sum\limits_{n=0}^{n=N} \boldsymbol{U}_{mn}^{w}(z) \cdot \begin{bmatrix} 0 & 0 & \boldsymbol{C}_m & \boldsymbol{S}_m \end{bmatrix}^{\mathrm{T}}
\end{bmatrix}
\tag{2-60}
$$

$$
\begin{bmatrix} \sigma_y(x,b,z) \\ u(x,b,z) \\ w(x,b,z) \end{bmatrix} =
\begin{bmatrix}
\sum\limits_{m=0}^{m=M}\sum\limits_{n=0}^{n=N} \boldsymbol{U}_{mn}^{\sigma_y}(z) \cdot \begin{bmatrix} 0 & 0 & (-1)^n \cdot \boldsymbol{C}_m & (-1)^n \cdot \boldsymbol{S}_m \end{bmatrix}^{\mathrm{T}} \\
\sum\limits_{m=0}^{m=M}\sum\limits_{n=0}^{n=N} \boldsymbol{U}_{mn}^{u}(z) \cdot \begin{bmatrix} 0 & 0 & (-1)^n \cdot \boldsymbol{S}_m & (-1)^n \cdot \boldsymbol{C}_m \end{bmatrix}^{\mathrm{T}} \\
\sum\limits_{m=0}^{m=M}\sum\limits_{n=0}^{n=N} \boldsymbol{U}_{mn}^{w}(z) \cdot \begin{bmatrix} 0 & 0 & (-1)^n \cdot \boldsymbol{C}_m & (-1)^n \cdot \boldsymbol{S}_m \end{bmatrix}^{\mathrm{T}}
\end{bmatrix}
\tag{2-61}
$$

为满足式(2-58)~式(2-61),令:

$$\begin{cases} \boldsymbol{B}_{mn}^3(z) = 0 \\ \boldsymbol{C}_{mn}^3(z) = 0 \\ \boldsymbol{D}_{mn}^3(z) = 0 \end{cases} \tag{2-62}$$

$$\begin{cases} p(x,y) = -p(-x,y) \\ p(x,y) = -p(x,-y) \end{cases} \tag{2-63}$$

将式(2-62)和式(2-63)代入式(2-58)～式(2-61)即可获得四边简支时弹性厚硬顶板的三维精确解。

(3) 四边固支边界条件求解

四边固支的边界条件为：

$$\begin{cases} x = 0: \begin{cases} u(0,y,z) = 0 \\ v(0,y,z) = 0 \\ w(0,y,z) = 0 \end{cases} & y = 0: \begin{cases} u(x,0,z) = 0 \\ v(x,0,z) = 0 \\ w(x,0,z) = 0 \end{cases} \\ x = a: \begin{cases} u(a,y,z) = 0 \\ v(a,y,z) = 0 \\ w(a,y,z) = 0 \end{cases} & y = b: \begin{cases} u(x,b,z) = 0 \\ v(x,b,z) = 0 \\ w(x,b,z) = 0 \end{cases} \end{cases} \tag{2-64}$$

将式(2-29)和式(2-32)代入式(2-64)可得：

$$\begin{bmatrix} u(0,y,z) \\ v(0,y,z) \\ w(0,y,z) \end{bmatrix} = \begin{bmatrix} \sum\limits_{m=0}^{m=M}\sum\limits_{n=0}^{n=N}\boldsymbol{U}_{mn}^u(z) \cdot [\boldsymbol{S}_n\ 0\ 0\ \boldsymbol{C}_n]^{\mathrm{T}} \\ \sum\limits_{m=0}^{m=M}\sum\limits_{n=0}^{n=N}\boldsymbol{U}_{mn}^v(z) \cdot [0\ \boldsymbol{C}_n\ \boldsymbol{S}_n\ 0]^{\mathrm{T}} \\ \sum\limits_{m=0}^{m=M}\sum\limits_{n=0}^{n=N}\boldsymbol{U}_{mn}^w(z) \cdot [0\ \boldsymbol{S}_n\ \boldsymbol{C}_n\ 0]^{\mathrm{T}} \end{bmatrix} = \begin{bmatrix} 0 \\ 0 \\ 0 \end{bmatrix} \tag{2-65}$$

$$\begin{bmatrix} u(a,y,z) \\ v(a,y,z) \\ w(a,y,z) \end{bmatrix} = \begin{bmatrix} \sum\limits_{m=0}^{m=M}\sum\limits_{n=0}^{n=N}\boldsymbol{U}_{mn}^u(z) \cdot [(-1)^m \cdot \boldsymbol{S}_n\ 0\ 0\ (-1)^m \cdot \boldsymbol{C}_n]^{\mathrm{T}} \\ \sum\limits_{m=0}^{m=M}\sum\limits_{n=0}^{n=N}\boldsymbol{U}_{mn}^v(z) \cdot [0\ (-1)^m \cdot \boldsymbol{C}_n\ (-1)^m \cdot \boldsymbol{S}_n\ 0]^{\mathrm{T}} \\ \sum\limits_{m=0}^{m=M}\sum\limits_{n=0}^{n=N}\boldsymbol{U}_{mn}^w(z) \cdot [0\ (-1)^m \cdot \boldsymbol{S}_n\ (-1)^m \cdot \boldsymbol{C}_n\ 0]^{\mathrm{T}} \end{bmatrix} = \begin{bmatrix} 0 \\ 0 \\ 0 \end{bmatrix} \tag{2-66}$$

$$\begin{bmatrix} u(x,0,z) \\ v(x,0,z) \\ w(x,0,z) \end{bmatrix} = \begin{bmatrix} \sum\limits_{m=0}^{m=M}\sum\limits_{n=0}^{n=N}\boldsymbol{U}_{mn}^u(z) \cdot [0\ 0\ \boldsymbol{S}_m\ \boldsymbol{C}_m]^{\mathrm{T}} \\ \sum\limits_{m=0}^{m=M}\sum\limits_{n=0}^{n=N}\boldsymbol{U}_{mn}^v(z) \cdot [\boldsymbol{S}_m\ \boldsymbol{C}_m\ 0\ 0]^{\mathrm{T}} \\ \sum\limits_{m=0}^{m=M}\sum\limits_{n=0}^{n=N}\boldsymbol{U}_{mn}^w(z) \cdot [0\ 0\ \boldsymbol{C}_m\ \boldsymbol{S}_m]^{\mathrm{T}} \end{bmatrix} = \begin{bmatrix} 0 \\ 0 \\ 0 \end{bmatrix} \tag{2-67}$$

$$\begin{bmatrix} u(x,b,z) \\ v(x,b,z) \\ w(x,b,z) \end{bmatrix} = \begin{bmatrix} \sum\limits_{m=0}^{m=M}\sum\limits_{n=0}^{n=N} \boldsymbol{U}_{mn}^{u}(z) \cdot \begin{bmatrix} 0 & 0 & (-1)^{n} \cdot \boldsymbol{S}_{m} & (-1)^{n} \cdot \boldsymbol{C}_{m} \end{bmatrix}^{\mathrm{T}} \\ \sum\limits_{m=0}^{m=M}\sum\limits_{n=0}^{n=N} \boldsymbol{U}_{mn}^{v}(z) \cdot \begin{bmatrix} (-1)^{n} \cdot \boldsymbol{S}_{m} & (-1)^{n} \cdot \boldsymbol{C}_{m} & 0 & 0 \end{bmatrix}^{\mathrm{T}} \\ \sum\limits_{m=0}^{m=M}\sum\limits_{n=0}^{n=N} \boldsymbol{U}_{mn}^{w}(z) \cdot \begin{bmatrix} 0 & 0 & (-1)^{n} \cdot \boldsymbol{C}_{m} & (-1)^{n} \cdot \boldsymbol{S}_{m} \end{bmatrix}^{\mathrm{T}} \end{bmatrix} = \begin{bmatrix} 0 \\ 0 \\ 0 \end{bmatrix} \tag{2-68}$$

展开式(2-65)～式(2-68)可得：

$$\begin{bmatrix} \sum\limits_{n=0}^{n=N}\left\{ \sum\limits_{m=0}^{m=M}\boldsymbol{A}_{mn}^{u}(z)\cdot\sin(\kappa_{n}\cdot y)+\sum\limits^{m=M}\boldsymbol{D}_{mn}^{u}(z)\cdot\cos(\kappa_{n}\cdot y)\right\} \\ \sum\limits_{n=0}^{n=N}\left\{ \sum\limits_{m=0}^{m=M}\boldsymbol{B}_{mn}^{v}(z)\cdot\cos(\kappa_{n}\cdot y)+\sum\limits^{m=M}\boldsymbol{C}_{mn}^{v}(z)\cdot\sin(\kappa_{n}\cdot y)\right\} \\ \sum\limits_{n=0}^{n=N}\left\{ \sum\limits_{m=0}^{m=M}\boldsymbol{B}_{mn}^{w}(z)\cdot\sin(\kappa_{n}\cdot y)+\sum\limits^{m=M}\boldsymbol{C}_{mn}^{w}(z)\cdot\cos(\kappa_{n}\cdot y)\right\} \end{bmatrix} = \begin{bmatrix} 0 \\ 0 \\ 0 \end{bmatrix} \tag{2-69}$$

$$\begin{bmatrix} \sum\limits_{n=0}^{n=N}\left\{ \sum\limits_{m=0}^{m=M}(-1)^{m}\boldsymbol{A}_{mn}^{u}(z)\cdot\sin(\kappa_{n}\cdot y)+\sum\limits^{m=M}(-1)^{m}\boldsymbol{D}_{mn}^{u}(z)\cdot\cos(\kappa_{n}\cdot y)\right\} \\ \sum\limits_{n=0}^{n=N}\left\{ \sum\limits_{m=0}^{m=M}(-1)^{m}\boldsymbol{B}_{mn}^{v}(z)\cdot\cos(\kappa_{n}\cdot y)+\sum\limits^{m=M}(-1)^{m}\boldsymbol{C}_{mn}^{v}(z)\cdot\sin(\kappa_{n}\cdot y)\right\} \\ \sum\limits_{n=0}^{n=N}\left\{ \sum\limits_{m=0}^{m=M}(-1)^{m}\boldsymbol{B}_{mn}^{w}(z)\cdot\sin(\kappa_{n}\cdot y)+\sum\limits^{m=M}(-1)^{m}\boldsymbol{C}_{mn}^{w}(z)\cdot\cos(\kappa_{n}\cdot y)\right\} \end{bmatrix} = \begin{bmatrix} 0 \\ 0 \\ 0 \end{bmatrix}$$

$$\tag{2-70}$$

$$\begin{bmatrix} \sum\limits_{m=0}^{m=M}\left\{ \sum\limits_{n=0}^{n=N}\boldsymbol{C}_{mn}^{u}(z)\cdot\sin(\kappa_{n}\cdot x)+\sum\limits^{n=N}\boldsymbol{D}_{mn}^{u}(z)\cdot\cos(\kappa_{n}\cdot x)\right\} \\ \sum\limits_{m=0}^{m=M}\left\{ \sum\limits_{n=0}^{n=N}\boldsymbol{A}_{mn}^{v}(z)\cdot\sin(\kappa_{n}\cdot x)+\sum\limits^{n=N}\boldsymbol{B}_{mn}^{v}(z)\cdot\cos(\kappa_{n}\cdot x)\right\} \\ \sum\limits_{m=0}^{m=M}\left\{ \sum\limits_{n=0}^{n=N}\boldsymbol{C}_{mn}^{w}(z)\cdot\cos(\kappa_{n}\cdot x)+\sum\limits^{n=N}\boldsymbol{D}_{mn}^{w}(z)\cdot\sin(\kappa_{n}\cdot x)\right\} \end{bmatrix} = \begin{bmatrix} 0 \\ 0 \\ 0 \end{bmatrix} \tag{2-71}$$

$$\begin{bmatrix} \sum\limits_{m=0}^{m=M}\left\{ \sum\limits_{n=0}^{n=N}(-1)^{n}\boldsymbol{C}_{mn}^{u}(z)\cdot\sin(\kappa_{n}\cdot x)+\sum\limits^{n=N}(-1)^{n}\boldsymbol{D}_{mn}^{u}(z)\cdot\cos(\kappa_{n}\cdot x)\right\} \\ \sum\limits_{m=0}^{m=M}\left\{ \sum\limits_{n=0}^{n=N}(-1)^{n}\boldsymbol{A}_{mn}^{v}(z)\cdot\sin(\kappa_{n}\cdot x)+\sum\limits^{n=N}(-1)^{n}\boldsymbol{B}_{mn}^{v}(z)\cdot\cos(\kappa_{n}\cdot x)\right\} \\ \sum\limits_{m=0}^{m=M}\left\{ \sum\limits_{n=0}^{n=N}(-1)^{n}\boldsymbol{C}_{mn}^{w}(z)\cdot\cos(\kappa_{n}\cdot x)+\sum\limits^{n=N}(-1)^{n}\boldsymbol{D}_{mn}^{w}(z)\cdot\sin(\kappa_{n}\cdot x)\right\} \end{bmatrix} = \begin{bmatrix} 0 \\ 0 \\ 0 \end{bmatrix}$$

$$\tag{2-72}$$

由式(2-69)～式(2-72)可得：

$$\begin{cases} \sum\limits_{m=0}^{m=M} \boldsymbol{A}_{mn}^{u}(z) = 0 \\[2mm] \sum\limits_{m=0}^{m=M} \boldsymbol{D}_{mn}^{u}(z) = 0 \\[2mm] \sum\limits_{m=0}^{m=M} \boldsymbol{B}_{mn}^{v}(z) = 0 \\[2mm] \sum\limits_{m=0}^{m=M} \boldsymbol{C}_{mn}^{v}(z) = 0 \\[2mm] \sum\limits_{m=0}^{m=M} \boldsymbol{B}_{mn}^{w}(z) = 0 \\[2mm] \sum\limits_{m=0}^{m=M} \boldsymbol{C}_{mn}^{w}(z) = 0 \end{cases} \tag{2-73}$$

$$\begin{cases} \sum\limits_{m=0}^{m=M} (-1)^{m} \cdot \boldsymbol{A}_{mn}^{u}(z) = 0 \\[2mm] \sum\limits_{m=0}^{m=M} (-1)^{m} \cdot \boldsymbol{D}_{mn}^{u}(z) = 0 \\[2mm] \sum\limits_{m=0}^{m=M} (-1)^{m} \cdot \boldsymbol{B}_{mn}^{v}(z) = 0 \\[2mm] \sum\limits_{m=0}^{m=M} (-1)^{m} \cdot \boldsymbol{C}_{mn}^{v}(z) = 0 \\[2mm] \sum\limits_{m=0}^{m=M} (-1)^{m} \cdot \boldsymbol{B}_{mn}^{w}(z) = 0 \\[2mm] \sum\limits_{m=0}^{m=M} (-1)^{m} \cdot \boldsymbol{C}_{mn}^{w}(z) = 0 \end{cases} \tag{2-74}$$

$$\begin{cases} \sum\limits_{n=0}^{n=N} \boldsymbol{C}_{mn}^{u}(z) = 0 \\[2mm] \sum\limits_{n=0}^{n=N} \boldsymbol{D}_{mn}^{u}(z) = 0 \\[2mm] \sum\limits_{n=0}^{n=N} \boldsymbol{A}_{mn}^{v}(z) = 0 \\[2mm] \sum\limits_{n=0}^{n=N} \boldsymbol{B}_{mn}^{v}(z) = 0 \\[2mm] \sum\limits_{n=0}^{n=N} \boldsymbol{C}_{mn}^{w}(z) = 0 \\[2mm] \sum\limits_{n=0}^{n=N} \boldsymbol{D}_{mn}^{w}(z) = 0 \end{cases} \tag{2-75}$$

$$\begin{cases} \sum\limits_{n=0}^{n=N} (-1)^n \cdot \boldsymbol{C}_{mn}^u(z) = 0 \\[2mm] \sum\limits_{n=0}^{n=N} (-1)^n \cdot \boldsymbol{D}_{mn}^u(z) = 0 \\[2mm] \sum\limits_{n=0}^{n=N} (-1)^n \cdot \boldsymbol{A}_{mn}^v(z) = 0 \\[2mm] \sum\limits_{n=0}^{n=N} (-1)^n \cdot \boldsymbol{B}_{mn}^v(z) = 0 \\[2mm] \sum\limits_{n=0}^{n=N} (-1)^n \cdot \boldsymbol{C}_{mn}^w(z) = 0 \\[2mm] \sum\limits_{n=0}^{n=N} (-1)^n \cdot \boldsymbol{D}_{mn}^w(z) = 0 \end{cases} \tag{2-76}$$

式(2-73)~式(2-76)共 $12(N+M)$ 个线性方程，式(2-42)可视为 $24M \cdot N$ 个线性方程。联立式(2-42)和式(2-73)~式(2-76)可获得一组超定线性方程组，即

$$\begin{bmatrix} \boldsymbol{E} \\ \boldsymbol{Q}_1 \end{bmatrix} \cdot \boldsymbol{U} = \begin{bmatrix} \boldsymbol{C} \\ 0 \end{bmatrix} \tag{2-77}$$

式(2-77)中，$\boldsymbol{E}$ 为 $24M \cdot N$ 阶单位矩阵，矩阵 $\boldsymbol{Q}_1$ 为由式(2-73)~式(2-76)的线性方程组成的矩阵，矩阵 $\boldsymbol{U}$ 和 $\boldsymbol{C}$ 为：

$$\begin{cases} \boldsymbol{U} = \begin{bmatrix} \boldsymbol{U}_{00}^3(z)^{\mathrm{T}} \boldsymbol{U}_{01}^3(z)^{\mathrm{T}} \cdots \boldsymbol{U}_{0N}^3(z)^{\mathrm{T}} \ \boldsymbol{U}_{10}^3(z)^{\mathrm{T}} \cdots \boldsymbol{U}_{MN}^3(z)^{\mathrm{T}} \end{bmatrix}^{\mathrm{T}} \\[2mm] \boldsymbol{C} = \begin{bmatrix} [\boldsymbol{\Lambda}_{00} \cdot \boldsymbol{\Omega}_{00}(z) \cdot \mathrm{Const}_{00}]^{\mathrm{T}} \cdots [\boldsymbol{\Lambda}_{MN} \cdot \boldsymbol{\Omega}_{MN}(z) \cdot \mathrm{Const}_{MN}]^{\mathrm{T}} \end{bmatrix}^{\mathrm{T}} \end{cases} \tag{2-78}$$

可通过最小二乘法获得式(2-77)的最小二乘解，即

$$\boldsymbol{U} = \left(\begin{bmatrix} \boldsymbol{E} \\ \boldsymbol{Q}_1 \end{bmatrix}^{\mathrm{T}} \cdot \begin{bmatrix} \boldsymbol{E} \\ \boldsymbol{Q}_1 \end{bmatrix} \right)^{-1} \cdot \begin{bmatrix} \boldsymbol{C} \\ 0 \end{bmatrix} \tag{2-79}$$

随着 M 和 N 的增大，式(2-42)的规模远大于式(2-73)~式(2-76)，因此，当 M 和 N 足够大时，误差会迅速减小，解式(2-79)即可得到四边固支板的力学特性。

（4）对边固支对边简支边界条件求解

对边固支对边简支的边界条件为：

$$\begin{cases} x=0: \begin{cases} \sigma_x(0,y,z)=0 \\ v(0,y,z)=0 \\ w(0,y,z)=0 \end{cases} & y=0: \begin{cases} u(x,0,z)=0 \\ v(x,0,z)=0 \\ w(x,0,z)=0 \end{cases} \\[6mm] x=a: \begin{cases} \sigma_x(a,y,z)=0 \\ v(a,y,z)=0 \\ w(a,y,z)=0 \end{cases} & y=b: \begin{cases} u(x,b,z)=0 \\ v(x,b,z)=0 \\ w(x,b,z)=0 \end{cases} \end{cases} \tag{2-80}$$

将式(2-29)和式(2-32)代入式(2-80)可得：

$$\begin{bmatrix} \sigma_x(0,y,z) \\ v(0,y,z) \\ w(0,y,z) \end{bmatrix} = \begin{bmatrix} \sum\limits_{m=0}^{m=M}\sum\limits_{n=0}^{n=N} U_{mn}^{\sigma_x}(z) \cdot [0\ S_n\ C_n\ 0]^{\mathrm{T}} \\ \sum\limits_{m=0}^{m=M}\sum\limits_{n=0}^{n=N} U_{mn}^{v}(z) \cdot [0\ C_n\ S_n\ 0]^{\mathrm{T}} \\ \sum\limits_{m=0}^{m=M}\sum\limits_{n=0}^{n=N} U_{mn}^{w}(z) \cdot [0\ S_n\ C_n\ 0]^{\mathrm{T}} \end{bmatrix} \tag{2-81}$$

$$\begin{bmatrix} \sigma_x(a,y,z) \\ v(a,y,z) \\ w(a,y,z) \end{bmatrix} = \begin{bmatrix} \sum\limits_{m=0}^{m=M}\sum\limits_{n=0}^{n=N} U_{mn}^{\sigma_x}(z) \cdot [0\ (-1)^m\cdot S_n\ (-1)^m\cdot C_n\ 0]^{\mathrm{T}} \\ \sum\limits_{m=0}^{m=M}\sum\limits_{n=0}^{n=N} U_{mn}^{v}(z) \cdot [0\ (-1)^m\cdot C_n\ (-1)^m\cdot S_n\ 0]^{\mathrm{T}} \\ \sum\limits_{m=0}^{m=M}\sum\limits_{n=0}^{n=N} U_{mn}^{w}(z) \cdot [0\ (-1)^m\cdot S_n\ (-1)^m\cdot C_n\ 0]^{\mathrm{T}} \end{bmatrix} \tag{2-82}$$

$$\begin{bmatrix} u(x,0,z) \\ v(x,0,z) \\ w(x,0,z) \end{bmatrix} = \begin{bmatrix} \sum\limits_{m=0}^{m=M}\sum\limits_{n=0}^{n=N} U_{mn}^{u}(z) \cdot [0\ 0\ S_m\ C_m]^{\mathrm{T}} \\ \sum\limits_{m=0}^{m=M}\sum\limits_{n=0}^{n=N} U_{mn}^{v}(z) \cdot [S_m\ C_m\ 0\ 0]^{\mathrm{T}} \\ \sum\limits_{m=0}^{m=M}\sum\limits_{n=0}^{n=N} U_{mn}^{w}(z) \cdot [0\ 0\ C_m\ S_m]^{\mathrm{T}} \end{bmatrix} = \begin{bmatrix} 0 \\ 0 \\ 0 \end{bmatrix} \tag{2-83}$$

$$\begin{bmatrix} u(x,b,z) \\ v(x,b,z) \\ w(x,b,z) \end{bmatrix} = \begin{bmatrix} \sum\limits_{m=0}^{m=M}\sum\limits_{n=0}^{n=N} U_{mn}^{u}(z) \cdot [0\ 0\ (-1)^n\cdot S_m\ (-1)^n\cdot C_m]^{\mathrm{T}} \\ \sum\limits_{m=0}^{m=M}\sum\limits_{n=0}^{n=N} U_{mn}^{v}(z) \cdot [(-1)^n\cdot S_m\ (-1)^n\cdot C_m\ 0\ 0]^{\mathrm{T}} \\ \sum\limits_{m=0}^{m=M}\sum\limits_{n=0}^{n=N} U_{mn}^{w}(z) \cdot [0\ 0\ (-1)^n\cdot C_m\ (-1)^n\cdot S_m]^{\mathrm{T}} \end{bmatrix} = \begin{bmatrix} 0 \\ 0 \\ 0 \end{bmatrix} \tag{2-84}$$

为满足式(2-81)~式(2-84),令:

$$\begin{cases} B_{mn}^3(z) = 0 \\ C_{mn}^3(z) = 0 \\ D_{mn}^3(z) = 0 \end{cases} \tag{2-85}$$

$$\begin{cases} p(x,y) = -p(-x,y) \\ p(x,y) = -p(x,-y) \end{cases} \tag{2-86}$$

分别展开式(2-83)和式(2-84)的第 2 个式子可得:

$$\begin{bmatrix} \sum\limits_{m=0}^{m=M}\sum\limits_{n=0}^{n=N} A_{mn}^{v}(z) \cdot \sin(\kappa_m \cdot x) \\ \sum\limits_{m=0}^{m=M}\sum\limits_{n=0}^{n=N} (-1)^n \cdot A_{mn}^{v}(z) \cdot \sin(\kappa_m \cdot x) \end{bmatrix} = \begin{bmatrix} 0 \\ 0 \end{bmatrix} \tag{2-87}$$

由式(2-69)~式(2-72)可得:

$$\begin{cases} \sum_{n=0}^{n=N} A_{mm}^{v}(z) = 0 \\ \sum_{n=0}^{n=N} (-1)^n \cdot A_{mm}^{v}(z) = 0 \end{cases} \tag{2-88}$$

式(2-88)表示 $2N$ 个线性方程,式(2-42)可视为 $6M \cdot N$ 个线性方程。联立两式可获得一组超定线性方程组:

$$\begin{bmatrix} E \\ Q_2 \end{bmatrix} \cdot U = \begin{bmatrix} C \\ 0 \end{bmatrix} \tag{2-89}$$

式(2-89)中, E 为 $24M \cdot N$ 阶单位矩阵,矩阵 Q_2 为由式(2-88)的线性方程组成的矩阵。随着 M 和 N 的增大,式(2-89)的规模远大于式(2-88),因此,当 M 和 N 足够大时,解式(2-89)即可获得对边简支对边固支板的力学特性。

2.2.3 破坏判据

岩石力学结果表明,岩石破坏强度具有抗拉强度小于抗剪强度、抗剪强度小于抗压强度的特征。利用 RFPA 数值模拟软件在判断基元相变中的思想,首先考察拉伸破坏,再考察剪切破坏[117]。

当厚板模型中某点的最大伸长线应变达到给定的拉伸应变阈值时,该点发生拉伸破坏。由于厚硬岩层为弹-脆性材料,根据广义胡克定律可将应变用应力表示,由此建立的破坏判据公式为:

$$W_1 = \sigma_1 - \upsilon(\sigma_2 + \sigma_3) - \sigma_t \tag{2-90}$$

式中　W_1——材料的许用拉应力;

　　　σ_t——材料的抗拉强度;

　　　υ——材料的泊松比;

　　　σ_1——材料的最大主应力;

　　　σ_2——材料的中间主应力;

　　　σ_3——材料的最小主应力。

由上式可知,当 $W_1 < 0$ 时,材料处于弹性状态;当 $W_1 \geqslant 0$ 时,材料发生破坏。因此,在该点变形不满足最大伸长线应变准则的情况下,可考察剪切破坏情况。

Mohr-Coulumb 准则(M-C 准则)是岩土工程中应用最广的经验破坏准则,但其并未考虑中间主应力和静水压力的影响,强度计算结果偏于保守。此外,其屈服面在主应力空间是一个六棱锥面,在 π 平面为不等角六边形,存在尖点和棱角,即屈服面法线不连续。为此,研究人员对该强度准则进行了适当的变化,即采用光滑曲线在 π 平面上不断对 M-C 准则进行相似模拟,其中 Drucker-Prager 强度准则(D-P 准则)的屈服面在 π 平面上为圆形,在主应力空间为光滑圆锥面。D-P 准则与 M-C 准则匹配性较好且考虑了静水压力和中间主应力的影响,更能反映工程实际情况,已在多种主流数值模拟中应用,其破坏判据公式为:

$$W_2 = \alpha I_1 + \sqrt{J_2} - k \tag{2-91}$$

式中　W_2——材料的许用剪应力;

　　　α, k——与材料内聚力和剪胀角相关的常数,取正值;

I_1——应力张量第一不变量；

J_2——偏应力张量第二不变量。

由式(2-91)可知，当 $W_2 < 0$ MPa 时，材料处于弹性状态；当 $W_2 \geqslant 0$ MPa 时，材料发生破坏。大量研究表明，在数值模拟中应用 D-P 强度准则进行工程计算时，有时会有比较大的误差，于是提出一系列修正的 D-P 强度准则，其在 π 平面上与 M-C 准则有不同的接触形态。邓楚键等[118]提出了 M-C 准则的等效 D-P 准则系列变换的表达式。该表达式中参数 α、k 的取值与应力洛德角 θ_σ 相关。θ_σ 反映主应力间的关系，不同的 θ_σ 可以表示不同的受力状态。表 2-7 给出了不同 θ_σ 时 D-P 系列准则与 M-C 准则的适用情况及各参数换算的表达式。

研究表明，只要选取适配模型受力状态与 M-C 准则等效的 D-P 准则，工程中应用其计算的结果和精度就是可靠的。本书基于不同走向距离坚硬岩层各点应力状态的计算结果，依靠 MATLAB 软件对各点应力状态进行归类。当满足单向压缩及常规三轴压缩条件时，可选用(D-P)₁ 准则代替 M-C 准则来判断模型的剪切破坏情况。当满足单向拉伸及常规三轴拉伸条件时，可选用(D-P)₂ 准则。对于处于拉、压混合状态的点，比较其最大主应力和最小主应力的绝对值，当 σ_1 较大时选用(D-P)₂ 准则即可；当 σ_3 较大时选用(D-P)₁ 准则。

表 2-7　各修正 D-P 准则适用情况及参数换算表[118]

准则编号	受力状态	π 平面形态	α	k
(D-P)₁	单向压缩及常规三轴压缩	M-C 外角点外接圆	$\dfrac{2\sin\varphi}{\sqrt{3}\,(3-\sin\varphi)}$	$\dfrac{6c\cos\varphi}{\sqrt{3}\,(3-\sin\varphi)}$
(D-P)₂	单向拉伸及常规三轴拉伸	M-C 内角点外接圆	$\dfrac{2\sin\varphi}{\sqrt{3}\,(3+\sin\varphi)}$	$\dfrac{6c\cos\varphi}{\sqrt{3}\,(3+\sin\varphi)}$
(D-P)₃	平面应变状态下的关联流动法则	M-C 内切圆	$\dfrac{\sin\varphi}{\sqrt{3}\,\sqrt{(3+\sin^2\varphi)}}$	$\dfrac{3c\cos\varphi}{\sqrt{3}\,\sqrt{(3+\sin^2\varphi)}}$
(D-P)₄		M-C 等面积圆	$\dfrac{2\sqrt{3}\sin\varphi}{\sqrt{2\sqrt{3}\,\pi\,(9-\sin^2\varphi)}}$	$\dfrac{6\sqrt{3}c\cos\varphi}{\sqrt{2\sqrt{3}\,\pi\,(9-\sin^2\varphi)}}$
(D-P)₅	非关联流动法则	M-C 匹配 DP 圆	$\dfrac{\sin\varphi}{3}$	$c\cos\varphi$

注：φ 为材料的剪胀角；c 为与材料性质有关的常数，可通过试验确定。

2.2.4　厚硬顶板初次破断过程

以神东矿区布尔台煤矿 4-2 煤层 2 采区首采面厚硬基本顶为计算实例，利用 MATLAB 软件分析厚硬顶板初次破裂演化规律和破断形态。4-2 煤层为近水平赋存，首采面面宽 240 m，煤层上部基本顶为细粒砂岩，岩层厚度 24.06 m，单轴抗压强度 62.5～70.0 MPa，抗拉强度 6.0～7.0 MPa，弹性模量 11.01～11.30 GPa，内聚力 8.5～12.9 MPa，内摩擦角 44°～50°。基本顶倾向悬露距离可近似用工作面长度替代，上覆均布荷载为 1 406.3 kPa。基于前述建立的厚硬顶板物理力学模型和提出的求解方法，分析不同走向推进距离时厚硬顶板各点的应力状态，同时辅以破断判据来获得厚硬顶板各部分破坏模式和破坏顺序，进而揭示厚硬基本顶初次破断演化规律。本书选取走向推进距离为 50 m 情况下的计算结果进行分析，其基本顶主应力分布情况如图 2-41 所示。

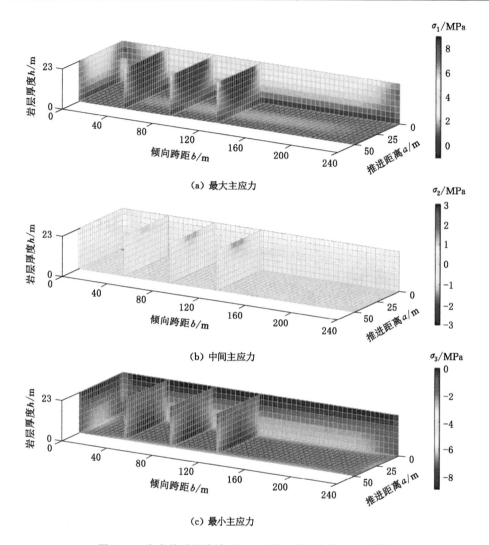

（a）最大主应力

（b）中间主应力

（c）最小主应力

图 2-41　走向推进距离为 50 m 时的基本顶主应力分布情况

由于首采面初次来压前基本顶关于厚硬顶板对称，故本节以关键剖面进行分析，所涉及应力符号均是拉应力为正，压应力为负。

由图 2-41 可知，整个厚硬顶板应力集中区主要分布在四周固支面及底面走向中部。在 $x=0$ m 固支面上，固支面中、上部以拉应力为主，各点处于双轴拉伸应力状态，最大拉应力为 2.8 MPa，位于固支面上边缘；固支面下部以压应力为主，各点处于双轴压缩应力状态，最大压应力为 2.4 MPa，位于固支面下边缘。固支面上、下边缘最大应力区域占倾向跨距区域的 85% 以上。

$y=0$ m 固支面与 $x=0$ m 固支面具有相似的应力分布规律，只是在固支面上、下边缘处最大应力区域占走向推进距离区域的比例较小，为 80%，说明厚硬顶板长边更易受顶部荷载影响。底面走向中部存在大小为 1.5～1.8 MPa 的拉应力，处于单轴拉伸应力状态，底面其他各处应力均为 0 MPa。厚硬顶板受载后，板的上部呈现周边受拉、中部受压的应力状态，下部呈现周边受压、中部受拉的应力状态。各区域拉应力由大到小的顺序为：倾向长边上边缘、走向短边上边缘、底面走向中部。

将厚硬顶板各点应力数据先后代入式(2-90)和式(2-91)即可判断厚硬顶板各点的破坏情况,结果如图 2-42 所示。

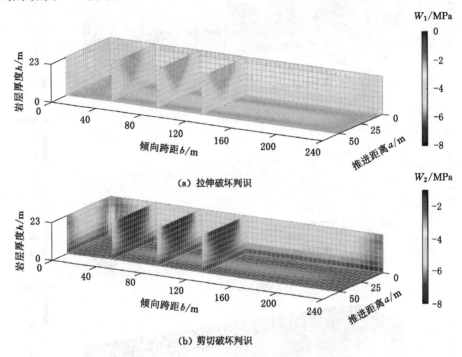

(a) 拉伸破坏判识

(b) 剪切破坏判识

图 2-42　走向推进距离为 50 m 时的基本顶破坏状态

由图 2-42（a）可知,当走向推进 50 m 时,各点应力均满足 $W_1 < 0$ MPa,没有产生拉伸破坏。由图 2-42(b)可知,进行剪切破坏判断时,各点应力均满足 $W_2 < 0$ MPa,表明此种情况下均未产生破坏。

工作面继续向前推进,当短边跨距达 60 m 时,各点主应力分布情况如图 2-43 所示。

由图 2-43 可知,当走向推进 60 m 后,厚硬顶板各点应力分布规律与走向推进 50 m 时的分布规律相似,只是应力集中程度得到了提高。在 $x = 0$ m 固支面和 $y = 0$ m 固支面上边缘最大拉应力由之前的 2.8 MPa 增大至 5 MPa,下边缘最大压应力由 2.4 MPa 增大至 4.0 MPa。长边应力峰值区域所占的比例几乎不变,而短边应力峰值区域所占的比例较推进 50 m 时有所减小,减小至 70%,说明厚硬顶板长边受推进距离影响较大。底面走向中部拉应力由 1.5~1.8 MPa 增大至 2.7~3.2 MPa,底面其他各处应力仍为 0 MPa。上述分析表明,在推进距离由 50 m 增大至 60 m 期间,厚硬顶板集中应力增大速率远大于推进距离 20~50 m 阶段,厚硬顶板进入了加速破坏期。

同样,将厚硬顶板各点应力数据分别代入式(2-90)和式(2-91)进行破坏状态分析,结果如图 2-44 所示。

由图 2-44(a)可知,各点应力均满足 $W_1 < 0$ MPa,没有产生拉伸破坏。由图 2-44(b)可知,继续进行剪切破坏判断时,各点应力均满足 $W_2 < 0$ MPa,表明此种情况下各点仍未发生破坏,但相较于推进距离为 50 m 时,固支面边缘处 W_1 和 W_2 均较接近于 0,说明厚硬顶板

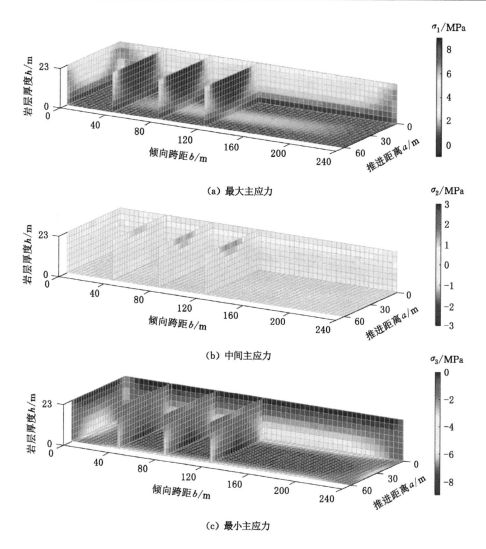

（a）最大主应力

（b）中间主应力

（c）最小主应力

图 2-43　走向推进 60 m 时基本顶主应力分布情况

此时接近临界破坏状态。

　　通过减小推进距离可以发现,当 $a=68.30$ m 时,厚硬顶板发生破断,此时各点应力分布情况如图 2-45 所示。由图可知,厚硬顶板应力集中程度进一步提高,$x=0$ m 固支面和 $y=0$ m 固支面上边缘最大拉应力增大至 $6.3\sim6.9$ MPa,下边缘最大压应力增大至 4.5 MPa。无论是长边还是短边,应力峰值区域所占的比例均有所减小,不过短边应力峰值区域所占的比例减小显著,已不足 30%,这说明破坏是从长边中部开始的。底面走向中部拉应力集中范围和数值基本没有发生变化。走向推进 68.30 m 时的基本顶破坏情况如图 2-46 所示。

　　由图 2-46 可知,当走向推进距离为 68.30 m 时,在 $x=0$ m 固支面上边缘 80% 的区域,各点应力均满足 $W_1=0$ MPa,即在长边上边缘率先发生拉伸破坏,可认为此推进距离下厚硬顶板的长边已经发生拉裂。此时,$y=0$ m 固支面上边缘也接近破坏状态,但仍未破断,而厚硬顶板其他各点均未满足拉伸或剪切破断条件。因此,长边不再处于固支状态,厚硬顶板

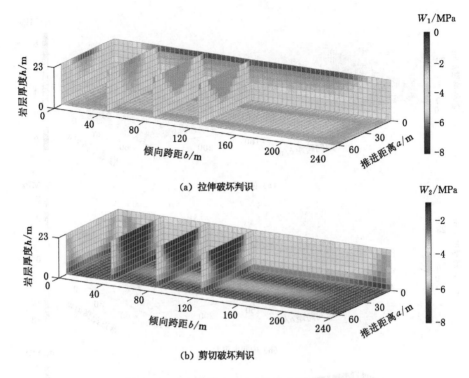

（a）拉伸破坏判识

（b）剪切破坏判识

图 2-44　走向推进 60 m 时的基本顶破坏情况

边界条件变为倾向长边简支、走向短边固支的边界条件，推进距离不变，仍为 68.30 m。此种边界条件下厚硬顶板各点的应力分布情况如图 2-47 所示。

由图 2-47 可知，厚硬顶板长边成为简支边后，厚硬顶板应力重新分布。在 $x=0$ m 简支面上，应力基本为 0 MPa，在 $y=0$ m 固支面上，应力分布与之前变化不大，而在底面走向中部拉应力急剧增大，由 2.7～3.2 MPa 增大至 6.0～7.0 MPa，其状态由原来的单轴拉伸状态变为双轴拉伸状态。长边破裂后基本顶的破坏状态如图 2-48 所示。

由图 2-48(a)可知，厚硬顶板长边拉伸破坏后，底面走向中部反而先于短边发生拉伸破坏（短边的 W_1 极其接近于 0，底面走向中部的 $W_1 \geqslant 0$），长边呈"X"型张拉破断状态，短边紧随其后拉裂。由图 2-48(b)可知，整个厚硬顶板没有发生剪切破坏。

图 2-41～图 2-48 揭示了首采面近场厚硬岩层初次破断的应力演化规律、破坏模式和破裂顺序。结果显示，随着走向推进距离的增大，厚硬顶板应力集中程度在四周固支面上边缘逐渐提高，当临近极限破断步距时应力增大速率急剧增大。初次破断过程中仅存在拉伸破坏模式，不存在剪切破坏模式。当达到极限步距时，厚硬顶板沿倾向方向长边率先拉裂，待岩层应力重新分布后，底面走向中部拉应力急剧增大，出现"X"型张拉破断，而短边拉破坏紧随其后发生。近场厚硬顶板破坏顺序及破断情况如图 2-49 所示。

2.2.5　厚硬顶板初次破断弹性能释放规律

已有研究显示，动载扰动是强矿压灾害发生的最重要力学环境之一[119]。产生动载扰动的原因有很多，如爆破、岩层破断以及采掘活动引起的微震事件等。厚硬岩层破断前，积聚了大量弹性静载能量，在破断过程中，这些弹性能瞬时释放，成为诱发强矿压灾害事故重

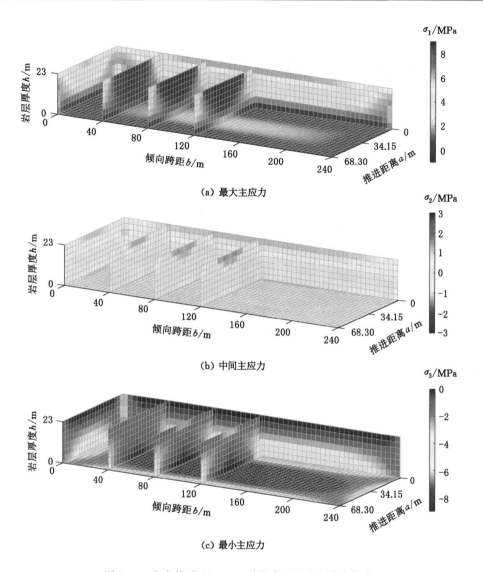

(a) 最大主应力

(b) 中间主应力

(c) 最小主应力

图 2-45 走向推进 68.30 m 时基本顶主应力分布情况

要的动载源。因此有必要分析厚硬岩层静载条件下弹性能积聚、释放规律及其影响因素。

弹性体受力变形后单位体积积聚的应变能 W 为:

$$W = \int_0^{\varepsilon_x} \sigma_x \mathrm{d}\varepsilon_x + \int_0^{\varepsilon_y} \sigma_y \mathrm{d}\varepsilon_y + \int_0^{\varepsilon_z} \sigma_z \mathrm{d}\varepsilon_z + \int_0^{\gamma_{xy}} \tau_{xy} \mathrm{d}\gamma_{xy} + \int_0^{\gamma_{yz}} \tau_{yz} \mathrm{d}\gamma_{yz} + \int_0^{\gamma_{zx}} \tau_{zx} \mathrm{d}\gamma_{zx} \quad (2\text{-}92)$$

对于线弹性体,有:

$$W = \frac{1}{2}(\sigma_x \varepsilon_x + \sigma_y \varepsilon_y + \sigma_z \varepsilon_z + \tau_{xy} \gamma_{xy} + \tau_{yz} \gamma_{yz} + \tau_{zx} \gamma_{zx}) \quad (2\text{-}93)$$

弹性体的总应变能 U 为:

$$U = \iiint W \mathrm{d}x\mathrm{d}y\mathrm{d}z = \frac{1}{2}\iiint (\sigma_x \varepsilon_x + \sigma_y \varepsilon_y + \sigma_z \varepsilon_z + \tau_{xy} \gamma_{xy} + \tau_{yz} \gamma_{yz} + \tau_{zx} \gamma_{zx})\mathrm{d}x\mathrm{d}y\mathrm{d}z$$

$$(2\text{-}94)$$

此外,还可以仅用应力分量表示应变能。对于各向同性体,利用广义胡克定律,将上式

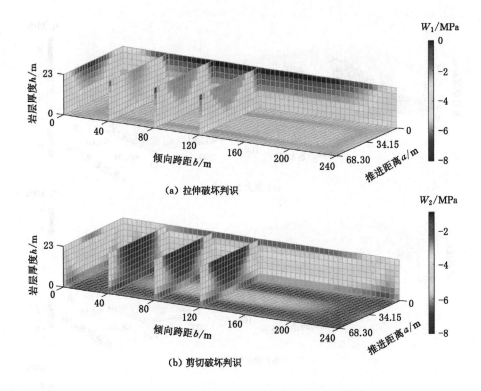

(a) 拉伸破坏判识

(b) 剪切破坏判识

图 2-46 走向推进 68.30 m 时基本顶破坏状态

消去应变分量即可得：

$$U = \frac{1}{2E}\iiint\left[(\sigma_x^2 + \sigma_y^2 + \sigma_z^2) - 2v(\sigma_x\sigma_y + \sigma_y\sigma_z + \sigma_x\sigma_z) + 2(v+1)(\tau_{xy}^2 + \tau_{yz}^2 + \tau_{zx}^2)\right]\mathrm{d}x\mathrm{d}y\mathrm{d}z$$

$$(2\text{-}95)$$

由式(2-95)即可计算得到厚硬岩层在不同条件下积聚的弹性能。

(1) 弹性模量对厚硬岩层储能特性的影响

本节以神东矿区布尔台煤矿 4-2 煤层 2 采区首采面基本顶为研究背景,通过改变其弹性模量来分析不同工况下厚硬岩层积聚的弹性能大小,结果如图 2-50 所示。由图可以看出,随着走向跨距的增大,弹性能呈类指数函数形式单调递增,且增大速率逐渐增大(切线斜率逐渐增大)。在 2.2.2 小节中计算厚硬顶板应力状态时发现,各点应力大小与弹性模量无关,岩层破断步距也与弹性模量无关。图 2-50 中黑色虚线为基本顶不同抗拉强度下的初次破断步距,其与各曲线的交点代表各工况下厚硬岩层初次破断时能够释放的弹性能大小。随着弹性模量的增大,相同破断步距条件下,厚硬岩层能够释放的弹性能反而减小。这是因为弹性模量较大时,岩层变形较小,应变能较小。

(2) 倾向跨距对厚硬岩层储能特性的影响

本节通过改变基本顶倾向跨距来分析不同工况下厚硬岩层积聚的弹性能大小,结果如图 2-51 所示。由图可以看出,弹性能随走向跨距的增大呈类指数函数形式单调递增,二者的关系曲线在半对数坐标系中近似呈一直线。由图 2-51 中绿色曲线可知,当倾向跨距增大到一定值后,岩层初次破断步距趋近于某一定值。图 2-51 中 b 值均大于 110 m,此时倾向跨

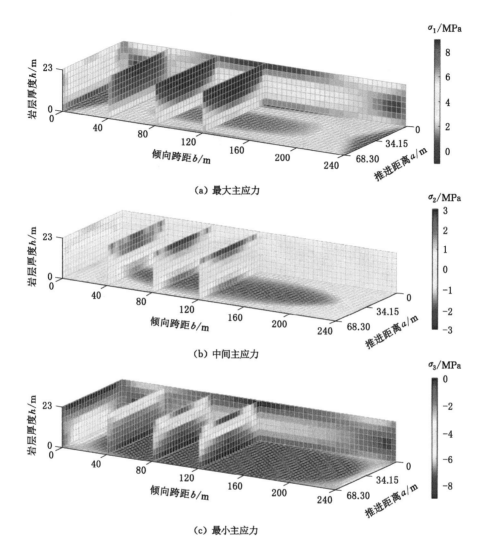

（a）最大主应力

（b）中间主应力

（c）最小主应力

图 2-47　长边破裂后基本顶主应力分布情况

距对破断步距没有影响。图 2-51 中黑色虚线为不同抗拉强度下的极限破断步距，其与各曲线的交点同样代表了不同工况下厚硬岩层初次破断时能够释放的弹性能大小。随着倾向跨距的增大，相同破断步距下岩层能够释放的弹性能逐渐增大。

（3）岩层厚度对厚硬岩层储能特性的影响

本节通过改变基本顶厚度来分析不同工况下厚硬岩层积聚的弹性能大小，结果如图 2-52 所示。由图 2-52 可以看出，当岩层厚度逐渐增大时，在相同走向跨距条件下，厚硬岩层积聚的弹性能反而减小，但在不同岩层厚度条件下，厚硬岩层初次破断步距不同。图中黑色点画线与各曲线的交点为一定抗拉强度条件下的破断点，横坐标代表该岩层厚度下的破断步距，纵坐标则为断裂时能够释放的弹性能大小。由图 2-52（a）～（e）可以看出，随着抗拉强度的增大，岩层初次破断步距逐渐增大；各破断点在坐标系中均是在右上方排列，这说明随着岩层厚度的增大，破断步距增大，能够释放的弹性能也逐渐增大。

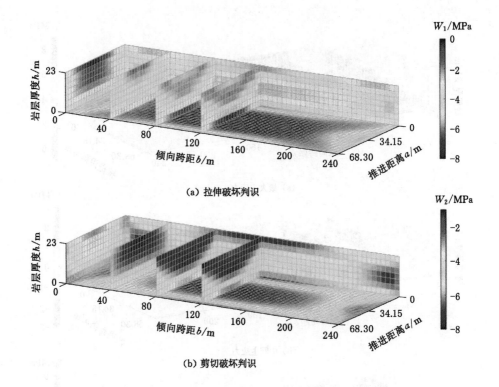

图 2-48　长边破裂后基本顶破坏情况

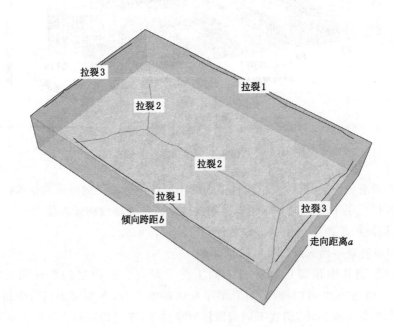

图 2-49　厚硬顶板破坏顺序及破断形态

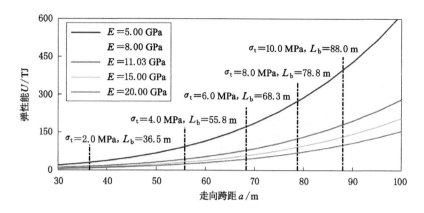

图 2-50 厚硬岩层不同弹性模量条件下弹性能变化规律

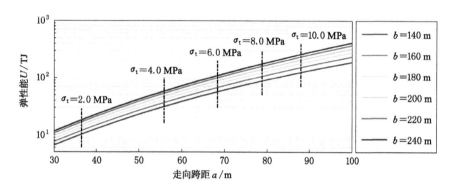

图 2-51 厚硬岩层不同倾向跨距条件下弹性能变化规律

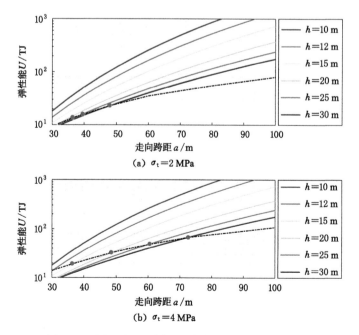

图 2-52 厚硬岩层不同层厚条件下弹性能变化规律

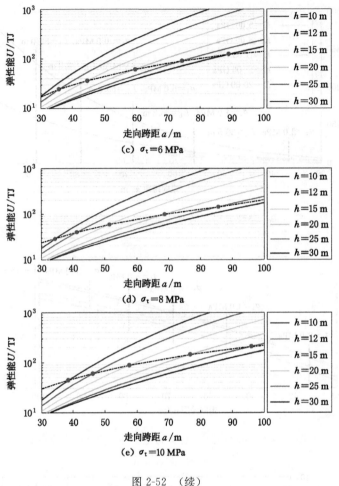

图 2-52 （续）

2.3 厚硬顶板周期破断运移规律及动载能量释放模拟研究

神东矿区布尔台煤矿 4-2 煤层 2 采区首采面煤层直接顶发育 4.55 m 厚的砂质泥岩,基本顶发育 24.20 m 厚的细粒砂岩,2-2 煤层上方发育 14.56 m 厚的细粒砂岩。细粒砂岩为钙质胶结,岩层抗压强度平均达 64.0 MPa 以上,普氏系数为 6.83,坚硬难垮。依据以上工作面的地质条件,采用相似模拟方法建立厚硬顶板走向长壁开采模型,并利用近景摄影技术、应力传感、声发射、微震监测技术对采动覆岩应力、应变及破坏动态变化进行监测,然后根据覆岩裂隙发育、周期破断步距、微震及声发射能量变化等特征,分析厚硬顶板工作面周期破断运移规律及动载能量释放特征。

2.3.1 模拟方案

根据神东矿区布尔台煤矿 4-2 煤层 2 采区首采面地质条件、岩层赋存及力学特征建立物理相似模型。模型采用长为 5 m 的平面相似模拟试验架,尺寸为长×宽×高＝5 000 mm×300 mm×1 500 mm,如图 2-53 所示。铺装模型时首先将 126 个压力传感器铺设于模型的最底部,然后将骨料与黏结材料按照相似材料配比混合拌匀,加入适量水后再次拌匀装入模型内部,用重物将材料夯实到所需密度,并以云母作为岩-岩界面和煤-岩界面的分层材料。

图 2-53 布尔台煤矿 4-2 煤层 2 采区首采面物理相似模型

(1) 相似材料及其配比

根据首采面地质资料、综合柱状图以及实验室岩石力学试验测得的主要岩层物理力学参数,选取河砂、煤灰作为骨料,石膏、大白粉作为黏结材料,8～20 目的云母粉作为分层材料。由模型尺寸及相似理论确定的相似条件为:几何相似比 $C_l = \dfrac{l_p}{l_m} = 200$;重力密度相似比 $C_\gamma = \dfrac{\gamma_p}{\gamma_m} = \dfrac{2\,500}{1\,600} = 1.6$;应力相似比 $C_\sigma = \dfrac{\sigma_p}{\sigma_m} = C_\gamma C_l = 320$;时间相似比 $C_\tau = \sqrt{C_l} = 10\sqrt{2}$;荷载相似比 $C_F = \dfrac{F_p}{F_m} = C_\sigma C_l^2 = 1.28 \times 10^7$。其中,下标为 p 的参数为原型的参数,下标为 m 的参数为模型的参数。

依据模型与原型各种参数之间的相似关系,不同岩性的岩层选取不同的相似材料质量配比。具体的相似材料质量配比见表 2-8。

表 2-8 模型相似材料质量配比

层号	岩性	岩层厚度/m	模型厚度/cm	层数	质量配比(河砂、石膏、大白粉、粉煤灰)
1	粉砂岩	16.0	8.0	4	837
2	砂质泥岩	12.0	6.0	3	828
3	粉砂岩	12.0	6.0	3	837
4	细粒砂岩	17.8	8.9	5	737
5	砂质泥岩	17.6	8.8	5	828
6	细粒砂岩	17.8	8.9	5	737

表 2-8(续)

层号	岩性	岩层厚度/m	模型厚度/cm	层数	质量配比(河砂、石膏、大白粉、粉煤灰)
7	粉砂岩	12.0	6.0	3	837
8	砂质泥岩	17.8	8.9	5	828
9	细粒砂岩	23.2	11.6	6	737
10	砂质泥岩	20.2	10.1	5	828
11	粉砂岩	10.5	5.2	5	837
12	细粒砂岩	14.6	14.3	14	746
13	粉砂岩	8.6	3.3	3	837
14	砂质泥岩	17.2	7.3	7	828
15	细粒砂岩	24.2	12.9	13	737
16	砂质泥岩	5.7	8.0	8	837
17	4-2煤	5.6	2.8		26:1:2:16
18	砂质泥岩	4.0	2.0	1	828

注:岩层采用河砂、石膏、大白粉进行配比铺设,如837代表河砂含量为80%,石膏占剩余物质的30%,大白粉占剩余物质的70%;煤层采用河砂、石膏、粉煤灰进行配比铺设时,配比同岩层。

(2) 开挖方案

为规避模型的材料质量配比、干燥时间等因素造成的影响,试验采用长为5 m的同一模型架。模型试验条件有未水力压裂和水力压裂两种条件,分别对应工况1和工况2。具体的试验开挖方案(图2-54)如下:

① 模型左右留设30 cm边界煤柱,从左侧边界煤柱处布置工况1综采工作面,每次推进2 cm,工作面推进至200 cm。

② 未压裂模型试验完成后,布置压裂弱化后综采工作面。为了保证工况1与工况2试验相互不受影响,模型留设煤柱40 cm。根据现场压裂方案,采用微型钻机钻至下位坚硬岩层中部。当采用高压水枪注水预裂下位坚硬岩层时,下位坚硬岩层采用分段压裂方式进行模拟分析,共压裂6段,压裂垂向位置为距离煤层顶板17 cm,水平位置分别为距离模型边界50 cm、65 cm、80 cm、95 cm、110 cm、125 cm,每段注水完成后用橡胶塞封孔。压裂完成后进行工作面的开采,每次推进2 cm左右,推进至200 m。

2.3.2　监测方案

模型监测包括位移监测、应力监测和能量监测,监测设备如图2-55所示。

(1) 位移监测

在模型表面沿隔离煤柱对称布置a～p共16行测点,其中a～k每行两边各布置23个测点,间排距均为100 mm×50 mm,l～p每行两边各布置12个测点,间排距为200 mm×150 mm,a行测点距煤层顶部10 mm,距边界200 mm,如图2-56所示。在开挖过程中,通过光学全站仪测量表面测点的坐标值,监测顶板的位移。

(2) 应力监测

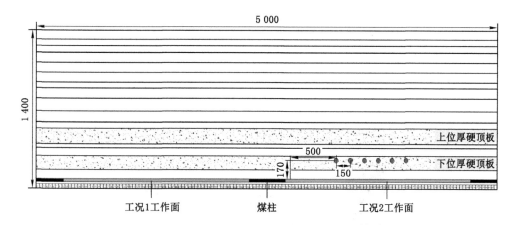

图 2-54 模型开挖方案

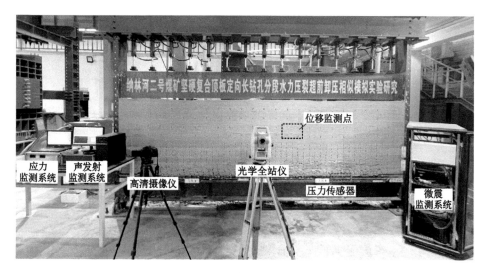

图 2-55 模型监测设备

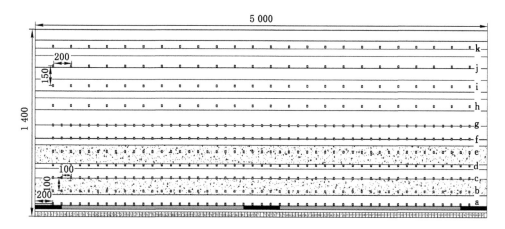

图 2-56 测点布置

在模型底部铺设 126 个压力传感器,并使其与 108 路压力计算机数据采集系统(图 2-57)相连。传感器尺寸为:长×宽×高＝200 mm×35 mm×40 mm,距煤层底部的距离为 20 mm。观测记录模型工作面每开采一个步距后传感器的动态变化。

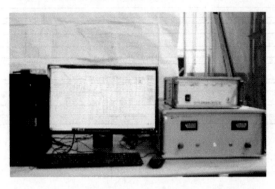

图 2-57　108 路压力计算机数据采集系统

(3) 能量监测

① 微震监测系统

试验采用 SOS 微震监测仪对模型覆岩破断时释放能量的大小、发生频次以及破断的位置进行实时监测。通过对工作面回采过程中顶板破坏的微震数据分析,得到了模型覆岩破断的能量场演化规律[120]。

实验室微震事件能量与现场工作面实际回采微震事件能量的转换公式为:

$$\begin{cases} \alpha_{E'} = \dfrac{\alpha_\gamma^2 \alpha_L^2}{\alpha_E} \\ \alpha_E = \dfrac{E_p}{E_m} \end{cases} \tag{2-96}$$

式中　$\alpha_{E'}$——实验室微震能量与现场工作面微震能量相似比;

　　　α_r——重力密度相似比;

　　　α_L——几何相似比;

　　　α_E——弹性模量相似比;

　　　E_p——原型材料破坏时的能量值,J;

　　　E_m——模型材料破坏时的能量值,J。

为了进一步揭示工作面开采围岩破坏的过程,利用地震学研究中常用的震级与频度的关系式(G-R 关系式)来定量描述工作面微震事件震级与频度之间的关系。G-R 关系式描述了区域地震活动频次与地震震级的关系,是地震学中最重要的统计关系式之一。其描述了区域性的震级 M 与地震的累积次数 N 的关系,即

$$\ln N = a - bM \tag{2-97}$$

式中　a,b——与区域地震活动相关的经验常数,b 值为衡量地震活动水平的常用重要参数。

上式中的 b 值作为地震学上常用的分析震级和频度的参数,对于研究岩体内不同尺度裂纹所占的比例及小尺度裂纹逐渐扩展、贯通形成大尺度裂纹的过程具有十分重要的意义。研究结果表明,由于人类开采活动而诱发的地震(如矿震、冲击地压等)和天然地震在震级与

频度的关系方面共同遵循 G-R 关系式,因此 G-R 关系式具有普适性。可采用最小二乘法计算 b 值,公式如下[121]:

$$b = \frac{\sum\limits_{i=1}^{m} M_i \sum\limits_{i=1}^{m} \lg N_i - m\sum\limits_{i=1}^{m} M_i \lg N_i}{m\sum\limits_{i=1}^{m} M_i^2 - \left(\sum\limits_{i=1}^{m} M_i\right)^2} \tag{2-98}$$

式中　m——震级分档总数;

　　　M_i——第 i 档震级;

　　　N_i——第 i 档震级的实际事件数。

②　声发射监测系统

本次相似模拟试验配备的声发射(AE)监测系统可用来监测覆岩破坏时释放能量的大小和破坏剧烈程度的变化以及声发射事件发生的位置(二维坐标)。通过对工作面开采过程中声发射信号进行监测分析,可以反映模型工作面开采过程中覆岩破坏、断裂情况,从而掌握模型工作面在回采过程中的覆岩运移规律。声发射监测流程如图 2-58 所示。

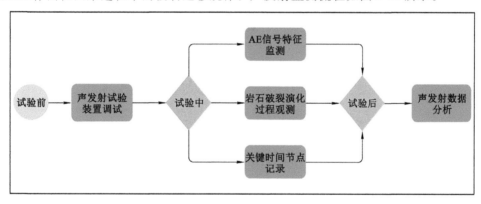

图 2-58　声发射监测流程

AE 信号的基本参数包括:到达时间(第一个阈值交叉的时刻)、振幅 A(波形最高峰值显示的最大电压)、持续时间(以 μs 为单位的时间跨度)、振铃计数、能量、上升时间等。

声发射平均频率 AF 值与 RA 值可基于声发射特征参数计算求得,二者是反映岩石破坏特征及差异性的重要参数,计算公式如下:

$$AF = \frac{振铃计数}{持续时间}; RA = \frac{上升时间}{幅值} \tag{2-99}$$

③　探头位置

在模型上安装 6 个微震传感器,将探头包裹以保证试验过程中采集事件发生的准确度。其中,1#、2#、3#微震传感器位于同一水平,1#微震传感器距模型左边界 15 cm,距模型顶部 10 cm;4#、5#、6#微震传感器位于同一水平,4#微震传感器距模型左边界 15 cm,距压力传感器 10 cm,各微震传感器相隔 235 cm,如图 2-59 所示。通过分析微震参数(微震能量、微震事件频次)时空演化规律,统计各工况从开切眼至回采结束全过程的微震能量-频次及定位特征,可对试验过程中覆岩破断全过程进行研究,获取工作面厚硬岩层破断的微震事件特征及其与工作面来压之间的关系。

同时,在模型上安装 6 个声发射传感器,其中 $1'$、$4'$ 声发射传感器位于同一水平,$3'$、$6'$ 声发射传感器位于同一水平,各偏离相近微震传感器 5 cm;$2'$、$5'$ 声发射传感器位于同一水平,分别处于 $1^\#$、$4^\#$ 微震传感器和 $2^\#$、$5^\#$ 微震传感器中部。通过分析声发射信号变化特征参数(振铃计数、能量)可反映覆岩破坏时释放能量的大小和破坏剧烈程度,与微震监测数据形成对比补充。

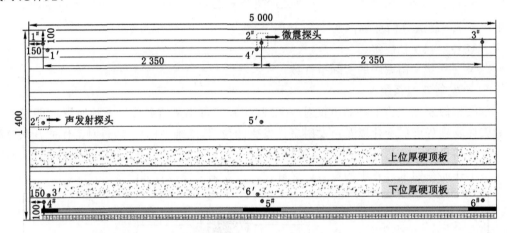

$1^\#$、$2^\#$、$3^\#$、$4^\#$、$5^\#$——微震传感器;$1'$、$2'$、$3'$、$4'$、$5'$、$6'$——声发射传感器。

图 2-59　微震传感器和声发射传感器布置示意图

2.3.3　厚硬顶板周期破断运移特征

初次垮落之前的矿压显现特征在此不再赘述,本节主要研究厚硬顶板在工作面开采过程中周期来压期间矿压显现特征。模型开采的 4-2 煤层,其厚度为 2.8 cm,采高为 5.6 m。模型两侧分别留设 30.0 cm 边界煤柱,中间留设 40.0 cm 隔离煤柱。从左边界开始布置综采工作面,沿左边界煤柱侧开挖开切眼,开挖完成后推进,采高为 2.8 cm,每次推进 2.0 cm,推进 200.0 cm 结束。

未压裂厚硬顶板垮落物理模型如图 2-60 所示。由图 2-60(a)可知,当模型开采至 41.0 cm 时,工作面初次来压,煤层直接顶大面积破断垮落,垮落岩层厚度为 3.1 cm,但直接顶未充分充填采空区,与下位厚硬岩层离层量较大,这导致下位厚硬岩层开始发生破断垮落。初始垮落厚度 3.2 cm,垮落高度 15.2 cm,破断角 47°。下位厚硬岩层底部垮落形成铰接结构,其短暂存在后,模型采空区侧的铰接结构发生滑移,推进方向侧铰接结构较为稳定。

随着回采的推进,当工作面第 1 次周期来压时,顶板垮落高度为 17.5 cm,离层量最大为 2.7 cm,下位厚硬顶板垮落后促使直接顶压实稳定,并形成大悬臂结构,且由于厚硬顶板的存在,破断后的悬臂结构呈现"倒梯形"破断特征,破断角为 46°,对工作面矿压显现起主导作用。

随着回采的不断推进,工作面采空区垮落空间逐渐被填满,垮落岩层离层量减小,岩层垮落增量在垂向方向开始减小,下位厚硬岩层以水平方向破断为主,顶板周期垮落特征及来压强度的变化趋势趋于稳定,表明工作面来压强度主要以下位厚硬岩层破断引起的变化为主。持续回采,在上部荷载层离层引起的应力增大作用下,下位厚硬岩层破断距减小,且岩

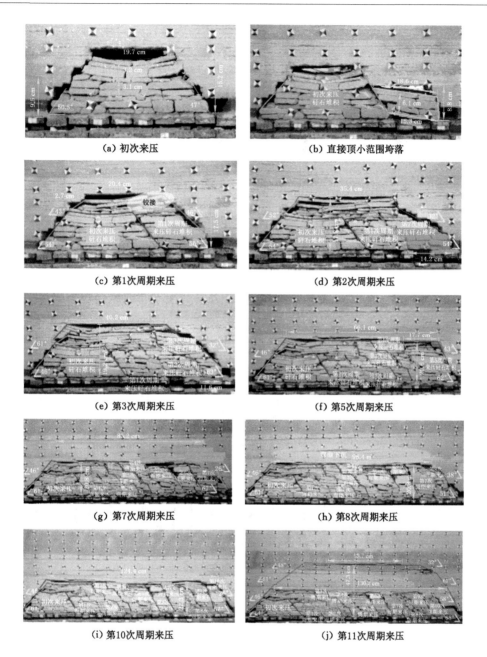

图 2-60 未压裂厚硬顶板垮落物理相似模型

层破断角随之也减小，但顶板仍存在悬臂结构，过长的悬露顶板导致下位厚硬顶板与上覆岩层产生明显离层，进而产生大面积弯曲下沉。当工作面推进 158.0 cm 时，顶板悬露长度 53.7 cm，顶板离层开始继续向上方发育，离层量最大为 1.4 cm，下位厚硬岩层破断角为 58°。此时工作面推进至一次见方位置，顶板发生大范围破断，自上位厚硬岩层破断处向下出现大面积沉降，裂隙和离层进一步向上方顶板发育，造成剧烈来压，此次剧烈来压主要原因为下位厚硬顶板大悬臂结构的破断。

根据物理相似模拟试验中垮落阶段破断角的变化可知，在厚硬顶板条件下，工作面共发生周期来压10次,周期来压步距为8.0～13.0 cm,平均来压步距10.6 cm,稳定垮落高度为47.3 cm,顶板悬露长度为53.7 cm。顶板破断角范围主要为26°～58°,平均约为40°,而在工作面推进158.0 cm时,工作面一次见方导致破断角异常增大。由此可见,厚硬顶板条件下上覆岩层不易垮落,悬臂梁长度尺寸显著增大,易引起工作面强矿压动力灾害。

综上所述,相比普通顶板,在厚硬顶板条件下,覆岩破断特征明显不同,呈现"难垮难断"的特点。在工作面推进过程中,顶板不稳定结构以下位厚硬顶板为明显分层线,直接顶受工作面采动影响及时垮落,下位厚硬岩层破断后破断角不大,破断结构为"楔形体"悬臂结构。该悬臂结构的突然垮落造成了工作面来压具有较强的冲击性,产生瞬间能量释放,致灾影响显著。

2.3.4 工作面回采覆岩声发射信号特征

根据走向模型开采方案,在回采过程中同步进行声发射监测,并对试验过程中获得的声发射信号进行滤波处理,以减小外来声发射信号对试验信号造成的影响。滤波后的声发射信号变化特征(图2-61)可以反映覆岩破坏时释放能量的大小和破坏剧烈程度。图2-61中蓝色柱状图的长度代表该推进距离(2.0 cm)内声发射总振铃计数,红色折线位置对应该时间段声发射总能量,横坐标为工作面推进距离。

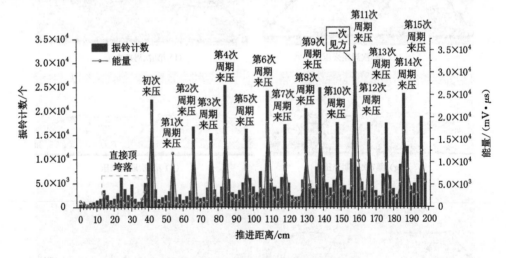

图2-61 模型回采过程中声发射信号特征

由图2-61可知,当工作面推进14.0 cm、24.0 cm、30.0 cm、38.0 cm时,声发射事件数较多,结合试验观测,其为直接顶垮落造成顶板应力局部释放所致。当工作面推进41.0 cm时,顶板发生初次来压,此时声发射事件数较多,振铃计数为22 462次,能量为21 496 mV·μs,此时厚硬顶板破断剧烈,能量较大,垮落岩层延伸至下位厚硬岩层,造成了强烈的冲击,形成了大范围的应力释放,工作面强来压现象明显。

随着工作面的持续推进,共发生周期来压15次,振铃分布特征总体呈U形分布,周期来压期间,振铃计数为8 595～30 197个,平均达14 000个,能量为8 926～35 622 mV·μs,平均达16 000 mV·μs;非来压期间振铃计数800～5 200个,平均为2 200个,能量为920～12 200 mV·μs,平均达3 000 mV·μs。来压期间的平均振铃计数、平均能量分别为非来压期间的 7.4 倍和 5.3 倍。工作面推进 158 cm 时一次见方,振铃计数为 30 197 个,能量为 35 622 mV·μs,异常增大。在厚硬顶板灾害因素加持下,周期来压与一次见方过程动载效应加剧,造成能量释放量急剧增大,该阶段是厚硬顶板条件下矿压显现异常显著阶段。

综上所述,在未压裂工况下,随着工作面的推进,厚硬顶板来压时与非来压时存在明显的能量变化,相比顶板未来压时刻,来压时事件频次增幅最高达 500%,释放的能量为非来压时的 5 倍以上,尤其是在见方效应的加持下,单次释放的能量达到非来压期间的 10 倍以上,对工作面具有显著的致灾作用。

2.3.5 工作面回采覆岩微震能量变化特征

在物理相似模拟试验中,采用微震监测手段对覆岩破断时的能量变化进行监测分析。为避免模型开挖过程中因覆岩垮落造成探头位置改变而影响监测精度,分别在开采扰动范围之外(边界煤柱与隔离煤柱上方)预先埋设 4 个加速度检波测量探头,其位置见表 2-9。然后通过实时监测工作面推进过程中的微震发生位置、发生时间和释放的能量,分析工作面推进过程中能量变化的特点,揭示顶板运动特征,进一步掌握坚硬顶板条件下的顶板运动规律。

表 2-9 微震探头位置

探头编号	坐标(x,y)/(mm,mm)
4	(150,1 300)
5	(150,140)
6	(2 500,1 300)
9	(2 500,140)

SOS 微震监测系统主要由加速度检波测量探头、普通速度 DLM2001 检波测量探头组成。二者相互配合形成一个完整的运行系统。该监测系统通过布置的加速度检波测量探头接受 P 波起始点的时间差,在给定波速条件下进行三维空间定位和能量计算,确定煤岩体破裂发生的时间、位置及能量量级,从而实现对包括强矿压动力灾害在内的矿震信号进行远距离、实时、动态、自动监测,准确计算震动发生的时间、能量量级及空间三维坐标,给出矿震信号的完全波形,描述岩层结构运动特征及其迁移演变规律,通过微震数据处理软件确定微震事件发生位置和能量量级。工作面推进不同阶段时的试验模型微震事件分布演变特征如图 2-62 和图 2-63 所示。

由图 2-62、图 2-63 可知,在模型回采过程中,整体上发生能量为 6 000~8 000 J 的微震事件次数为 20 次,能量 8 000 J 以上的微震事件发生次数为 7 次,主要集中在厚度 30~60 cm 的厚硬岩层层位。尤其是在工作面第 4 次周期来压时,微震事件频次和能量增幅达到峰值。随着工作面持续推进,微震事件的总能量和频次相对第 4 次周期来压阶段有所减小,当第 11 次周期来压时,即工作面一次见方,微震事件频次和能量再次出现阶段性峰值,表明厚硬顶板采煤工作面在"见方效应"叠加下,顶板大面积破断垮落,导致微震事件增多,易形成工作面回采强矿压动力灾害危险。

由图 2-64 所示的工作面推进不同阶段微震事件频次、能量及二者的占比可以看出,工

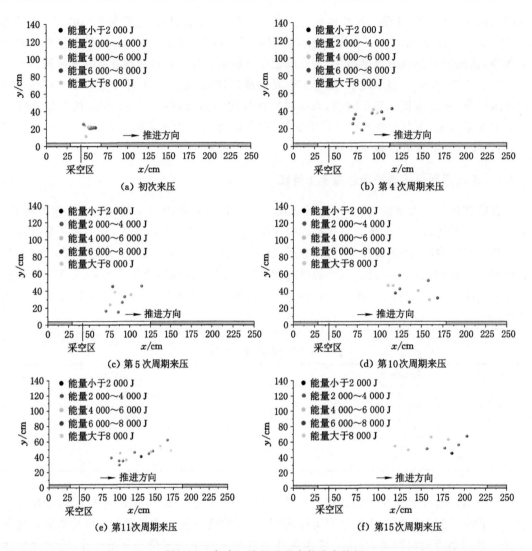

图 2-62　各来压阶段微震事件分布特征

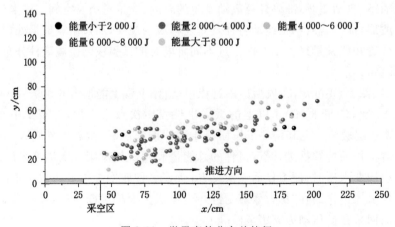

图 2-63　微震事件分布总特征

作面推进不同阶段时微震事件频次集中在6～14次，能量波动范围为27 000～65 000 J。工作面推进到第4次周期来压、第11次周期来压阶段时，微震事件能量、频次均较大，能量分别为65 050 J、58 050 J，频次分别为13次、14次。在厚硬顶板致灾因素下，融合"见方"和"来压"效应，极易产生剧烈能量释放事件，诱发强矿压动力灾害。

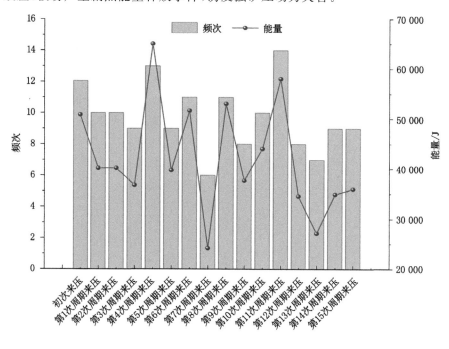

图 2-64　工作面回采结束微震事件分布特征

基于以上分析可知，在厚硬顶板发育条件下，顶板难以破断，存在"楔形体"悬臂结构，易造成工作面强矿压显现。在顶板破断过程中，厚硬顶板从非来压时到来压时表现为"未来压时稳定→来压前局部显现→来压时能量异常增大"的特征，垮落时往往出现突然大面积垮落，对工作面的致灾作用明显。结合声发射分析可知，工作面来压与非来压能量变化规律显著，振铃计数分布总体呈 U 形分布，厚硬顶板条件下来压时事件频次相比非来压时事件频次增幅最大可达500%。在第4次周期来压及一次见方时，声发射监测能量异常增大，与物理模拟顶板破断规律基本吻合；微震监测能量事件显示，周期来压及见方来压期间，高能量微震事件主要发生在厚度30～60 cm 的厚硬岩层层位，表明厚硬顶板的破断易产生较大能量，进而导致强矿压显现。

2.4　本章小结

（1）神东矿区砂岩呈分流河道、天然堤、分流间湾三足鼎立的沉积特征。厚层顶板砂岩赋存特征明显，各类砂岩以长石砂岩为主，砂岩中长石和云母的含量较高，砂岩分选中等，次棱-次圆磨圆；以钙质、钙泥质、铁质胶结为主，同时具有石英加大胶结特征。除粗粒砂岩外，砂岩孔隙度均小于14%，孔喉半径小于 0.07 μm，渗透率均小于 0.2×10^{-3} μm^2，呈现低孔、低渗、特小孔道和微细喉道特征。

（2）砂岩强度随着沉积时间的增加而增大，砂岩最大抗压强度为 90.0～112.0 MPa，最大抗拉强度为 9.0 MPa。粗、细粒砂岩强度有明显的"波动"变化，粉砂岩、细粒砂岩的抗拉强度与沉积时间呈现良好的线性关系，是同期中粒砂岩、粗粒砂岩的 2～3 倍。

（3）研究区煤层以薄直接顶或基本顶砂岩直覆结构为主。厚硬顶板来压具有明显的时-步差特征，初次来压达 75.8 m，周期来压步距 10～33 m，动载系数大于 1.4。分析了固支梁和悬臂梁力学模型，均布荷载下悬臂梁的极限垮距是固支梁极限垮距的 0.408 2 倍，初采期间是诱发强矿压动力灾害的关键场景，同样厚硬顶板的存在也是造成悬臂梁周期破断期间灾害风险加大的直接因素。

（4）厚硬顶板初次破断过程中仅存在拉伸破坏模式，当达到破断步距时，沿倾向长边率先拉裂，随后底面走向中部出现"X"型张拉破断，走向短边拉破坏紧随其后发生。初次来压前，即静载条件下，随着走向跨距的增大，厚硬顶板积聚的弹性能呈类指数函数形式单调递增，且增大速率逐渐增大；随着弹性模量的增大，相同破断步距下，岩层释放的弹性能反而减小。随着倾向跨距、走向悬露距离的增大，厚硬顶板弹性能单调递增；当岩层厚度增大时，在相同走向跨距下，积聚的弹性能反而减小，但岩层受破断步距的影响不同，其断裂时最终释放的弹性能仍呈递增趋势。

（5）相比普通顶板，厚硬顶板条件下的覆岩破断特征显著不同，呈现"难垮难断"的特点，工作面推进过程中顶板不稳定结构以下位厚硬顶板为明显分层线，直接顶随着工作面的采动及时垮落，厚硬岩层破断后破断角较小，表现为悬伸状态，破断结构为"楔形体"悬臂结构。该悬臂结构突然破断，导致厚硬岩层整层垮落，造成工作面来压具有较强的冲击性，瞬间释放极大能量，致灾影响显著。

（6）由声发射信号分析可知，振铃计数分布总体呈 U 形分布，厚硬顶板来压时与非来压时存在明显的能量变化。相比普通顶板来压，厚硬顶板来压时事件频次增幅最大达 500%，能量释放为非来压时的 5 倍以上，尤其是在"见方效应"加持下，单次释放能量达到非来压期间的 10 倍以上，对工作面具有显著的致灾作用。

（7）当工作面推进 41 cm 时，厚硬顶板发生破断，即初次来压步距为 82 m，与理论分析结果较为一致。在周期来压过程中，厚硬顶板由于强度较大，破断后处于悬伸状态，形成长悬臂梁结构，提高了顶板来压强度。厚硬顶板破断后悬臂结构呈"倒梯形"破断特征，"见方"和"来压"动载扰动效应明显，动载系数大于 1.4，破断动载能量频次及大小均为未来压时的 5 倍以上，易诱发强矿压动力灾害。

3 井下分段压裂技术装备及裂缝扩展特征研究

基于上述研究可知,厚硬顶板发育煤层在工作面初采期间、见方期间及周期来压期间,极易引发大面积悬顶破断的大能量事件,诱发强矿压动力灾害。为此,本章提出了定向长钻孔裸眼分段压裂方式区域弱化治理思路,以装置研发为开发手段,室内检测和现场试验为支撑,研发了由裸眼密封、定压压裂和裸眼孔清洗等组成的厚硬顶板分段水力压裂关键装置,并集成开发了远程控制、自动监测、多档位高压压裂泵组;采用真三轴压裂物理试验装置开展不同地质因素(水平应力差、覆岩结构、结构面胶结强度)和施工因素(泵注排量、压裂段间距)对裂缝扩展的影响规律研究;通过恒流注液压力泵提供稳定的注液速率,同时采用声发射探测仪监测分析水力压裂裂缝扩展特征,研究裂缝发育影响因素,为实施分段压裂区域卸压防治强矿压动力灾害奠定基础。

3.1 定向长钻孔分段压裂技术思路

在厚硬顶板覆岩运移条件下,煤层开采后基本顶产生下沉变形,在基本顶自身重力及其上覆岩层荷载作用下,可视为两端固支岩梁。根据不同时刻岩梁结构特征的分析可知,岩梁整体可分为均布荷载和非均布荷载2种。在实际生产地质条件下,岩层呈非均质特征,在开采速度、开采方式等因素的影响下,岩梁为非均布荷载状态。但随着工作面回采的推进,跨距增大,基本顶岩梁结构荷载增大,其力学性质由弹性逐渐过渡至弹塑性,破断模型如图3-1所示,梁上荷载近似呈均匀分布。

赵通等[122]通过覆岩破断能量模拟分析得出,低位厚硬顶板(多为基本顶)在工作面煤壁上方受压发生初次破断,产生弯曲下沉,弹性能不断积聚(U_e变大),破断前应变能密度峰值达 156.47 kJ/m³(图3-2),破断后残余能量为 137.2 kJ/m³,厚硬顶板初次垮落的悬顶面积一般在 20 000 m² 以上,释放能量达 3.85×10^5 kJ/m³,极易引起冲击动力灾害。

研究区厚煤层开采条件下,覆岩破断回转的范围明显扩大,导致低位厚硬岩层进入"垮落带"范围,并在破断运移过程中以悬臂梁结构的形态出现[123]。厚硬顶板在弯曲下沉中完成了弹性能的积聚,为覆岩结构的失稳和运动提供了内在动力,同时在其破断瞬间向工作面释放大量能量,从而引发顶板强矿压显现灾害。基于悬臂梁理论建立的破断力学模型如图3-3所示。

随着开采的不断进行,采空区不断形成,受到扰动影响的厚硬顶板荷载 Q 随时间 t 的变化而改变,其函数式用 nt 表示,其中 n 为与煤岩物理力学性质相关的参量。悬顶阶段顶板岩层在覆岩及自身重力作用下发生弯曲变形而积聚弹性能,其挠曲方程为:

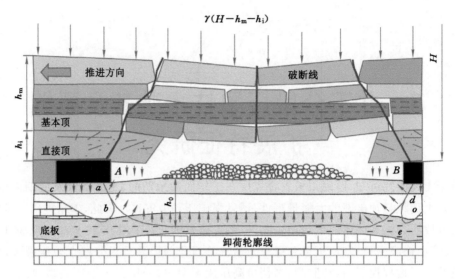

图 3-1 厚硬顶板覆岩破断模型

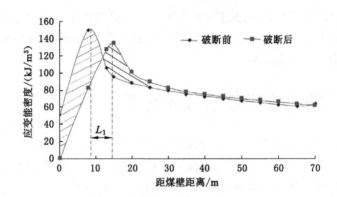

图 3-2 厚硬顶板破断前后应变能密度演化特征

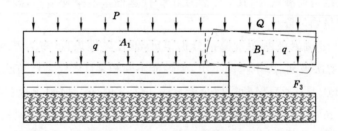

图 3-3 覆岩破断力学模型

$$\omega_1 = -\frac{qx^2}{24EI}(x^2 - 4l_d + 6l_d{}^2) \tag{3-1}$$

式中 ω_1——顶板岩层弯曲下沉量；

  q——未受采掘扰动影响岩层的荷载；

  L_d——悬顶长度；

  E——岩层弹性模量；

I——梁结构的惯性矩。

悬臂梁破断瞬间的极限跨距 $L_{\max}$ 和其末端最大的弯曲变形量 $W_{\max}$ 分别为：

$$L_{\max} = h\sqrt{\frac{R_{\mathrm{t}}}{3(nt+q)}} \tag{3-2}$$

$$W_{\max} = -\frac{(nt+q)L_{\max}^4}{8EI} \tag{3-3}$$

式中 R_{t}——顶板岩层两端的极限抗拉强度；

t——时间。

悬臂梁在弯曲变形阶段积聚的弹性能 U_{s} 和破断瞬间的能量 U_{h} 分别为：

$$U_{\mathrm{s}} = \frac{(nt+q)^2 L_{\mathrm{d}}^5}{20EI} \tag{3-4}$$

$$U_{\mathrm{h}} = \xi_1 U_{\mathrm{s}} \tag{3-5}$$

厚硬顶板破断前后伴随能量的积聚和释放，假设该物理过程为封闭系统，与外界无热交换，依据热力学第一定律分析可知[124]：

$$\Delta U = U_{\mathrm{s}} - U_{\mathrm{h}} \tag{3-6}$$

式中 ΔU——释放应变能，为煤岩层失稳后释放的能量，是引起动载和强矿压灾害的能量；

U_{s}——厚硬顶板积聚的能量；

U_{h}——破断失稳耗散能量，即厚硬顶板裂隙扩展、强度降低其至丧失及发生破断失稳过程中消耗的能量。

由上述分析可知，当 $\Delta U > 0$ 时，厚硬顶板失稳后将向工作面释放能量，可能引发支架压死、设备倾倒等失稳现象。

在煤层厚硬顶板开采条件下，低位厚硬顶板呈现大"悬臂梁"形式垮落，因低位厚硬顶板整体性强且易形成大面积悬顶，积聚大量弹性能，断裂垮落块大，断裂释放能量巨大，破断后易释放巨大的冲击动能。根据对厚硬顶板岩层赋存特征和破断结构、应力场演化规律的分析，并结合坚硬顶板积聚能量与破断失稳耗散能量关系的研究结果可知，上述两种能量之差即失稳后释放的能量，它是工作面强矿压灾害发生的动力来源。基于此，本书提出了基于能量原理的分区控制思路，通过对厚硬顶板人工预制裂缝弱化，实现了厚硬顶板强矿压动力灾害的源头控制，如图 3-4 所示。依托厚硬顶板灾害分区弱化控制思路，采取煤矿井下定向长钻孔裸眼分段水力压裂技术对低位厚硬岩层进行弱化改造（图 3-5），实现低位厚硬岩层和直接顶及时、充分垮落，增大破断释放的能量，减小悬顶积聚的能量，并支撑高位坚硬顶板，抑制大规模破断运移。

3.2 定向长钻孔分段压裂关键装置研发

3.2.1 成套装备关键技术要求及总体结构设计

（1）成套装备关键技术要求

在厚硬顶板发育条件下，顶板破断及垮落高度并没有随采掘空间的增大而增大，在一定时间内垮落高度出现短暂的"滞怠"显现。当厚硬顶板形成大面积"岩板"或悬顶结构，对采

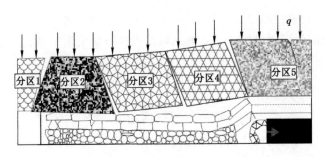

图 3-4　压裂分区灾害控制示意图

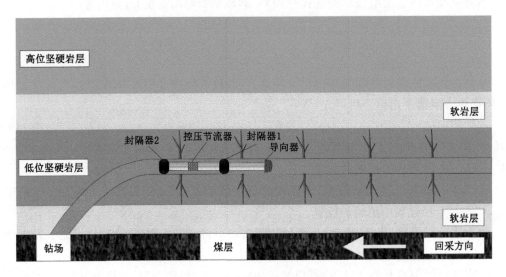

图 3-5　分段压裂技术思路图

场周围的覆岩分布和应力转移产生重要影响时,其会突然垮落,极易诱发冲击灾害[125-126]。覆岩结构改造是优化采掘扰动条件下厚硬顶板破断形式,防治强矿压动力灾害的核心措施。传统的覆岩结构改造方法主要有爆破或高压注水压裂,这两种方法一定程度上能解决厚硬顶板引发的灾害问题,但均存在一定局限性。为了克服以上问题,本书提出了煤矿井下厚硬顶板定向长钻孔裸眼分段压裂强矿压动力灾害防治技术。石油、天然气领域的压裂装置常采用大直径、套管式、泵送桥塞和射孔压裂联合工艺,限于煤矿井下作业空间狭小,钻孔成孔孔径小,点火作业不符合安全规定、易引发次生灾害及成本极高等原因,该工艺无法直接使用。现有煤矿井下瓦斯增透抽采压裂工艺主要采用整体和不动管柱分段压裂方式,压裂段分级有限,孔内无法进行压裂位置调整,难以满足厚硬顶板压裂区域弱化需求。因此,研发的煤矿井下裸眼分段水力压裂装备必须满足以下关键技术要求:

① 分段水力压裂成套装置能够实现定向长钻孔的无限级压裂,压裂位置可根据钻孔实际情况进行调整。

② 分段压裂成套装置能够实现超大定向长(大于 500 m)钻孔的顺利输送。当输送遇阻或者压裂后出现局部塌孔、堵孔现象时,能够实现正反洗孔;当无法摆脱上述情况时,封孔装置与高压压裂管柱可实现自动分离,从而降低经济损失。

③ 分段压裂封孔装置与定压压裂释放装置能够实现分步错时工作,既能够保证裸眼钻

孔高压密封,又能实现密封空间的高压压裂作业。

④ 压裂泵组应具备远程控制、视频监控、数据存储等功能,且能够根据压裂目标层位的特征实现多个排量与压力组合的任意切换,其中压裂泵排量不小于 60 m^3/h,输出压力不小于 60 MPa。

(2) 裸眼分段压裂成套装置总体结构设计

根据煤矿井下定向长钻孔裸眼分段压裂成套装置关键技术的整体要求,按照功能设计要求,提出了装置整体设计。该装置总体上(包括孔内、孔外)由正反洗导向器、裸眼高压封孔系统、定压压裂释放器、安全分离装置、高压压裂管柱、大排量供液系统和远程控制系统组成,如图 3-6 所示。孔内工具整体结构设计如图 3-7 所示。各个组成部分的具体功能如下所述。

① 正反洗导向器。其在压裂工具输送过程中,能够扶正工具,导向输送,确保工具能够顺利输送至指定位置,从而实现孔内正、反向的洗孔作业,保证孔内清洁,为工具串输送和裸眼封隔器坐封提供有利条件。压裂后出现堵孔、塌孔造成阻塞时,可进行钻孔清洗作业,为解除阻塞提供便利条件。

② 裸眼高压封孔系统。该系统主要由裸眼高压封隔器 1 和裸眼高压封隔器 2 组成,其具备坐封和解封能力,坐封过程中在高压水作用下逐步膨胀并与孔壁贴合,裸眼密封能力达 70 MPa 以上。单段压裂完成后,停止高压水注水,两封隔器同时卸压解封,封隔器逐步回缩至原始状态,实现成套装置的顺利拖动移位。

③ 定压压裂释放器。该装置可根据压裂目标层位和压裂泵组供液能力,采用预紧力设置压裂液释放压力起点,整体上可实现 2～20 MPa 的压裂液释放通道打开压力,能够保证封隔器预先坐封后进行高压压裂作业,待单段压裂完成后,弹簧自动恢复预紧。

④ 安全分离装置。其主要由上接头、弹簧爪、外套、芯子、下接头、剪钉等组成,主要作用是在孔内遇阻时,在正、反洗孔难以解决的情况下,通过投球给压,促使剪钉变短,弹簧爪丢开,与前方装置断开,退出后端所有孔内工具串,减小经济损失。

⑤ 高压压裂管柱。其为高压压裂液提供输送通道,将封隔器、正反洗导向器等装置输送至设计压裂位置。

⑥ 大排量供液系统。该系统由压裂泵体、液力变速系统、电机系统、压裂液储集系统、压力控制闸阀等组成。通过压裂泵体将压裂液储集系统中的高压压裂液输送至高压压裂管柱内进行压裂作业;在注入过程中,可根据压裂目标层特征,利用液力变速系统进行不同挡位调整,以实现排量和压力的切换。

⑦ 远程控制系统。该系统由压力传感器、排出电子流量计、温度变送器、油压变送器、转速变送器、电磁阀、电动调压阀、信号采集系统和参数显示系统组成。其能够监测压裂过程中泵注压力、流量等数据,并实时绘制成图,用于直观诊断压裂施工效果;通过压裂泵组温度、油压及油温等参数的监测,进行压裂泵组运行状况的分析,并与视频监控系统结合,保证压裂过程中设备的安全。该系统可实现在 2 km 以上距离的自动控制,使作业人员远离高压危险区域,保证了人员安全。

3.2.2 裸眼分段压裂关键装置及结构设计

(1) 裸眼高压封隔器

作为厚硬顶板多级分段压裂精准实施的关键装置,裸眼高压封隔器是用来密封裸眼环

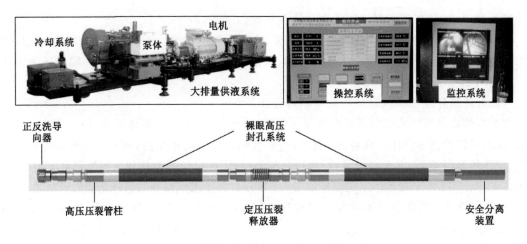

图 3-6　成套压裂装置总体结构示意图

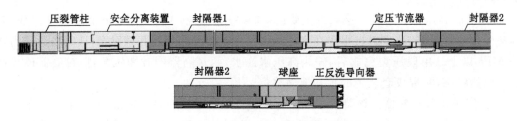

图 3-7　孔内工具整体结构设计

空或封隔压裂目标层,通过控制高压压裂液的注入或产出来控制密封和回缩,并能够承受一定压差的核心工具[127-128]。裸眼高压封隔器按照功能特点可分为压缩式、扩张式及自封式三种,本书主要讨论"双封单卡"分段压裂工艺采用的裸眼扩张式封隔器。

　　对于封隔器的性能需求,主要体现在"送得下、封得住、持续久、能回收"等特点。其由多个构件组合形成(图 3-8),单个构件又由多个零部件组成。这些零部件按照功能不同可分为密封、锚定、坐封、锁紧、反洗、解封、扶正和防坐等部件。其中,密封部件作为封隔器的关键部件,主要由密封元件和各种防突结构等组成。胶筒是密封元件的核心部件。

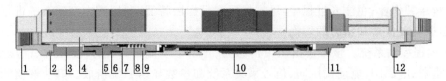

1—上接头;2—解封销钉;3—连接头;4—中心管;5—凡尔座;6—密封圈;
7—凡尔;8—弹簧;9—弹簧座;10—交通总成;11—浮动头;12—下接头。
图 3-8　封隔器组成结构

　　① 裸眼扩张式封隔器的封孔原理

　　裸眼扩张式封隔器主要通过高压压裂液进行液压坐封,停止供液后卸压解封。在裸眼扩张式封隔器送入钻孔的过程中,封隔器胶筒内外无压差,胶筒保持原始状态(图 3-9);在高压压裂泵组作用下,输送压裂液进入高压压裂管腔,压裂液经中心管进液孔流入裸眼扩张式封隔器的胶筒与中心管环空空间,胶筒缓慢持续向外扩张;当高压压裂管内压裂液压力继续增大时,传递至封隔器胶筒与中心管间的压力随之增大,促使封隔器胶筒不断向孔壁扩张,当高压压裂管内压裂液的压力达到设计压力时,胶筒与孔壁形成接触压力,压裂液充满高压压裂管与孔壁间环空空间,从而完成整个坐封工作,如图 3-10 所示。裸眼扩张式封隔器钻孔密封效果的好坏取决于胶筒的膨胀密封质量。胶筒通常是由丁腈橡胶制作的,封隔器胶筒具有弹性可以承受非常大的变形。裸眼封隔器胶筒工作流程按照膨胀全工作流程可分为预膨胀期、接触挤密期和压裂工作期。预膨胀期指封隔器胶筒在高压水作用下由原始状态逐步填满孔内压裂装置与孔壁环空空间这一阶段;接触挤密期指封隔器胶筒在高压水的持续作用下与孔壁接触,并形成密封接触压力,实现压裂段有效密封这一阶段;压裂工作期指封隔器胶筒密封接触压力能够抵抗压裂过程中工作压差,保证压裂施工安全有序进行这一阶段。因此,研究胶筒在封隔器坐封过程中变形阶段的力学特征对研究封隔器的可靠性具有重要意义。通过分析封隔器胶筒膨胀变形过程可知,封隔器胶筒两端部分在胶筒座的作用下被限制固定,变形较小,可以忽略不计;中间部分作为主要工作部分,其在扩展膨胀过程中变形较大,产生了径向变形。本章主要进行封隔器胶筒工作时中间部分变形阶段力学特征分析和压裂工作期间胶筒与套管间摩擦力分析,以指导封隔器设计和坐封效果研究。

图 3-9 封隔器孔内未坐封

图 3-10 封隔器膨胀坐封

② 裸眼扩张式封隔器胶筒中间变形阶段力学分析

现有理论文献关于裸眼扩张式封隔器胶筒在膨胀坐封工作过程中的力学特征分析相对较少,缺少裸眼扩张式胶筒连续力学性能分析方法[129]。为了便于分析裸眼扩张式封隔器胶筒中间部分变形阶段的力学特征,基于以上情况,根据裸眼扩张式封隔器胶筒的工作状态以及橡胶的物理特性做出如下假设:

a. 封隔器胶筒在高压压裂液内压作用下的整个向外变形扩张阶段,遵循体积不变原则。

b. 胶筒在工作过程中两端产生的径向变形可忽略不计,本次研究以中间胶筒产生的径向变形为主要研究对象。

　　裸眼扩张式封隔器胶筒在工作过程中,胶筒的外径 $R_{j1} \leqslant R_{kb}$(套管内径),胶筒的应力、应变符合线性变化规律。我们建立以胶筒的对称轴为 z 轴的坐标系,如图 3-11 所示。取胶筒内任意一个微小六面体(图 3-12)作为研究对象,其中两个平面的距离是 d_z,两个圆柱面的距离是 d_r,两个竖直面的距离是 d_θ。

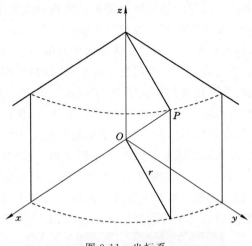

图 3-11　坐标系

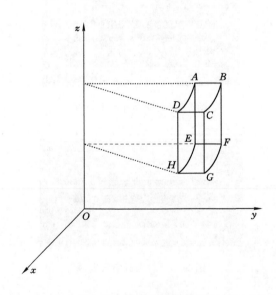

图 3-12　微小六面体单元

　　将六面体模型投影到铅垂面上,其应力如图 3-13(a)所示。σ_z 为坐标轴 z 上的正应力,σ_r 为 r 方向的正应力,σ_θ 是 θ 方向的正应力,τ_r 是 z 方向上的切应力,τ_{zr} 是 r 方向上的切应力,其中 $\tau_{rz} = \tau_{zr}$。

　　如图 3-13(b)所示,对六面体模型进行应变分析,其中 u_r 表示六面体的径向位移,u_θ 表示六面体沿环向的位移,u_z 表示六面体沿轴向的位移。依托裸眼扩张式封隔器胶筒封孔坐封原理可知,该类胶筒轴向位移可视作 0,即 u_z 为 0。因胶筒为以 z 轴为中心轴的轴对称图形,因此对称方向上 u_θ 也可视作 0[130-131]。本书以 ε_r 表示模型的径向应变,ε_θ 表示模型沿环向的

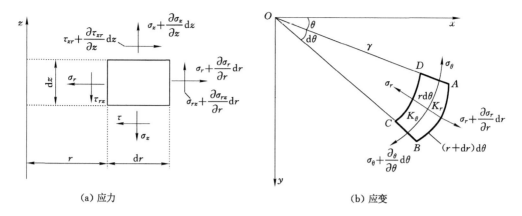

（a）应力　　　　　　　　　　　（b）应变

图 3-13　胶筒六面体单元应力、应变状态分析

应变，ε_z 表示模型沿轴向的应变，建立了胶筒的平衡微分方程和裸眼胶筒的几何方程，分别见式（3-6）、式（3-7）。

$$
\begin{cases}
\dfrac{\partial \sigma_r}{\partial r} + \dfrac{\partial \tau_{zr}}{\partial r} + \dfrac{\sigma_r - \sigma_\theta}{r} = 0 \\[3mm]
\dfrac{\partial \sigma_r}{\partial z} + \dfrac{\partial \tau_{rz}}{\partial r} + \dfrac{\tau_{rz}}{r} = 0
\end{cases}
\tag{3-6}
$$

$$
\begin{cases}
\varepsilon_r = \dfrac{\partial U_r}{\partial r} \\[3mm]
\varepsilon_\theta = \dfrac{U_r}{r} \\[3mm]
\varepsilon_z = \dfrac{U_r}{r}
\end{cases}
\tag{3-7}
$$

根据广义虎克定律可以得到：

$$
\begin{cases}
\sigma_r = \dfrac{E}{(1-2\mu)(1+\mu)}\big[(1-\mu)\varepsilon_r + \mu(\varepsilon_\theta + \varepsilon_z)\big] \\[3mm]
\sigma_\theta = \dfrac{E}{(1-2\mu)(1+\mu)}\big[(1-\mu)\varepsilon_\theta + \mu(\varepsilon_r + \varepsilon_z)\big] \\[3mm]
\sigma_z = \dfrac{E}{(1-2\mu)(1+\mu)}\big[(1-\mu)\varepsilon_z + \mu(\varepsilon_r + \varepsilon_\theta)\big]
\end{cases}
\tag{3-8}
$$

六面体模型的径向长度可等效为 $r\mathrm{d}\theta$，沿 r 向的长度为 $\mathrm{d}r$，沿轴向的长度为 $\mathrm{d}z$。分析可知，胶筒在坐封前的体积为 $\mathrm{d}r\mathrm{d}zr\mathrm{d}\theta$，变形后的体积为 $(\mathrm{d}r + \varepsilon_r r\mathrm{d}r)(r\mathrm{d}\theta + \varepsilon_\theta r\mathrm{d}\theta)(\mathrm{d}z + \varepsilon_z \mathrm{d}z)$[132-134]。体积变化率 e 为：

$$
e = \frac{(\mathrm{d}r + \varepsilon_r r\mathrm{d}r)(r\mathrm{d}\theta + \varepsilon_\theta r\mathrm{d}\theta)(\mathrm{d}z + \varepsilon_z \mathrm{d}z) - \mathrm{d}rr\mathrm{d}\theta\mathrm{d}z}{\mathrm{d}rr\mathrm{d}\theta\mathrm{d}z} = \varepsilon_r + \varepsilon_\theta + \varepsilon_z + \varepsilon_r\varepsilon_\theta + \varepsilon_r\varepsilon_z + \varepsilon_r\varepsilon_\theta\varepsilon_z
$$

$$
\tag{3-9}
$$

通过略去高阶微分量处理，可知 $e = \varepsilon_r + \varepsilon_\theta + \varepsilon_z$，由于 ε_z 为 0，通过公式分析可知，$e = \varepsilon_r + \varepsilon_\theta = \dfrac{\partial U_r}{\partial r} + \dfrac{U_r}{r}$，因胶筒在膨胀坐封过程中的整体体积变化为 0，即 $e = 0$，故 $\dfrac{\partial \sigma_r}{\partial r}(\varepsilon_r + \varepsilon_\theta) = 0$，也即 $\dfrac{\partial^2 U_r}{\partial^2 r} + \dfrac{1}{r}\dfrac{\partial U_r}{\partial r} - \dfrac{U_r}{r^2} = 0$。利用欧拉公式对该二阶线性齐次微分方程进行求解，其通

解 $U_r = \dfrac{C_1}{r} + C_2 r$。

在胶筒膨胀过程中，胶筒原有内径为 R_{j0}，外径为 R_{j1}，裸眼钻孔内径为 R_z，基于胶筒工作状态分析，并结合其通解结果，可知通解的边界条件是：

$$\begin{cases} U_r \mid_{r=R_{j0}} = \sqrt{R_z^2 - R_{j1}^2 + R_{j0}^2} - R_{j0} \\ U_r \mid_{r=R_{j1}} = R_z - R_{j1} \end{cases} \tag{3-10}$$

对 $\dfrac{\partial \sigma_r}{\partial r}(\varepsilon_r + \varepsilon_\theta) = 0$ 在 $\dfrac{\partial^2 U_r}{\partial^2 r} + \dfrac{1}{r}\dfrac{\partial U_r}{\partial r} - \dfrac{U_r}{r^2} = 0$ 条件下进行求解可知：

$$U_r = \frac{1}{r}\frac{R_{j0}R_{j1}^2\sqrt{R_z^2 - R_{j1}^2 + R_{j0}^2} - R_{j0}^2 R_z^2}{R_{j1}^2 - R_{j0}^2} + r\frac{R_z R_{j1} - R_{j1}^2 + R_{j0}^2 - \sqrt{R_z^2 - R_{j1}^2 + R_{j0}^2}}{R_{j1}^2 - R_{j0}^2} \tag{3-11}$$

由式（3-11）分析可得，胶筒在膨胀坐封工作过程中的中部径向应变为：

$$\varepsilon_r = \frac{\partial U_r}{\partial r} = \frac{R_z R_{j1} - R_{j1}^2 + R_{j0}^2 - \sqrt{R_z^2 - R_{j1}^2 + R_{j0}^2}}{R_{j1}^2 - R_{j0}^2} - \frac{1}{r^2}\frac{R_{j0}R_{j1}^2\sqrt{R_z^2 - R_{j1}^2 + R_{j0}^2} - R_{j0}^2 R_z^2}{R_{j1}^2 - R_{j0}^2} \tag{3-12}$$

根据对 $e = \varepsilon_r + \varepsilon_\theta + \varepsilon_z$ 和 $e = 0$ 的分析可知，$\varepsilon_\theta = -\varepsilon_r$。结合式（3-11）和式（3-12）可知，

$$\frac{R_z R_{j1} - R_{j1}^2 + R_{j0}^2 - \sqrt{R_z^2 - R_{j1}^2 + R_{j0}^2}}{R_{j1}^2 - R_{j0}^2} = 0$$

因此，胶筒的径向和环向应变公式可以简化为：

$$\varepsilon_r = -\frac{1}{r^2}\frac{R_{j0}R_{j1}^2\sqrt{R_z^2 - R_{j1}^2 + R_{j0}^2} - R_{j0}^2 R_z^2}{R_{j1}^2 - R_{j0}^2} \tag{3-13}$$

$$\varepsilon_\theta = \frac{1}{r^2}\frac{R_{j0}R_{j1}^2\sqrt{R_z^2 - R_{j1}^2 + R_{j0}^2} - R_{j0}^2 R_z^2}{R_{j1}^2 - R_{j0}^2} \tag{3-14}$$

通过分析可知，胶筒的环向应力为：

$$\sigma_\theta = \frac{E}{(1-2\mu)(1+\mu)}\big[(1-\mu)\varepsilon_\theta + \mu(\varepsilon_r + \varepsilon_z)\big] = \frac{E\varepsilon_\theta}{(1+\mu)}$$

$$= \frac{E}{(1+\mu)r^2}\frac{R_{j0}R_{j1}^2\sqrt{R_z^2 - R_{j1}^2 + R_{j0}^2} - R_{j0}^2 R_z^2}{R_{j1}^2 - R_{j0}^2} \tag{3-15}$$

其对应的环向张力 F_H 为：

$$F_H = \int_0^{2\pi} \sigma_\theta A_L \mathrm{d}\theta = \frac{2\pi L_0 E}{(1+\mu)}\frac{R_{j0}R_{j1}^2\sqrt{R_z^2 - R_{j1}^2 + R_{j0}^2} - R_{j0}^2 R_z^2}{(R_z^2 - R_{j1}^2 + R_{j0}^2)(R_{j1}^2 - R_{j0}^2)}(R_z - \sqrt{R_z^2 - R_{j1}^2 + R_{j0}^2})$$

式中　L_0——胶筒的工作长度；

　　　E——胶筒材料的弹性模量；

　　　μ——胶筒材料的泊松比。

在胶筒膨胀坐封过程中，当环向张力过大并超过胶筒破裂阈值时，会诱发胶筒撕裂，但当胶筒完成膨胀坐封后，其与钻孔裸眼孔壁紧密接触，当达到稳定状态后，环向张力的增幅可忽略不计。

胶筒膨胀过程中径向应力为：

$$\sigma_\theta = \frac{E}{(1-2\mu)(1+\mu)}\big[(1-\mu)\varepsilon_\theta + \mu(\varepsilon_r + \varepsilon_z)\big] = \frac{E\varepsilon_\theta}{(1+\mu)}$$

$$= -\frac{E}{(1+\mu)r^2}\frac{R_{j0}R_{j1}^2\sqrt{R_z^2-R_{j1}^2+R_{j0}^2}-R_{j0}^2R_z^2}{R_{j1}^2-R_{j0}^2}$$

裸眼扩张式封隔器胶筒在膨胀坐封过程中,当高压压裂管内的注入压力等于胶筒的径向应力 σ_r 时,胶筒与钻孔孔壁开始接触;当注入压力大于胶筒的径向应力时,裸眼扩张式封隔器胶筒与裸眼钻孔孔壁紧密接触,胶筒将高压压裂管内的注入压力传递到钻孔孔壁。

③ 裸眼扩张式封隔器胶筒与孔壁间作用力分析

裸眼扩张式封隔器胶筒在管柱内高压压裂液作用下,沿径向不断拓展,与裸眼孔壁紧密贴合形成环形空间,工作原理相对简单。封隔器坐封后轴向作用力相对较小,但其抗蠕动性差,轴向作用力来源于裸眼封隔器胶筒与钻孔孔壁间的摩擦力[135-137]。摩擦力越大,密封效果越好,抗蠕动性越强。摩擦力与胶筒的工作压力呈正比关系,但若无限制地增大摩擦力,则会使胶筒的工作压力过大,引发胶筒失效。摩擦力过小,裸眼密封效果较差,且在压裂过程中容易诱发压裂失效或工具窜出等问题。因此,分析封隔器胶筒与孔壁之间摩擦力的力学规律非常重要。

裸眼扩张式封隔器工作过程整体分为 3 个阶段:胶筒与裸眼钻孔孔壁未接触、胶筒与裸眼钻孔孔壁刚刚接触(接触压力为 0)、胶筒与裸眼钻孔孔壁紧密接触(接触压力大于 0)。其中,前两个阶段尚未产生接触摩擦力,第 3 个阶段胶筒与裸眼钻孔孔壁的紧密接触产生了摩擦力,此时裸眼封孔胶筒端部的轴向拉力等于封隔器胶筒工作面的轴向拉力与摩擦力之和。本书对第 3 个阶段产生的摩擦力进行分析。

裸眼扩张式封隔器胶筒与裸眼钻孔孔壁紧密接触后,根据几何尺寸分析可知:

$$l = \frac{L-L_0}{2} \tag{3-16}$$

$$\tan\varphi_1 = \frac{2(\sqrt{R_z^2-R_{j1}^2+R_{j0}^2}-R_{j0})}{L-L_0} \tag{3-17}$$

$$\tan\varphi_2 = \frac{2(R_z-R_{j1})}{L-L_0} \tag{3-18}$$

式中　l——变形前六面体单元到胶筒端点的距离;

　　　L_0——胶筒的有效工作长度;

　　　φ_1——胶筒端部剖面内侧与对称轴之间的夹角;

　　　φ_2——胶筒端部剖面外侧与对称轴之间的夹角;

　　　L——胶筒的总长度。

当胶筒刚刚接触到孔壁时,胶筒中间部分工作面产生的轴向应力 F_1 为:

$$F_1 = \frac{2\pi ER_z}{(1+\mu)}\frac{(R_z-R_{j0})^2}{R_{j1}^2-R_{j0}^2}(R_z-R_{j0}) \tag{3-19}$$

随着封隔器工作压力的不断增大,胶筒与裸眼钻孔孔壁开始紧密接触,胶筒端部产生的轴向应力持续增大,胶筒与孔壁间产生摩擦力,此时胶筒端部的轴向应力 F_2 等于胶筒中间部分工作面的轴向应力与摩擦力之和。根据式(3-16)~式(3-18)可知:

$$F_2 = \frac{2\pi E}{(1+\mu)}\frac{R_zR_{j1}-R_{j0}\sqrt{R_z^2-R_{j1}^2+R_{j0}^2}-(R_{j1}^2-R_{j0}^2)}{R_{j1}^2-R_{j0}^2}\left[\sqrt{R_z^2-R_{j1}^2+R_{j0}^2}-(R_z-R_{j0}+R_{j0})\right]$$

$$\tag{3-20}$$

胶筒端部的轴向应力 F_2 沿径向的分力与封隔器内部压力相等,沿轴向的分力与摩擦力相互作用。当封隔器进行坐封工作时,胶筒逐步向外扩张,其几何尺寸与摩擦力有着密切联系。胶筒端部的轴向应力沿轴向的分力 F_3 与胶筒中间部分工作面的轴向应力 F_1 之差就是胶筒与裸眼钻孔孔壁之间的摩擦力。根据几何关系可以求得胶筒端部的轴向应力沿轴向的分力 F_3,即

$$
\begin{aligned}
F_3 &= F_2 \cos\arctan\frac{\sqrt{R_z^2 - R_{j1}^2 + R_{j0}^2} + R_z}{L - L_0} \\
&= \frac{2\pi E}{(1+\mu)}\frac{R_z R_{j1} - R_{j0}\sqrt{R_z^2 - R_{j1}^2 + R_{j0}^2} - (R_{j1}^2 - R_{j0}^2)}{R_{j1}^2 - R_{j0}^2}\left[\sqrt{R_z^2 - R_{j1}^2 + R_{j0}^2} - (R_z - R_{j0} + R_{j0})\right]\cdot \\
&\quad \cos\arctan\frac{\sqrt{R_z^2 - R_{j1}^2 + R_{j0}^2} + R_z}{L - L_0}
\end{aligned}
\tag{3-21}
$$

根据式(3-14)和式(3-16)可知,胶筒与裸眼钻孔孔壁之间的摩擦力 F_f 为:

$$
F_f = \frac{2\pi E(\lambda_1 - \lambda_2)}{(1+\mu)}
\tag{3-22}
$$

式中:

$$
\lambda_1 = \frac{\left[R_z R_{j1} - R_{j0}\sqrt{R_z^2 - R_{j1}^2 + R_{j0}^2} - (R_{j1}^2 - R_{j0}^2)\right]\left[\sqrt{R_z^2 - R_{j1}^2 + R_{j0}^2} - (R_z - R_{j0} + R_{j0})\right]}{R_{j1}^2 - R_{j0}^2}\cdot
$$

$$
\cos\arctan\frac{\sqrt{R_z^2 - R_{j1}^2 + R_{j0}^2} + R_z}{L - L_0}
$$

$$
\lambda_2 = \frac{R_z(R_z - R_{j0})^2(R_z - R_{j0})}{R_{j1}^2 - R_{j0}^2}
$$

式(3-22)给出了根据几何尺寸计算封隔器胶筒与裸眼孔壁之间摩擦力的方法。不同坐封压力下封隔器胶筒的有效工作长度不同。通过测量封隔器胶筒的有效工作长度可定量测算封隔器胶筒与裸眼钻孔孔壁之间摩擦力的大小。

④裸眼扩张式封隔器设计

根据以上分析,结合封隔器整体功能需求设计了裸眼扩张式封隔器。其为水力扩张式封隔器,通过高压压裂液进入胶筒增压坐封,当停止高压液注入后,胶筒液体回流卸压解封。胶筒由丁腈橡胶制作而成,由多层高强度钢带缠绕,裸眼密封能力强。从该裸眼扩张式封隔器的坐封与解封方式来看,其工作过程无须机械运动[138-139],在水平井和斜井中作业具有优势。裸眼扩张式封隔器的具体组成如图 3-14 所示。

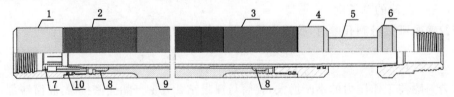

1—上接头;2—胶筒左接头;3—胶筒右接头;4—活塞;5—中心管;
6—下接头;7—防沙套;8—锁紧机构;9—复合密封胶筒;10—O 形圈。

图 3-14　裸眼扩张式封隔器

(2) 定压释放及可控安全分离装置

定向长钻孔裸眼分段压裂采用单通道控制压裂施工方式。单通道压裂装置需要解决以

下技术难题:① 在封隔器坐封完成前,通道不能出现压裂段的卸压出水。② 在封隔器完成坐封后,在设定压力下,压裂通道打开,开始压裂作业。③ 裸眼钻孔压裂易在封隔器位置发生堵孔、塌孔现象,如处理不当会造成成套设备丢入孔内,经济损失大。

针对上述关键技术难题①和②,本书提出了以"压差"形成的"时间错动"效应为基础,依托具备低压、快速、均匀膨胀功能的坐封裸眼封隔器,开发了既定压力打开压裂通道的定压释放装置。该装置由上接头、调压环、垫片、弹簧垫片、密封凡尔、调节调压环组成,其三维设计图如图 3-15 所示。当管内压力高于设定压力后,密封凡尔被打开,管内外建立流通通道。在压裂施工过程中,可根据地层特征,调节弹簧预紧力,实现 8~20 MPa 的打开压力,这样能够保证封孔装置预先坐封,在设定压力下顺利开启压裂通道。

(a)   (b)

图 3-15　定压释放装置三维设计图

针对裸眼钻孔压裂易出现塌孔的问题,本书提出了安全可分离式丢开装置。其主要由上接头、弹簧爪、外套、芯子、下接头、剪钉等组成(图 3-16)。当工具在拖动使用过程中,出现孔内遇阻且不能解阻时,向压裂管柱内投入设定规格的低密度球体,通过高压压裂液输送至坐封球座,然后持续增压,当高压压裂管内压力升高至 8~12 MPa 时,固定剪钉被剪断,促使固定弹簧爪向下移动,实现前方压裂工具与后方装置丢开,从而退出后端所有装置。

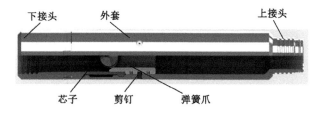

图 3-16　安全可分离式丢开装置设计图

(3)裸眼钻孔正反清洗装置

煤矿裸眼定向长钻孔的清洁程度直接影响封孔效果和装置寿命及施工的安全性。钻孔在钻进过程中孔内的沉渣和沉块极易造成堵孔,尤其是在遇到断层或破碎带等异常区域。封隔器胶筒坐封位置容易发生受损及密封不均匀问题,导致密封失败或降低密封性能。单段压裂施工完成后,孔内会形成大量粉渣或压裂碎块,如不及时处理,就易形成堵孔事故,导致压裂失败,严重时造成压裂成套工具丢入孔内。据此,研发了由正反洗控制器、投球装置和反洗井口等组成的定向长钻孔洗孔装置(图 3-17)。该装置可对钻孔进行正、反两向洗孔,保证孔内的清洁程度。反洗作业时,利用高压压裂泵将高压液体借助反洗井口进入孔壁和高压压裂管环空空间,高压液体到达孔底后,通过正反洗控制器流入高压压裂管环空空间,排出孔外,如图 3-18~图 3-20 所示。正洗作业与反洗作业相反,如图 3-21 所示。

(4)大排量、高压力、远程叮控压裂泵组系统

(a) 反洗井口　　　　　　　　　　(b) 投球装置　　　　　　　(c) 正反洗控制器

图 3-17　裸眼钻孔正反清洗装置

图 3-18　反洗井口泵注入高压水

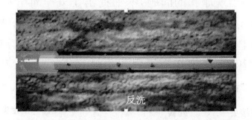

图 3-19　高压水通过压裂管和孔壁环空空间

图 3-20　高压水携岩渣进入高压压裂管内

图 3-21　正洗高压水通过压裂管

依据前期对研究区厚硬顶板基本特征和压裂裂缝拓展规律的分析可知,厚硬顶板弱化对压裂泵组输出排量和压力要求比较高,故笔者选择 BYW65/400 型可换挡煤矿井下压裂泵组系统。该系统由远程智能控制系统、高压压裂泵组(图 3-22)、视频监控系统(图 3-23)、数据存储系统(图 3-24)以及大排量、高压力、远程可控压裂泵组组成。其排量最大为 87.5 m³/h,输出压力最大为 70 MPa,根据施工需要,可在 2 km 以上的距离智能操作控制,具备数据自动存储和成图分析功能。此外,笔者还开发了挡位调控系统。其在不同厚硬顶板破裂压力与滤失性能条件下,能够实现不同排量和输出压力的调节,在保证压裂弱化改造的前提下,实现了安全可控的目的。

图 3-22　高压压裂泵组

图 3-23　视频监控系统

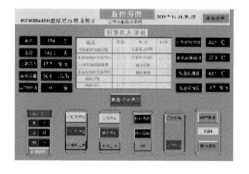

图 3-24　数据存储系统

3.2.3　定向长钻孔裸眼分段压裂孔内成套装置功能检测

（1）性能检测试验整体布设

在定向长钻孔裸眼分段压裂成套装置性能信息检测检验过程中,应根据性能检测需求的不同设置对应的试验,采用有针对性的方法和必要的数据分析以考察和获取裸眼分段压裂孔内成套装置的性能信息。通过各个关键部件的功能检测数据分析,对裸眼分段水力压裂装置进行优化和改进,以满足厚硬顶板裸眼分段压裂区域卸压改造的要求。检测试验主要检测封隔器膨胀坐封效果、定压释放装置定压打开功能,以及安全可分离装置在投球增压下的运行情况。

（2）室内检测试验

① 检测仪器及设备

为了对分段压裂成套工具膨胀封孔效果、定压释放功能及异常情况下安全分离等功能进行检测,并根据功能检测结果进行优化,试验通过多功能卧式试验机［图 3-25（a）］和电动试压泵[图 3-25(b)]提供膨胀坐封、打压分离等动力,设备压力输出和监测能力达100 MPa,能够注入压力实时记录数据,并绘制曲线进行分析。试验配备液压丢手、定压节流器及封隔器等工具及其所需的封堵低密度球、套管等辅助材料,见表 3-1。

(a) 多功能卧式试验机   (b) 电动试压泵

图 3-25 室内检测动力设备

表 3-1 室内检测仪器及设备

试验设备		型号或规格	性能
动力设备	多功能卧式试验机	WDL-1000	压力 0～100 MPa
	电动试压泵	JT4DSY	压力 0～100 MPa
辅助材料	套管	ϕ139.7 mm×3 000 mm	内径 127.3 mm
	液压丢手剪钉	ϕ6.8 mm	—
	低密度球	ϕ54 mm	耐压 20 MPa 以上
部件	液压丢手	YYDS-91	丢开压力 18 MPa
	定压节流器	JLQ-91	开启压力 2～16 MPa
	封隔器	K344-91	坐封压力大于 2 MPa

② 检测结果

厚硬顶板岩层成孔平直、光滑,且钻孔稳定性好,因此,将内径为 127.3 mm 的套管等效为井下裸眼钻孔,通过人工输送将外径为 89 mm 的封隔器推送至设计位置,在上接头、下接头与套管环空空间及封隔器胶筒腔体内设置压力传感器,分步错时地进行密封能力及膨胀坐封能力检测。封隔器密封效果检测如图 3-26 所示。

首先利用电动试压泵不断向封隔器胶筒内部增压,随着时间的推移,压力不断增大,当压力增大至 70.0 MPa 时,进行径向承压检测,通过近 1 000 s 持续稳压检测可知,封隔器径向密封能力达 70.0 MPa,如图 3-27 所示。在供压 500 s 后,开启电动泵的第二输出端,向封隔器上接头与套管环空空间增压,以检测封隔器胶筒在套管走向的密封能力。随着电动泵压力的不断注入,当压力逐步增大至 70.0 MPa 时进行 250 s 的稳压检测,以检测封隔器由套管外部向套管内部方向的径向密封能力。完成检测后停泵,切换压力输入端,向下接头与套管环空空间内注入压力,当压力逐步增大至 70.2 MPa 时进行稳压检测,以测试封隔器由套管内部向外部方向的径向密封能力。通过以上检测可知,封隔器在套管走向和径向的密封能力均达 70.0 MPa 以上。

(a) 封隔器开始进入套管

(b) 封隔器已进入套管

(c) 封隔器试压

图 3-26 封隔器密封效果检测

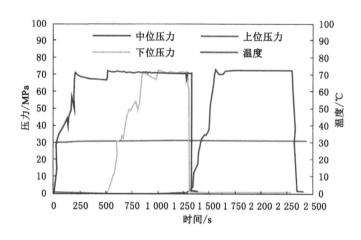

图 3-27 封隔器密封效果检测压力曲线

按照定压释放压力设定要求,对动力弹簧进行限位及行程调整,并利用固定平台将定压释放装置限位固定,如图 3-28(a)所示,然后与电动试压泵连接,逐步增大压力。当注入压力50 s 后,泵注压力达 6.8 MPa,动力弹簧被压缩,压裂注液通道开启,如图 3-28(b)所示。使泵组维持 240 s 的开启状态,然后停泵,使弹簧恢复至原始状态,这一过程的压力检测曲线如图 3-28(c)所示。整个试验验证了定压释放装置的控压释液能力,并检验了装置的稳压输出性能。

安全分离装置是在裸眼钻孔发生遇阻等突发情况时,通过泵送液压将封堵低密度球送至安全上、下压差面,然后通过泵注增压,使滑套发生水平运移,促使销钉被剪断,弹性爪收缩,释放丢手锁块,从而实现孔内成套工具自动分离的装置。按照安全丢开压力的设定要求,对称放置直径为 6.0 mm 的动力销钉,利用固定平台将安全分离装置限位固定,并与高压压裂泵组连接进行试验,如图 3-29 所示,然后投入设定规格的低密度球,压裂液将促使注入压力逐步增大。当注入时间达 108 s 时,泵注压力达 17.6 MPa,动力销钉被剪断,如图 3-30 所示,泵注压力大幅度减小(图 3-31),从而实现安全分离装置的打开和工具的安全回收。

(a) 定压释放装置安装   (b) 定压释放装置检测

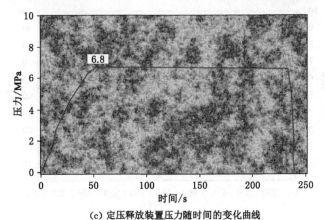

(c) 定压释放装置压力随时间的变化曲线

图 3-28　定压释放装置功能检测

图 3-29　安全分离装置装架试验

(a) 安全分离装置试压前

(b) 安全分离装置试压后

图 3-30　安全分离装置试压前后状态

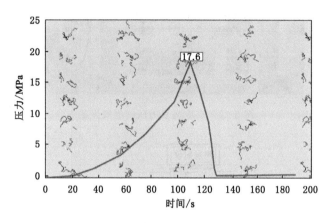

图 3-31　安全分离装置压力随时间的变化曲线

3.3　压裂裂缝扩展物理模拟试验

3.3.1　压裂裂缝扩展物理模拟试验装置

本书基于前述神东矿区布尔台煤矿煤层顶板厚硬砂岩地质和力学特征分析,结合研究区地应力测试结果(σ_v 为 18.15 MPa,σ_H 为 11.31 MPa,σ_h 为 9.31 MPa),在中国石油大学(北京)采用三轴围压条件下水力压裂模拟设备(图 3-32)进行压裂裂缝扩展模拟试验。该系统主要由地应力模拟系统、压裂泵注系统及声发射系统组成(图 3-33)。设备最大压裂压力为 50 MPa,三向加载最大压力为 40 MPa,水力压裂模型规格为 300 mm×300 mm×300 mm,压裂液类型包括水、油。

水力压裂泵注系统采用的是 HDH-100A 型双缸恒速恒压泵。它可不间断进行试件注液增压,最大加载速率为 30 mL/min,最大注入压力为 50 MPa,单次注液量最高达 500 mL。压裂液泵注系统每秒最多采集 20 个数据点,最高采集频率为 20 Hz,记录的数据包括注入压力、泵入流量、时间等,并能对数据进行相应的分析。利用声发射检测仪对水力裂缝扩展过程进行监测。该仪器为集中式 10 通道声发射检测仪,其声发射振幅门槛值为 35 dB,采集频率为 2 MHz,使用波形图、频率图、参数表和定位图对试验信号进行采集和分析。

3.3.2　物理模型制作

(1) 相似材料及其配比

① 模拟试验中的相似准则

本书基于克利夫顿裂缝延伸控制方程进行压裂裂缝相似模拟试验,为了便于相似理论

图 3-32　高应力水力压裂模拟设备

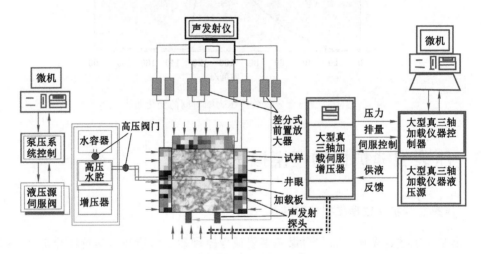

图 3-33　室内真三轴分段水力压裂模拟系统

的分析和应用,假设压裂液为牛顿液体。通过弹性平衡方程、连续性方程、压力梯度方程及裂缝扩展条件进行无量纲处理,整理可得到相关参数的相似比,即

$$\frac{c_{\mathrm{KIC}}}{c_{\mathrm{E}}\sqrt{c_{\mathrm{L}}}} = 1 \tag{3-23}$$

式中,c_{KIC}、c_{E}、c_{L} 分别为试验室条件下与实际条件下断裂韧性值、弹性模量、长度的相似比。

由式(3-23)可得:

$$\frac{1}{c_{\mathrm{L}}} = \left(\frac{c_{\mathrm{E}}}{c_{\mathrm{KIC}}}\right)^{2} \tag{3-24}$$

将 $c_{\mathrm{KIC}}=0.06$,$c_{\mathrm{E}}=0.5$ 代入上式即可得到长度的相似比 $c_{\mathrm{L}}=64$。

② 模型配比选择

根据研究区岩石力学参数测试结果,结合相似理论,以煤、膏、灰作为泥岩等软岩的原料基础,灰、砂为常规砂岩及厚硬砂岩的原料基础,通过不同原料质量配比条件下的弹性模量、泊松比和抗压强度等力学参数正交试验结果分析(表 3-2、表 3-3 和图 3-34～图 3-37),选定煤∶膏∶灰=1∶4∶1 的原料质量配比模拟泥岩等软岩,灰∶砂=2∶1 的原料质量配比模拟常规砂岩,灰∶砂＝1∶1的原料质量配比模拟厚硬砂岩。

表 3-2　人工软岩力学参数试验结果

试件编号	原料质量配比	长度/mm	直径/mm	弹性模量/GPa	泊松比	单轴抗压强度/MPa
C1-1	煤∶灰∶膏＝2∶1∶0	50.04	25.31	0.89	0.32	5.03
C2-1	煤∶灰∶膏＝1∶1∶0	50.27	25.35	1.48	0.37	7.65
C3-1	煤∶灰∶膏＝1∶2∶0	50.10	25.08	4.07	0.28	15.09
C4-1	煤∶灰∶膏＝1∶4∶1	50.22	25.48	6.62	0.34	14.66
C5-1	煤∶灰∶膏＝4∶1∶1	50.16	24.54	0.05	0.25	0.95
C6-1	煤∶灰∶膏＝2∶0∶1	49.56	24.71	0.07	0.33	1.10
C7-1	煤∶灰∶膏＝1∶0∶1	50.19	25.11	0.51	0.29	3.09
C8-1	煤∶灰∶膏＝2∶1∶1	50.11	25.14	0.36	0.31	2.38

表 3-3　人工厚硬砂岩力学参数试验结果

试件编号	原料质量配比	长度/mm	直径/mm	弹性模量/GPa	泊松比	单轴抗压强度/MPa
A-1	灰∶砂＝4∶1	49.86	25.16	9.55	0.20	46.68
B-1	灰∶砂＝3∶1	49.67	24.91	8.77	0.22	47.21
C-1	灰∶砂＝2∶1	50.10	24.52	8.54	0.24	35.16
D-1	灰∶砂＝3∶2	49.50	25.15	10.01	0.22	46.82
E-1	灰∶砂＝1∶1	49.83	24.66	11.38	0.21	49.49
F-1	灰∶砂＝2∶3	49.51	25.18	10.99	0.18	46.00
F-2	灰∶砂＝1∶2	49.82	25.10	4.40	0.28	7.08
G-1	灰∶砂＝1∶3	49.72	25.21	1.42	0.23	5.37

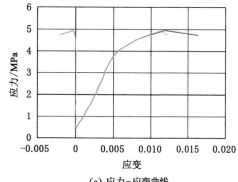

(a) 试验前　　　　(b) 试验后　　　　(c) 应力-应变曲线

图 3-34　C2-1 样品测试结果

(2) 模型制备

基于以上分析可知,试件用水泥、石膏、石英砂、水在不同质量配比条件下分三层浇筑而

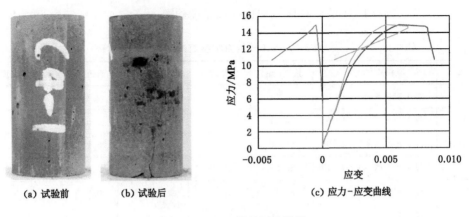

(a) 试验前　　(b) 试验后　　(c) 应力-应变曲线

图 3-35　C4-1 样品测试结果

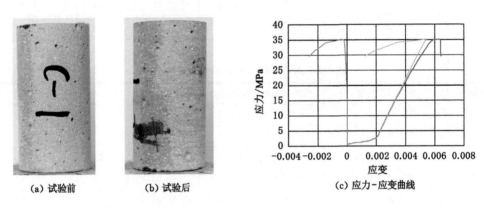

(a) 试验前　　(b) 试验后　　(c) 应力-应变曲线

图 3-36　C-1 样品测试结果

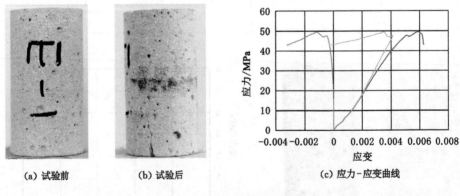

(a) 试验前　　(b) 试验后　　(c) 应力-应变曲线

图 3-37　E-1 样品测试结果

成。井筒分两段事先预制好，埋入水泥试件中。试件标准尺寸为 300 mm×300 mm×300 mm。在预制试件时，首先将两段井筒和声发射槽预先埋入模具中，分别如图 3-38 和图 3-39 所示，待分层浇筑水泥砂浆后将其位置固定。

先浇筑第一层水泥砂浆，其厚度为 10 cm，然后模拟第一层分层界面，如图 3-40 所示。将分层界面整平后静置 1 h，然后浇筑第二层水泥砂浆，如图 3-41 所示。待浇筑完成后整平

图 3-38　井筒预先埋入模具　　　　　　　图 3-39　声发射槽预先埋入模具

表面,静置 2 d 后拆除模具,对试件进行持续养护 14 d 后,进行分段穿层压裂物理模拟试验。模具预制分层试件效果如图 3-42 所示。

图 3-40　预制第一层分层试件(厚度 10 cm)　　　图 3-41　预制第二层分层试件(厚度 20 cm)

图 3-42　模具预制分层试件效果

待模具中的人工试件静置 15 d 后,粘接试件的水泥基本上已完全水化固结,此时对试件进行声发射孔眼和线槽的定位。其中,声发射孔眼的直径为 25 mm、深度为 35 mm,其用来放置声发射探头。然后,采用云石机对试件进行割槽,割槽宽度为 20 mm,深度为 30 mm

左右,其用来放置声发射传感器探头线路。加工完成后的试件如图 3-43 所示。井筒井眼和井眼底部割槽完成后,一定要及时清理孔眼中的岩屑,避免后续岩屑附着在井壁上,不利于井筒的粘接。加工完成后,将试件在室内静置 3 d 左右,直至井筒内水分完全干燥。

图 3-43　孔眼和割槽加工完成后的试件

3.3.3　物理模拟试验方案

为研究不同地质条件(水平应力差、覆岩结构、结构面胶结强度)和工程因素(泵注排量、压裂段间距)下压裂裂缝发育特征,开展了真三轴水力压裂室内物理模拟试验,搭建了不同条件下分段压裂模拟模型,对分段压裂裂缝发育特征进行了对比分析,获得了人工裂缝结构面的形成过程及关键控制参数。试验方案见表 3-4。

表 3-4　物理模拟压裂试验方案

| 序号 | 试样编号 | 地应力/MPa | | | 排量/(mL/min) | 压裂段间距/cm | 覆岩结构 | 结构面胶结强度/MPa | 研究因素 |
		σ_v	σ_H	σ_h					
1#	S-4	18.15	9.81	9.31	2	5	"上双下硬"	1.00	水平应力差
2#	S-5		10.31						
3#	S-8	18.15	11.31	9.31		5	"上硬下软"	1.00	覆岩结构
4#	S-9						"上软下硬"		
5#	S-10						"上双下软"		
6#	S-11	18.15	11.31	9.31	2	5	"上双下硬"	0.75	结构面胶结强度
7#	S-12							0.50	
8#	S-1	18.15	11.31	9.31	2	5	"上双下硬"	1.00	泵注排量
9#	S-2				3				
10#	S-3				4				
11#	S-6	18.15	11.31	9.31	2	3	"上双下硬"	1.00	压裂段间距
12#	S-7					4			

本书主要利用声发射监测定位系统、压裂块体剖切法、泵压曲线分析法进行压裂裂缝扩展效果监测。

(1) 声发射监测定位系统

对于波速均匀、各向同性的均匀材料,声发射信号传播的走时方程如式(3-25)所示:

$$\sqrt{(X_i - X)^2 + (Y_i - Y)^2 + (Z_i - Z)^2} = (t_i - t)v \tag{3-25}$$

式中 X_i、Y_i、Z_i——第 i 个传感器的三维坐标;

  X、Y、Z——声发射源的三维坐标;

  t_i——信号到达第 i 个传感器的时间;

  t——信号从声发射源传出的时间;

  v——信号在材料中的传播速度。

虽然在实际应用中,混凝土材料不是严格的各向同性均匀材料,但是当材料总体上差异不大时,一般仍采用均匀各向同性速度模型来计算。当波速未定时,三维定位的未知量共有5个,分别为 X、Y、Z、t 和 v。因此,理论上只要有5个传感器收到声发射信号就可以进行声发射源的三维定位。

一般情况下,声发射信号在材料中的传播速度可以由断铅试验来测定,因此,最少通过4个空间分布的传感器即可实现三维定位。声发射源常因到达时间识别不准确、波速不均匀、存在背景噪声等因素的影响,定位精度不高。为解决这一问题,在声发射源定位中,首先使用尽可能多的传感器建立超定方程组,然后应用最小二乘法求解,以消除随机误差的影响。

试验过程采用8通道 PCI-2 型声发射监测系统。该系统探头直径6 mm,布置在压裂试样前后表面,实时观测厚硬顶板压裂过程中变形损伤过程内部人工裂缝的萌生、扩展和演化过程。

(2) 压裂块体剖切法

根据三轴围岩下压裂试验样品切开后对裂缝状态的观测,压裂钻孔附近形成的压裂裂缝可分为3类:单一横向裂缝、多条横向裂缝和纵横交叉裂缝。在试验中,横向裂缝指与井筒轴线垂直的裂缝,纵向裂缝指与井筒轴线平行的裂缝。下面结合压裂后对试样的剖切、泵压曲线特征和声发射监测结果对3类裂缝进行描述。

对于裂缝的描述和规律分析,剖切法是最为直观有效的方法。试验采用 PQ-3 型大尺寸岩心自动剖切机切割压裂完成后的试件。需要注意的是,剖切面的方向要垂直于预设裂缝面方向,以避免剖切面与裂缝面平行,导致在试件剖面上观察不到裂缝分布情况。因此,首先选取沿井筒位置从中间垂直于裂缝面方向剖切试件,观察裂缝高度分布情况,然后沿着层面凿开试件,观察裂缝长度分布情况,如图 3-44 所示。图中裂缝 I 长度为 h_1,裂缝 II 长度为 h_2。

(3) 泵压曲线分析法

根据现有体积压裂破裂理论,在井下压裂施工过程中,可通过压力曲线变化判识压裂施工过程中的裂缝延伸情况。压裂压力曲线主要反映施工注水压力与时间的动态变化关系。在压裂施工过程中,压力与时间的动态变化关系反映了压裂液与地层的相互作用及裂缝发育、延展的情况。试验利用伺服泵系统,结合压力传感装置,在压裂试验实施过程中,对注入压力和流量进行实时监测和记录,对压裂效果进行监测分析评价。

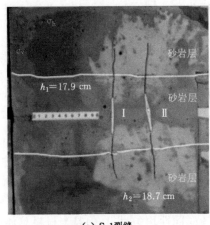
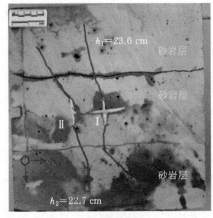

(a) S-1裂缝   (b) S-2裂缝

图 3-44　试件剖切裂缝扩展剖面图

3.4　水力压裂物理模拟试验结果分析

3.4.1　水平应力差对裂缝扩展的影响

研究表明,水平地应力的大小是影响水力压裂裂缝能否穿越天然结构面的关键因素,水力压裂裂缝会平行于最大主应力方向延伸[140-142],而在水力压裂物理模拟试验研究中,在射孔和复杂地质状况条件下,难以达到理论分析中的理想条件,水力压裂裂缝形态特征及延伸路径也会发生一定的变化。

为了分析水平应力差对水力压裂裂缝扩展规律的影响,共设计了 3 种参数模型(图 3-45)进行研究。研究区垂直主应力 σ_v 为 18.31 MPa,设计最大水平主应力分别为 9.81 MPa、10.31 MPa 和 11.31 MPa,最小水平主应力为 9.31 MPa,应力差分别为 0.5 MPa、1.0 MPa、2.0 MPa。除了以上参数外,还设计了"上硬下硬"覆岩结构,其注水流量为 2 mL/min,压裂段间距为 5 cm,结构面胶结强度为 1.00 MPa。

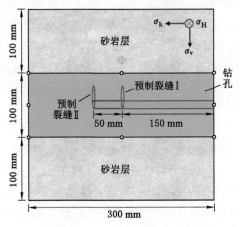

图 3-45　不同应力差条件下压裂模拟试件示意图

不同压力差条件下的注液压力变化曲线及裂缝扩展特征分别如图 3-46 和图 3-47 所示。

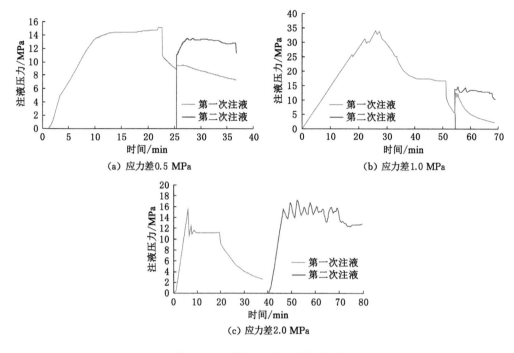

（a）应力差 0.5 MPa　　（b）应力差 1.0 MPa

（c）应力差 2.0 MPa

图 3-46　不同应力差压裂曲线规律

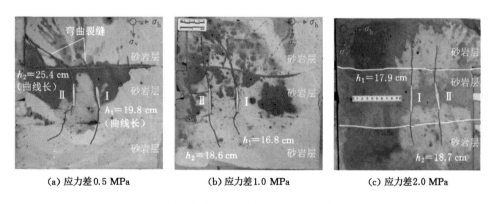

（a）应力差 0.5 MPa　　（b）应力差 1.0 MPa　　（c）应力差 2.0 MPa

图 3-47　不同应力差裂缝扩展规律

由图 3-46 可知，在水平应力差为 0.5 MPa 的条件下，进行第一段压裂试验时，当注入压力达 15.8 MPa 时，注水压力突降至 8.2 MPa，降幅达 7.6 MPa，形成了有效压裂裂缝。伴随压裂持续进行，此时泵注压力依然大于岩石破裂压力，形成了二次注水压裂压力峰值及压力降；进行第二段压裂试验时，当注入压力达 13.9 MPa 时，注水压力突降至 10.8 MPa，起裂难度相比第一段压裂明显降低，但压裂注水压力降幅也呈现减小趋势。水力压裂试验完成后，沿钻孔位置对试样进行剖切，模型 S-4 样品形成了两条弯曲穿层水力压裂裂缝。裂缝 I、II 的弯曲长度分别为 19.8 cm 和 25.4 cm，裂缝平行于最大主应力方向并延伸一定长度后与层理面相交，沿层理面方向滑移延伸至试样边界，且在层理面位置发生弯曲变向，如

图 3-47(a)所示。

当水平应力差增大为 1.0 MPa 时,进行第一段压裂试验。随着压裂液的不断注入,泵注压力快速上升至 36.0 MPa,注水压力降低,呈类对数函数特征变化趋势。随着压裂液的不断注入,泵注压力提升至 14.2 MPa,然后降低至 3.0 MPa,形成了二次注水压力峰值及压力降。其原因为第一段压裂形成的大规模宏观裂缝,在泵注排量一定的情况下,难以迅速充满裂缝空间,但整体上裂缝空间在充满过程中压力降低速率远小于模型 S-4。第二段压裂过程中受到首段压裂裂缝的"应力阴影"效应干扰,起裂难度降低,裂缝方向由模型 S-4 的弯曲状态向平直状态转变,压裂裂缝形成了有效穿层扩展,如图 3-47(b)所示。

当水平应力差为 2.0 MPa 时,随着泵注排量的增大,泵注压力在 5 min 内迅速升高至 15.79 MPa,并发生压力突降,在后续压裂中形成"锯齿状"波动变化趋势,裂缝方向为平直延伸,裂缝长度达 18.7 cm。第二段压裂试验相比第一段压裂试验泵注压力缓慢上升,当泵注压力达到 16.58 MPa 时,出现 2.2 MPa 的压力骤降,且随着压裂试验的进行,注入压力呈明显的"大幅锯齿状"变化趋势,压裂主缝长度为 17.9 cm,并发育有不同规模的次级裂缝,如图 3-47(c)所示。

3.4.2 覆岩结构对裂缝扩展的影响

为了分析不同覆岩结构对水力压裂裂缝扩展规律的影响,共设计了 3 种覆岩结构模型(图 3-48)进行研究。模型垂直主应力 σ_v 为 18.31 MPa,最大水平主应力为 11.31 MPa,最小水平主应力为 9.31 MPa。除了以上参数外,注水流量为 2 mL/min,压裂段间距为 5 cm,结构面胶结强度为 1.0 MPa。裂缝扩展特征及注液压力随时间的变化曲线分别如图 3-49 和图 3-50 所示。

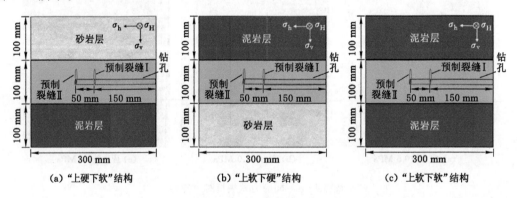

图 3-48　不同覆岩结构条件下的压裂模拟试件示意图

通过对不同覆岩结构压裂试验分析可知,在"上硬下软"结构条件下,随着注水压力的不断升高,当其达到 16.8 MPa 时,压力突降至 13.2 MPa,然后随着压裂液的注入,再次发生压降事件,形成次级规模裂缝。进行第二段压裂试验时,破裂难度有所提高,压力骤降更明显,整体裂缝长度由第一段的 17.3 cm 增大至 18.4 cm,裂缝呈非对称发育形态和"上垂直、下弯曲"特征,在上覆砂岩中位平直扩展,在压裂层与泥岩层理面位置转向,并向最大水平主应力方向靠近。

在"上软下硬"覆岩结构条件下,第一段压裂试验时,当泵注压力达 33.5 MPa 时,压力

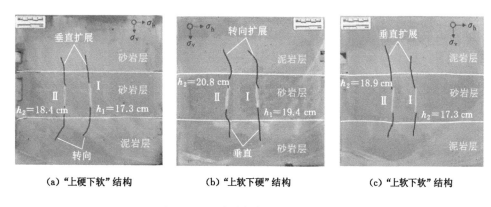

图 3-49　不同覆岩结构裂缝扩展规律

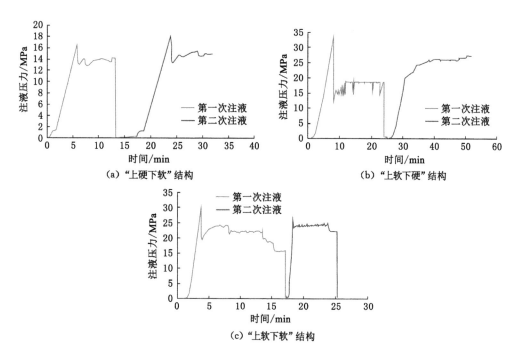

图 3-50　不同覆岩结构条件下注液压力随时间的变化曲线

突降至 12.8 MPa,形成一级宏观裂缝,裂缝长度达 19.4 cm。此时,泵注排量依然大于试样滤失量,并逐步充满裂缝空间,发生不同程度的"锯齿状"泵注压力变化趋势,形成不同长度的次级裂缝。在第二段压裂试验时,压裂起裂难度降低,裂缝均穿过层理面,"上软下硬"结构下压裂裂缝在上覆泥岩中发生转向,并且在第二段压裂试验时,裂缝在砂岩与泥岩层理面附近发生转向,但整体弯曲幅度不大,分析认为该现象产生的原因是第一段压裂裂缝的诱导影响。

在"上软下软"覆岩结构条件下,第一段和第二段压裂试验均在 5 min 内泵注压力达到峰值(第一段压裂试验为 30.2 MPa、第二段压裂试验为 26.8 MPa),并发生压力突降;之后,随着压裂试验的持续实施,压裂曲线呈不同程度的"锯齿状"变化趋势,最终形成长度分别为 17.3 cm 和 18.9 cm 的压裂主裂缝,压裂裂缝呈"平直"延伸发育特征,在泥岩中裂缝发育长度相对砂岩减小。岩石是压裂裂缝扩展的介质，其物理力学性质必然会影响裂缝的形态及扩展路径。研究成果表明，岩石具有的力学性质在一定程度上与其矿物成分密切相关，尤其是脆性矿物含量是影响裂缝形态的重要因素。本次试验覆岩中泥岩的脆性矿物含量相对较低，故造成压裂形成的裂缝长度整体较小。

3.4.3 结构面胶结强度对裂缝扩展的影响

结构面的存在是导致岩石物理力学性质存在差异的重要原因之一，它能够直接影响压裂裂缝的复杂程度及长度[143-145]。首先，因压裂裂缝具有沿着平行于最大主应力方向延伸的特点，结构面胶结强度相对较低，甚至部分结构面呈微张开状态，且摩擦系数普遍较小，极易促进压裂裂缝的延伸。

为了分析不同结构面胶结强度对水力压裂裂缝扩展规律的影响，共设计了 3 种结构面胶结强度模型(图 3-51)进行研究。模型垂直主应力 σ_v 为 18.31 MPa，最大水平主应力为 11.31 MPa，最小水平主应力为 9.31 MPa。除了以上参数外，注水流量为 2 mL/min，压裂段间距为 5 cm，覆岩结构类型为"上硬下硬"结构。裂缝扩展特征及注液压力随时间的变化曲线分别如图 3-52 和图 3-53 所示。

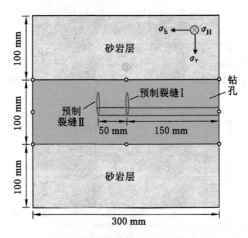

图 3-51　不同结构面胶结强度条件下压裂模拟试验

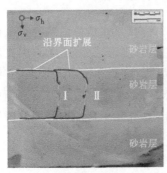

(a) 胶结强度0.50 MPa

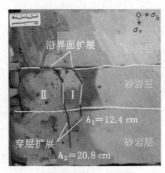

(b) 胶结强度0.75 MPa

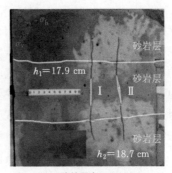

(c) 胶结强度1.00 MPa

图 3-52　不同结构面胶结强度条件下裂缝扩展规律

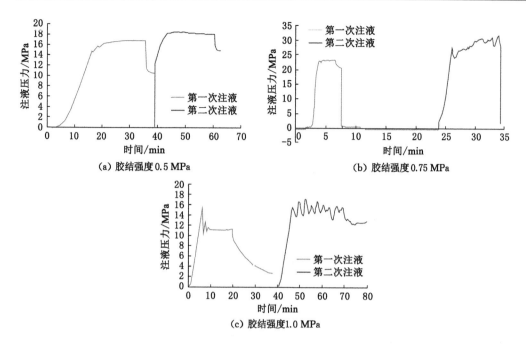

图 3-53 不同结构面胶结强度条件下注液压力随时间的变化曲线

在结构面胶结强度为 0.50 MPa 时,在相同的地应力和排量控制下,随着压裂液的不断注入,泵注压力不断升高,当注入压力达到 15.8 MPa 时,泵注压力出现波动,试样有裂缝发育。随着泵注压力不断增大,当压力维持在 16.2 MPa 15 min 左右后,裂缝快速延伸至层理面,并沿层理面延伸拓展,发生出水卸压现象,最终形成"工"字形裂缝,压裂裂缝未实现穿层发育。

在结构面胶结强度为 0.75 MPa 时,在相同的地应力和排量控制下,随着压裂液的不断注入,泵注压力不断升高。当注入压力达到 23.5 MPa 时,注水压力出现波动,试样有裂缝发育。随着泵注压力维持稳定,裂缝在压裂砂岩层位延伸,在向上覆砂岩拓展过程中沿层理面发育。在注水 7 min 时,产生明显压力降,下方裂缝快速穿越下部砂岩,当整体穿层在上层理面卸压出水后,终止发育,裂缝长度为 12.4 cm。当进行第二段压裂试验时,压力曲线出现两次压力突降现象,裂缝发育明显,裂缝长度为 20.8 cm。

在结构面胶结强度为 1.00 MPa 时,在相同的地应力和排量控制下,随着压裂液的不断注入,泵注压力不断升高,泵注压力在 5 min 内迅速增大至 15.79～16.58 MPa,压力曲线发生压力突降现象,并在后续压裂中呈"锯齿状"波动变化趋势,裂缝方向为平直延伸,长度为 17.9～18.7 cm,裂缝实现了层理面穿层发育。

3.4.4 压裂段间距对裂缝扩展的影响

在分段压裂试验过程中,每条张开的裂缝对围岩、邻近裂缝产生的附加应力场称为"应力影"[146-148]。它影响裂缝宽度和扩展路径,制约压裂裂缝的铺展和网状裂缝的形成规模,直接决定压裂改造防灾治灾效果。选择合适的压裂段间距可以有效避免或减弱该现象,规避后压裂的裂缝贯穿到已压裂的水力裂缝中[149-151]。

本次试验共设计了 3 种压裂段间距条件下的模拟模型（图 3-54），即压裂段间距分别为 3.0 cm、4.0 cm、5.0 cm。模型垂直主应力 σ_v 为 18.31 MPa，最大水平主应力为 11.31 MPa，最小水平主应力为 9.31 MPa，注水流量为 2 mL/min，胶结强度为 1.0 MPa，覆岩结构为"上硬下硬"结构。裂缝扩展特征及注液压力随时间的变化曲线分别如图 3-55 和图 3-56 所示。

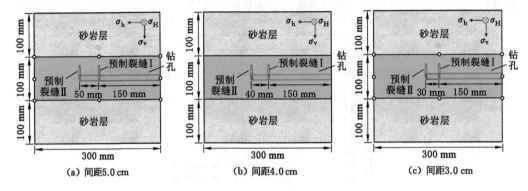

图 3-54　不同压裂段间距条件下压裂模型

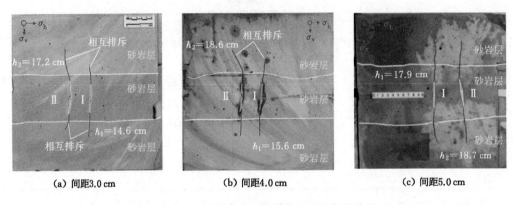

图 3-55　不同压裂段间距条件下裂缝扩展特征

在压裂段间距为 3.0 cm 的条件下，随着压裂液的注入，泵注压力不断升高，当泵注压力达到 17.5 MPa 时，压力突然降低至 2.5 MPa，随着压裂液的不断注入，泵注压力最大可达 2.8 MPa，无法形成二次有效压裂。第一段压裂裂缝实现了上下围岩的穿层，受到相邻钻孔及预制裂缝的影响，裂缝扩展规模较小，长度为 14.6 cm。在第二段压裂试验时，受到第一段压裂裂缝的影响，随着泵注时间的不断增加，缝间干扰应力增大，扰动范围更广，两条裂缝开始朝着相反的方向发生转向且转向角度不断变大，裂缝长度为 17.2 cm。在第一段压裂裂缝的干扰影响下，裂缝扩展呈"上长下短"的特征。

当压裂段间距增大到 4.0 cm 时，整体上缝间干扰效应减弱，两条压裂裂缝规模均增大，下伏岩层穿层裂缝平直发育，未有裂缝干扰现象，但上覆岩层二次压裂形成的裂缝明显地向反方向转向并发育，且随着裂缝的不断延伸，转向角度逐渐增大，直至裂缝终止发育。当压裂段间距增大至 5.0 cm 时，缝间干扰效应基本消除，两条压裂裂缝平直发育，裂缝规模明显增大，第一、二段压裂裂缝长度分别达 17.9 cm、18.7 cm。

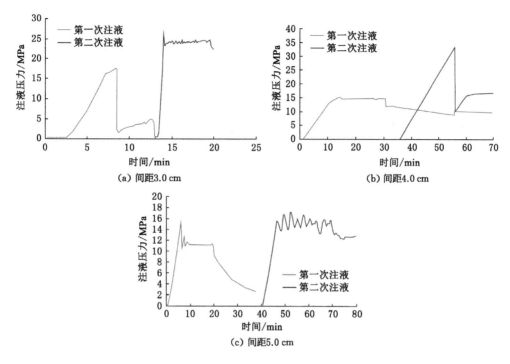

(a) 间距3.0 cm

(b) 间距4.0 cm

(c) 间距5.0 cm

图 3-56　不同压裂段间距条件下注液压力随时间的变化曲线

3.4.5　排量对裂缝扩展的影响

压裂液是水力压裂能量传播的媒介,也是岩层压裂成缝的能量来源[152-154]。在分段压裂改造过程中,通常采用较大泵注排量以扩大水力压裂裂缝的波及范围和提高应力卸压及转移效果,但受井下施工空间和水电供应限制,泵注排量不能无限增大。因此,本书针对此问题,提出了多点拖动式分段体积压裂方式,即在有限的压裂段空间内,采用逐段分级方式来减小单个密封空间体积和泵注排量,以实现大规模三维裂缝。

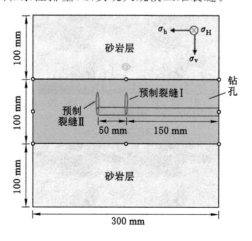

图 3-57　不同泵注排量压裂模型

为分析不同泵注排量条件下压裂裂缝的形成效果和特征,试验共设计 3 种不同泵注排量条件下的压裂模型进行分析(图 3-57),即泵注排量分别为 2 mL/min、3 mL/min、4 mL/min。模型垂直主应力 σ_v 为 18.31 MPa,最大水平主应力为 11.31 MPa,最小水平主应力为 9.31 MPa,注水流量为 2 mL/min,压裂段间距为 5.0 cm,胶结强度为 1.0 MPa,覆岩结构为"上硬下硬"结构。裂缝扩展特征及注液压力随时间的变化曲线分别如图 3-58 和图 3-59 所示。

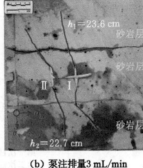
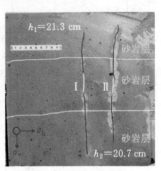

(a) 泵注排量 2 mL/min (b) 泵注排量 3 mL/min (c) 泵注排量 4 mL/min

图 3-58 不同泵注排量条件下裂缝扩展规律

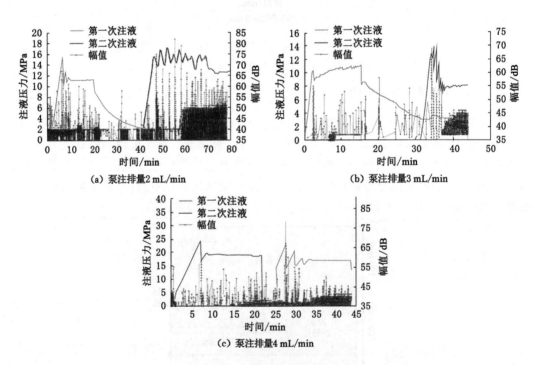

(a) 泵注排量 2 mL/min (b) 泵注排量 3 mL/min

(c) 泵注排量 4 mL/min

图 3-59 不同泵注排量条件下压裂及声发射曲线

通过分析可知,随着泵注排量的增大,压裂裂缝规模呈增大趋势,且在最大泵注排量为 4 mL/min 时,裂缝更为平直,整体克服了"应力阴影"效应。在泵注排量为 3 mL/min 的模型压裂过程中,裂缝并未完全按照预制射孔裂缝延伸,形成了水平裂缝和垂直裂缝发育的复合裂缝形态,且在岩层层理面发生了偏转现象,随着裂缝不断延伸,偏转角度不断增大。在第一段压裂试验裂缝偏转及干扰效应影响下,第二段压裂试验裂缝向层理面延伸,压裂裂缝逐渐发生偏转。

3.5 压裂裂缝扩展数值模拟及影响因素分析

水力压裂相似模拟试验揭示了三轴围压条件下,不同地质因素和施工因素的压裂裂缝拓展形态及穿层发育特征,但限于模型尺寸效应的影响,研究结果仍需进一步验证,且难以定量计算压裂裂缝体积及宽度等参数。随着计算模型及硬件的快速发展,通过数值模拟来分析压裂裂缝关键参数特征的方法已经得到普遍认可。相较于物理模拟,数值模拟具有效率高、成本低、重复性强、定量数据丰富等特点。本次采用ABAQUS软件应用扩展有限元方法,基于应力-渗流-损伤三场耦合的有限元数值模型,模拟顶板水平井分段压裂过程及裂缝形态,并根据结果进行裂缝扩展影响因素分析。

3.5.1 数值模拟试验方案

通过对不同储层条件和施工参数进行模拟详细划分,并考虑水平应力差、覆岩结构、泵注排量、压裂段间距等因素对水力压裂裂缝扩展形态的影响,设置的目标地层参数主要包括不同岩性的地应力、岩石强度、渗透率、弹性模量、泊松比等,且均以实际岩石力学参数和地应力测试得到的结果进行设置(表3-5)。数值模拟试验方案见表3-6。

表3-5　砂岩、泥岩地层参数设置

地层(岩性)	砂岩层	泥岩层(模拟煤层)
抗拉强度/MPa	2.14	0.84
弹性模量/GPa	28.90	16.47
抗压强度/MPa	102.16	7.84
泊松比	0.259	0.198
水平应力差/MPa	0.5/1.0/2.0	

表3-6　数值模拟试验方案

编号	水平应力差/MPa	覆岩结构	结构面强度/MPa	排量/(m³/min)	压裂段间距/m	研究因素
S-1				0.834		
S-2	2.0	泥岩-砂岩-泥岩	1.00	0.918	5.0	排量
S-3				1.000		
S-4	0.5					
S-5	1.0	泥岩-砂岩-泥岩	1.00	0.834	5.0	水平应力差
S-1	2.0					
S-6					3.0	
S-7	2.0	泥岩-砂岩-泥岩	1.00	0.834	4.0	压裂段间距
S-1					5.0	

表 3-6(续)

编号	水平应力差/MPa	覆岩结构	结构面强度/MPa	排量/(m³/min)	压裂段间距/m	研究因素
S-8		泥岩-砂岩-泥岩				
S-9	2.0	泥岩-砂岩-砂岩	1.00	0.834	5.0	覆岩结构
S-10		砂岩-砂岩-泥岩				
S-1			1.00			
S-11	2.0	泥岩-砂岩-泥岩	0.75	0.834	5.0	结构面胶结强度
S-12			0.50			

3.5.2　数值模拟试验结果

（1）水平应力差对裂缝扩展的影响

不同水平应力差条件下两级裂缝均能实现扩展，应力差直接影响裂缝的延伸方向及长度，如图 3-60、图 3-61 所示。第一段压裂后，Ⅰ级裂缝在水平应力差为 0.5 MPa 和 1.0 MPa 时，裂缝长度均为 24.4 m；当水平应力差增大至 1.5 MPa 时，裂缝长度略有增大，为 24.7 m。第二段压裂后，Ⅱ级裂缝由于起裂后受到应力干扰的影响，水力压裂裂缝扩展长度较小，在水平应力差为 0.5 MPa 和 1.0 MPa 时均为 13.4 m；当水平应力差增大至 1.5 MPa 时为 12.8 m。

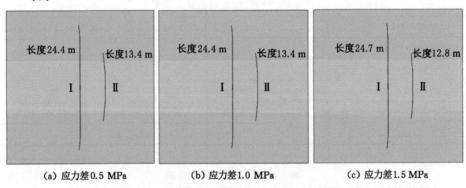

图 3-60　不同应力差条件下裂缝延伸结果

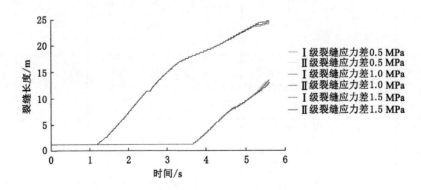

图 3-61　不同应力差条件下的裂缝长度

裂缝体积主要由注入泵注排量控制,因此在相同的泵注排量和注液时间下,不同应力差条件下的裂缝体积变化幅度较小,如图 3-62、图 3-63 所示。第一段压裂后,当 Ⅰ 级裂缝水平应力差为 0.5 MPa 时,裂缝体积为 0.022 7 m³,其余两种工况下裂缝体积为 0.023 6 m³。第二段压裂后,当 Ⅱ 级裂缝水平应力差为 0.50 MPa 时,裂缝体积为 0.023 44 m³,其余两种工况下裂缝体积为 0.024 7 m³。

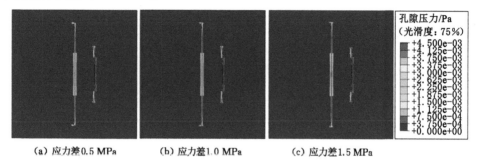

(a) 应力差 0.5 MPa　　　(b) 应力差 1.0 MPa　　　(c) 应力差 1.5 MPa

图 3-62　不同应力差条件下的数学模拟云图

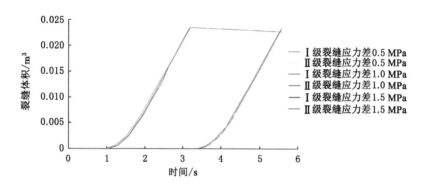

图 3-63　不同应力差条件下的裂缝体积

在相同的压裂段间距下,水平应力差为 0.50 MPa、0.75 MPa 和 1.00 MPa 时 Ⅰ 级裂缝扩展宽度均为 3.84 mm,而 Ⅱ 级裂缝扩展宽度分别为 4.35 mm、4.37 mm 和 4.45 mm,如图 3-64 所示。模拟结果显示,水平应力差对水力压裂裂缝扩展效果影响较小。

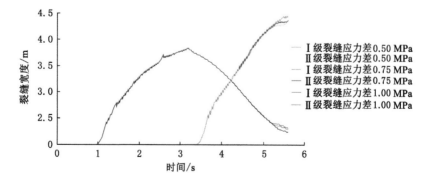

图 3-64　不同水平应力差条件下的裂缝宽度

（2）覆岩结构对裂缝扩展的影响

不同的覆岩结构均可实现水力压裂裂缝的扩展。根据裂缝扩展长度分析结果可知，在相同的工程因素条件下，水力压裂裂缝在厚硬砂岩中起裂，在结构面胶结强度差异条件下，更易在脆性较好的厚硬砂岩中扩展，如图 3-65 所示，且裂缝近似垂直于层间并扩展至边界。

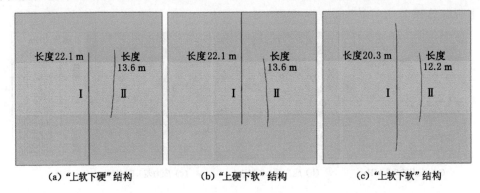

(a)"上软下硬"结构　　　　(b)"上硬下软"结构　　　　(c)"上软下软"结构

图 3-65　不同覆岩结构条件下水力压裂裂缝延伸效果

压裂裂缝自压裂目标层向硬层（砂岩层）中扩展时，在"上软下硬"结构和"上硬下软"结构条件下，Ⅰ级裂缝长度为 22.11 m；在"上软下软"结构条件下，Ⅰ级裂缝长度为 20.26 m，如图 3-66 所示。在覆岩为硬岩的条件下，压裂裂缝穿层导向不明显，但压裂裂缝长度明显大于穿层导向性强的软层。

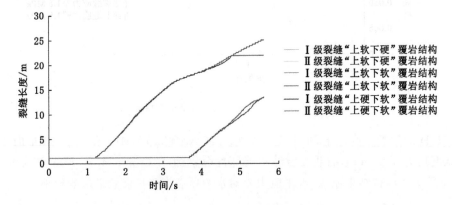

图 3-66　不同覆岩结构条件下的裂缝长度

裂缝体积受泵注排量的影响较大，而在不同的覆岩结构条件下，裂缝体积差异不大，如图 3-67、图 3-68 所示。由图 3-68 可知，Ⅰ级裂缝在"上软下硬"结构和"上硬下软"结构条件下体积均为 0.023 59 m³，"上软下软"结构条件下体积均为 0.023 60 m³，变化甚微。Ⅱ级裂缝体积同样符合上述规律。

在不同覆岩结构条件下，裂缝宽度主要受岩层的物理力学性质与压裂目标层的差异控制。在相同的泵注排量和注入时间条件下，"上软下硬"结构和"上硬下软"结构的Ⅰ级裂缝宽度均为 3.69 mm，Ⅱ级裂缝宽度分别为 4.13 mm、4.21 mm；"上软下软"结构的Ⅰ级裂缝宽度为 3.73 mm，Ⅱ级裂缝宽度为 4.24 mm，如图 3-69 所示。水力压裂裂缝扩展后，裂缝宽度与岩石本身的强度和弹性模量有关。在软层（泥岩层）中，岩石弹性模量较小，水力压裂裂

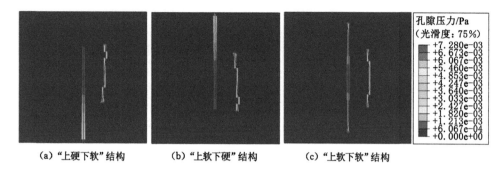

（a）"上硬下软"结构　　　（b）"上软下硬"结构　　　（c）"上软下软"结构

图 3-67　不同覆岩结构条件下的数模云图

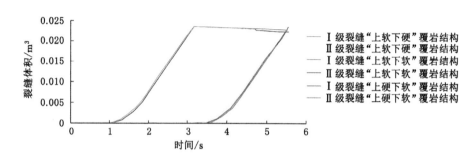

图 3-68　不同覆岩结构条件下的裂缝体积

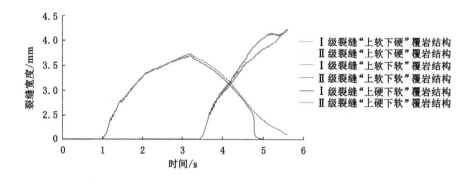

图 3-69　不同覆岩结构条件下的裂缝宽度

缝裂纹尖端在泥岩中扩展,易产生短而宽的裂缝。

　　从形态上整体分析,当覆岩结构为对称结构时,压裂裂缝延伸形态较为平直、规则;当覆岩结构为非对称结构时,因力学性质等差异较大,压裂裂缝形态难以控制,多发生转向。

　　（3）结构面胶结强度对裂缝扩展的影响

　　在不同的结构面胶结强度条件下,水力压裂裂缝延伸效果具有明显差异,如图 3-70 所示。由图可知,当结构面胶结强度为 0.50 MPa 时,在试验过程中,水力压裂裂缝从砂岩层起裂扩展至边界后,直接沿层间扩展至边界,裂缝长度仅为 10.0 m;当结构面胶结强度为 0.75 MPa 或 1.00 MPa 时,均可实现裂缝扩展,Ⅰ级裂缝长度分别为 22.18 m 和 23.62 m,Ⅱ级裂缝长度分别为 11.22 m 和 12.42 m。由此可知,结构面胶结强度对水力压裂裂缝的延伸影响明显。当结构面胶结强度较低（0.50 MPa）时,压裂裂缝难以穿层扩展,当结构面胶结强度较高(0.75 MPa 或 1.00 MPa)时,压裂裂缝可实现穿层延伸。

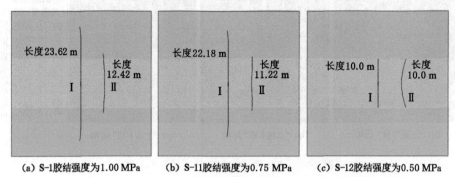

(a) S-1胶结强度为1.00 MPa   (b) S-11胶结强度为0.75 MPa   (c) S-12胶结强度为0.50 MPa

图 3-70   不同结构面胶结强度下延伸结果

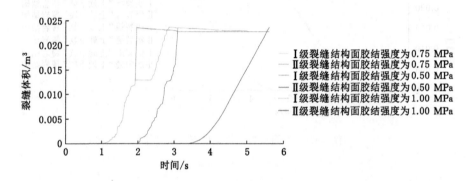

图 3-71   不同结构面胶结强度条件下裂缝体积

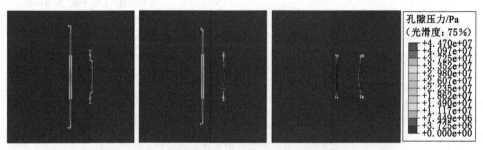

(a) S-1胶结强度为1.00 MPa   (b) S-11胶结强度为0.75 MPa   (c) S-12胶结强度为0.50 MPa

图 3-72   不同结构面胶结强度条件下数模云图

不同结构面胶结强度条件下,压裂裂缝体积、宽度变化规律不明显,呈现离散分布,如图 3-71～图 3-73 所示,因此整体上结构面胶结强度主要影响压裂裂缝的穿层发育及穿层难度,主要表现在压裂裂缝长度的变化。

(4)泵注排量对裂缝扩展的影响

泵注排量是决定水力压裂裂缝扩展形态最关键的因素之一。随着泵注排量的增大,压裂液体积逐步增大,岩石裂缝扩展长度不断增大,如图 3-74、图 3-75 所示。由图可知,因受到 I 级裂缝的应力干扰,II 级水力压裂裂缝扩展长度较小;随着泵注排量的增大,3 种工况下的 I 级裂缝长度分别为 23.64 m、25.22 m 和 26.82 m;II 级裂缝长度分别为 12.42 m、

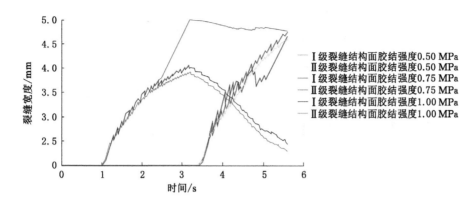

图 3-73　不同结构面胶结强度条件下裂缝宽度

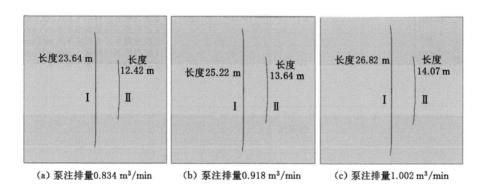

图 3-74　不同泵注排量条件下裂缝延伸结果

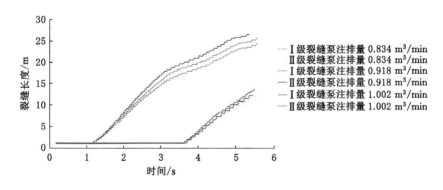

图 3-75　不同泵注排量条件下的裂缝长度

13.64 m 和 14.07 m。

随着泵注排量的增大,注入裂缝的压裂液体积也逐步增大,一部分压裂液滤失进入岩层,剩余的大部分压裂液用于形成岩石的裂缝。随着泵注排量的增大,3 种工况下 I 级裂缝体积分别为 0.023 57 m³、0.025 98 m³ 和 0.028 32 m³;II 级裂缝体积分别为 0.023 52 m³、0.025 87 m³ 和 0.028 18 m³,如图 3-76、图 3-77 所示。

随着泵注排量的增大,3 种工况下 I 级裂缝宽度分别为 3.91 mm、3.98 mm 和

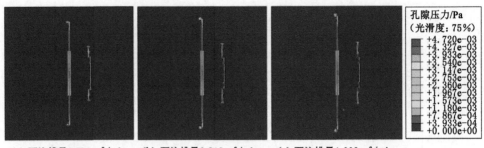

(a) 泵注排量0.834 m³/min   (b) 泵注排量0.918 m³/min   (c) 泵注排量1.002 m³/min

图 3-76　不同泵注排量条件下的数模云图

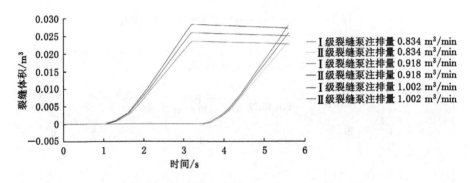

图 3-77　不同泵注排量条件下的裂缝体积

4.07 mm；Ⅱ级裂缝宽度分别为 4.59 mm、4.61 mm 和 4.72 mm，即整体上随着泵注排量的增大，裂缝宽度呈增大趋势，如图 3-78 所示。

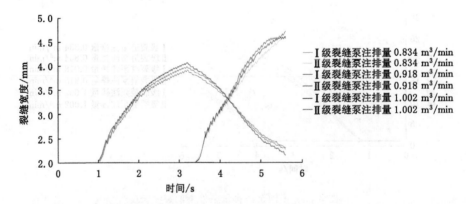

图 3-78　不同泵注排量条件下的裂缝宽度

在第一段压裂后，压裂液的注入使裂缝周围的孔隙压力升高，且越靠近裂缝，孔隙压力越高，第一段压裂之后形成的高孔隙压力区（图 3-79 红色区域）关于裂缝对称。

第二段压裂同样在每个裂缝周围产生了高孔隙压力区。在裂缝之间的区域内，因前一段裂缝周围的流体在后续压裂过程中仍会继续向周围流动扩散，以及裂缝之间互相干扰影响等，故两条裂缝之间的孔隙压力场分布较为复杂。

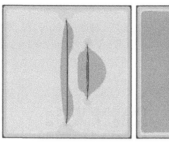
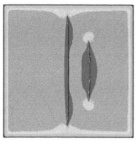

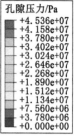

图 3-79　既定排量下孔隙压力变化

综上所述,泵注排量是决定水力压裂裂缝扩展形态的最关键因素之一。随着泵注排量的增大,压裂液的体积逐步增大,岩石的裂缝扩展长度不断增大且平直扩展。

（5）压裂段间距对裂缝扩展的影响

压裂段间距越大,第Ⅰ级裂缝对第Ⅱ级裂缝扩展的影响越小,如图 3-80 所示。这种影响包括第Ⅰ级压裂造成的应力场变化以及注入液体在地层中的扩散。当压裂段间距达到一定数值后,两条裂缝之间互不干扰,如图 3-81 所示。

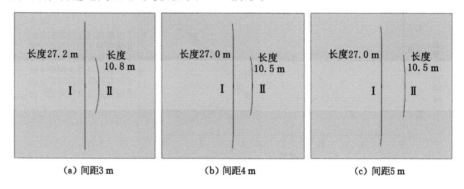

图 3-80　不同压裂段间距条件下水力压裂裂缝延伸结果

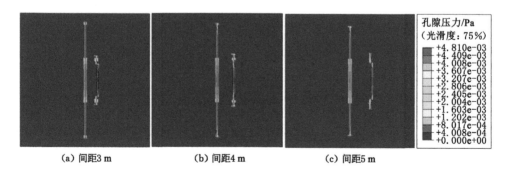

图 3-81　不同压裂段间距条件下数学模拟云图

裂缝体积主要由注入压裂液的排量控制,因此在相同的泵注排量和注液时间条件下,不同压裂段间距条件下的裂缝体积差异不大,如图 3-82 所示。压裂过程将产生两条裂缝,在裂缝延伸过程中,裂缝的开启会对地层最初的应力场状态产生影响,导致后续裂缝形态和延伸路径发生变化。当压裂段间距较小时,两条裂缝之间产生"应力阴影",Ⅰ级裂缝的裂缝长度和宽度分别为 27.2 m 和 4.07 mm，Ⅱ级裂缝的裂缝长度和宽度分别为 10.8 m 和 4.72 mm，随着间距的不断增大，相邻两段的"应力阴影"干扰性降低，裂缝更为平直，但裂缝的整体长度和宽度略有减小，如图 3-83 所示。

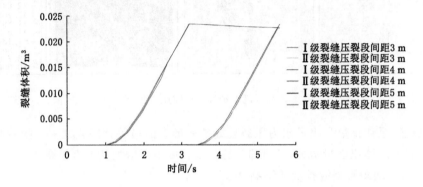

图 3-82　不同压裂段间距条件下的裂缝体积

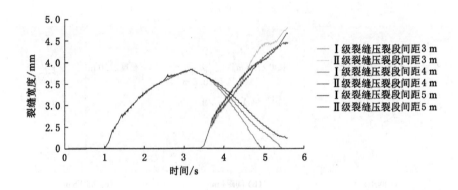

图 3-83　不同压裂段间距条件下的裂缝宽度

3.5.3　厚硬顶板分段压裂裂缝扩展影响因素分析

　　厚硬顶板分段压裂裂缝的发育特征主要由目标层地质特征决定，同时也受压裂段间距、泵注排量等施工因素的影响。物理模拟和数值模拟结果（表 3-7）显示，在参数变化范围内，各个因素对压裂裂缝的扩展特征均有一定程度的影响，但影响程度差异较大。本书将各种条件下的裂缝体积、宽度及长度变化幅度与因素本身变化幅度的比值作为各个因素对裂缝扩展敏感性的评判指标进行研究，其中覆岩结构为定性因素，其参照水平应力差变化幅度进行分析。具体对比分析结果如下所述。

　　水平应力差对裂隙扩展的影响相对较小；覆岩结构主要影响水力压裂裂缝的延伸形态；结构面胶结强度对水力压裂裂缝延伸效果具有明显的影响；泵注排量是决定裂缝扩展体积的关键因素，随着泵注排量的增大，压裂液体积逐步增大，裂缝扩展长度不断增大且平直扩展；压裂段间距过小时相邻裂缝发生应力干扰，使得扩展长度变小。

　　（1）水平应力差

　　通过不同水平应力差条件下的裂缝扩展特征分析可知，在水平应力差小于 0.5 MPa

时,裂缝实现了穿层扩展,但两级裂缝在层理面位置发生弯曲变向。随着水平应力差的增大,裂缝可以穿层且平直发育。裂缝体积、宽度及长度变化不明显,整体变化率为 0.00% ~ 3.66%,故水平应力差对裂缝扩展影响不明显。

（2）覆岩结构特征

压裂裂缝形态受覆岩结构特征的影响,不同覆岩结构条件下力学性质的差异及应力剖面特征在一定程度上影响裂缝发育特征及展布形态。当围岩力学性质明显优于压裂目标层的力学性质时,压裂裂缝实现围岩穿层较为困难;当围岩力学性质与压裂目标层的力学性质相近时,压裂裂缝能够实现围岩的穿层,并在围岩中延伸。研究结果显示,在非对称覆岩结构条件下,裂缝穿过砂岩层-泥岩层界面较困难,在泥岩层裂缝发生偏转。当覆岩结构对称时,压裂裂缝较为平直、规则。研究表明,厚硬顶板岩层压裂在"上软下软"覆岩结构条件下,因压裂目标层与围岩强度差异大,Ⅰ级裂缝长度变化率可达 28.00% 上,但整体上Ⅱ级裂缝长度变化率、两级裂缝体积变化率、宽度变化率等均在 5.50% 以内。

（3）结构面胶结强度

结构面胶结强度直接决定了目标层在压裂过程中的穿层效果、延展规模及延展方向。不同岩层间的结构界面极易阻止裂缝的垂向扩展,这是因为:① 界面的剪切滑移会引起水力压裂裂缝缝尖钝化;② 压裂裂缝在岩层间结构面接触过程中,易引起界面张开或滑移,流体容易侵入层间界面。通过模拟分析可知,相同的施工参数条件下结构面胶结强度越高,裂缝越容易延伸扩展。当结构面胶结强度为 0.50 MPa 时,水力压裂裂缝扩展至界面后无法继续延伸,仅沿着层间延伸;当结构面胶结强度大于 0.75 MPa 时,裂缝可以穿过覆岩结构面。由此可知,胶结强度对裂缝长度和裂缝宽度的影响较为明显。

（4）泵注排量

在厚硬顶板岩层分段压裂改造过程中,通常采用较大的排量以增大水力压裂裂缝的波及范围和提高应力卸压及转移效果,但因受煤矿井下压裂施工空间和供水、供电的限制,煤矿井下厚硬顶板压裂成套装备的工作能力受到限制;同样在井下裸眼压裂施工过程中,并非排量越大越好,在裸眼压裂过程中过大排量施工极易诱发局部塌孔等问题。通过模拟分析可知,在不同泵注排量条件下,压裂裂缝均实现了扩展。在低泵注排量（2 mL/min 或 3 mL/min）条件下,水力压裂裂缝从砂岩起裂后弯曲扩展。高泵注排量（4 mL/min）条件下,水力压裂裂缝平直扩展。泵注排量的变化直接影响了Ⅰ级和Ⅱ级裂缝的长度、体积及宽度变化率,长度变化率为 34.00% ~ 97.00%,体积变化率为 97.00% ~ 100.00%,宽度变化率也达到了 26.00%。

表 3-7　数值模拟压裂裂缝结果

影响因素	因素变化	Ⅰ级裂缝长度/m	Ⅱ级裂缝长度/m	Ⅰ级裂缝体积/m³	Ⅱ级裂缝体积/m³	Ⅰ级裂缝宽度/mm	Ⅱ级裂缝宽度/mm	Ⅰ级裂缝长度变化率/%	Ⅱ级裂缝长度变化率/%	Ⅰ级裂缝体积变化率/%	Ⅱ级裂缝体积变化率/%	Ⅰ级裂缝宽度变化率/%	Ⅱ级裂缝宽度变化率/%
水平应力差/MPa	0.5	24.40	13.44	0.022 70	0.023 44	3.840 0	4.35	0.000 0	0.074 4	3.964 8	0.128 0	0.000 0	0.459 8
	1.0	24.40	13.43	0.023 60	0.023 47	3.840 0	4.37	2.459 0	8.786 3	0.000 0	0.000 0	0.000 0	3.661 3
	1.5	24.70	12.84	0.023 60	0.023 47	3.840 0	4.45	0.614 8	2.232 1	1.982 4	0.064 0	0.000 0	1.149 4

影响因素	因素变化	Ⅰ级裂缝长度/m	Ⅱ级裂缝长度/m	Ⅰ级裂缝体积/m³	Ⅱ级裂缝体积/m³	Ⅰ级裂缝宽度/mm	Ⅱ级裂缝宽度/mm	Ⅰ级裂缝长度变化率/%	Ⅱ级裂缝长度变化率/%	Ⅰ级裂缝体积变化率/%	Ⅱ级裂缝体积变化率/%	Ⅰ级裂缝宽度变化率/%	Ⅱ级裂缝宽度变化率/%
覆岩结构	"上软下硬"	22.11	13.57	0.023 59	0.023 39	3.690 0	4.13	0.000 0	0.000 0	0.000 0	0.000 0	0.000 0	1.937 0
	"上硬下软"	22.11	13.57	0.023 59	0.023 39	3.690 0	4.21	28.493 9	0.147 4	0.084 8	0.513 0	2.168 0	1.425 2
	"上双下软"	20.26	12.18	0.023 60	0.023 45	3.730 0	4.24	4.183 6	5.121 6	0.021 2	0.128 3	0.542 0	1.331 7
结构面胶结强度/MPa	0.50	10.00	10.22	0.023 57	0.023 32	4.980 0	4.66	243.600 0	21.526 4	0.678 8	1.200 7	38.955 8	3.862 7
	0.75	22.18	11.32	0.023 59	0.023 46	4.010 0	4.57	19.477 0	29.151 9	1.014 8	0.767 3	7.481 3	1.312 9
	1.00	23.62	12.42	0.023 57	0.023 52	3.910 0	4.59	136.200 0	21.526 4	0.000 0	0.857 6	21.485 9	1.502 1
泵注排量/(m³·min⁻¹)	0.834	23.62	12.42	0.023 57	0.023 52	3.910 0	4.59	67.255 4	97.527 0	101.518 3	99.201 3	17.774 9	4.326 2
	0.918	25.22	13.64	0.025 98	0.025 87	3.980 0	4.61	69.332 7	34.452 2	98.432 9	97.584 5	24.712 8	26.076 9
	1.002	26.82	14.07	0.028 32	0.028 18	4.070 0	4.72	67.255 4	65.950 7	100.043 9	98.357 0	20.314 2	14.060 1
压裂段间距/m	3.0	27.20	10.8	0.023 59	0.023 47	3.836 7	4.81	2.205 9	8.333 3	2.416 3	1.406 1	0.102 4	8.731 8
	4.0	27.00	10.5	0.023 40	0.023 58	3.838 0	4.67	0.000 0	0.000 0	3.076 9	1.866 0	0.026 1	18.843 7
	5.0	27.00	10.5	0.023 58	0.023 47	3.837 8	4.45	1.102 9	4.166 7	0.063 6	0.000 0	0.041 4	11.226 6

（5）压裂段间距

在压裂过程中，每个张开的裂缝对围岩、邻近裂缝产生的附加应力场称为"应力影"。它影响裂缝宽度和裂缝扩展路径，制约了压裂裂缝的铺展和网状裂缝的形成规模，降低了压裂弱化治理效果。合适的压裂段间距可以有效避免或减弱该现象，规避后压裂的裂缝贯穿到已压裂的水力压裂裂缝中。不同压裂段间距条件下水力压裂裂缝均实现了扩展。当压裂段间距设置较小（3 cm）时，两条水力压裂裂缝间形成了应力干扰，导致裂缝的扩展长度变小。当压裂段间距设置较大（4 cm 或 5 cm）时，应力干扰的影响减小，水力压裂裂缝平直扩展。由此可知，压裂段间距对Ⅱ级裂缝的长度和宽度影响相对明显，宽度最大变化率为18.84%。

3.6 本章小结

（1）基于厚硬顶板动力灾害分区弱化控制思路，明确了定向长钻孔裸眼分段压裂成套装置功能，完成了煤矿井下定向长钻孔裸眼多点拖动式分段压裂成套装置的整体设计，形成了由洗孔系统、导向系统、裸眼高压封孔系统、定压压裂系统、安全分离系统、高压压裂液输送系统和大排量供液系统等组成的成套裸眼分段压裂装置。

（2）定向长钻孔裸眼分段压裂成套装置裸眼钻孔密封能力达 80 MPa 以上，在孔内遇阻且不能解阻时，通过投球封堵增压与前方装置丢开，退出后端所有装置，从而降低经济损失。通过对成套压裂装置的检测试验，验证了封隔器密封能力达 70.2 MPa，定压释放装置在压力设定为 6.8 MPa 时能够顺利打开，安全可分离装置在投球增压至 17.6 MPa 时可顺利打开。

（3）分析了裸眼扩张式封隔器的封孔原理，将裸眼分段压裂封隔器膨胀坐封过程划分为预膨胀、接触挤密和压裂工作 3 个时期,并分析计算了裸眼扩张式封隔器胶筒与裸眼钻孔孔壁之间的摩擦力,通过测量封隔器胶筒有效长度可定量测算封隔器胶筒与裸眼钻孔孔壁之间摩擦力的大小。

(4)当水平应力差小于 0.5 MPa 时,两级裂缝在层理面位置发生弯曲变向,随着水平应力差的增大,裂缝穿层并逐渐平直发育。不同覆岩结构条件下的裂缝体积、宽度及长度变化率为 0.00%～3.66%,整体上对裂缝扩展影响不明显。

(5)在非对称覆岩结构条件下,裂缝穿过砂岩层-泥岩层界面较困难,穿过泥岩层时发生偏转;覆岩结构对称时,裂缝发育平直规则。在对称覆岩结构条件下,Ⅰ级裂缝长度变化率达 28.00% 上,但整体上Ⅱ级裂缝的长度变化率和两级裂缝的体积、宽度变化率均在 1.50% 以内,敏感性较水平应力差低。

(6)当结构面胶结强度为 0.50 MPa 时,水力压裂裂缝扩展至界面后无法继续延伸,仅沿着层间延伸。当结构面胶结强度大于 0.75 MPa 时,水力压裂裂缝可以穿过覆岩结构面。胶结强度对裂缝长度和裂缝宽度的影响较为明显,尤其对于Ⅰ级裂缝,长度变化率最大达 240.00% 以上,宽度变化率最大达 38.00% 以上。

(7)低泵注排量(2 mL/min 或 3 mL/min)条件下,水力压裂裂缝从砂岩起裂后弯曲扩展。高泵注排量(4 mL/min)条件下水力压裂裂缝平直扩展。泵注排量直接影响Ⅰ级裂缝和Ⅱ级裂缝的体积、长度及宽度的变化率,随着泵注排量的增大,裂缝长度变化率为 34.00%～97.00%,体积变化率为 97.00%～100.00%,宽度变化率也达到了 26.00%。泵注排量是影响裂缝扩展最敏感的因素。

(8)当压裂段间距设置较小(3 cm)时,两条水力压裂裂缝间形成应力干扰,导致裂缝间的扩展长度变小。当压裂段间距设置较大(4 cm 或 5 cm)时,应力干扰的影响减小,水力压裂裂缝平直扩展。压裂段间距对Ⅱ级裂缝的长度和宽度影响相对较大,宽度最大变化率为 18.84%。

4 厚硬顶板强矿压灾害裸眼分段水力压裂卸压机理研究

厚硬顶板未及时垮落会造成采空区难以完全充填,加上厚硬顶板悬臂距离大、回转角度大,故易引发高强度、长时间持续来压等矿压异常现象。本章基于厚硬顶板静载能量积聚和破断动载能量释放的灾害本源,分析确定了分段压裂控制断顶的合理方式,得出了周期来压期间厚硬顶板合理的悬顶长度公式,并提出了初次来压及周期来压期间合理的造缝深度判识公式。此外,本章还建立了基于"垮落填充体+煤柱+承重岩层"协同支撑力学模型,构建了压裂垮落体填充支撑高度定量判识公式,并结合压裂后覆岩运移物理模拟试验结果,分析探讨了井下长钻孔裸眼分段压裂卸压机理。

4.1 分段压裂合理断顶卸压分析

4.1.1 初次破断期分段压裂合理断顶卸压分析

煤矿井下定向长钻孔裸眼分段压裂造缝卸压处理技术可等效为超前"爆破"改造、延后断裂的放顶卸压方式。具体来说,若需要在极限跨距的 $1/n$ 处进行强制放顶,传统方法是直接在该点爆破,让其及时垮落,其爆破拉槽深度不妨记为 H_1。本书的具体处理技术方法是在 $1/n$ 处进行分段压裂形成一定深度的裂缝,该裂缝的深度不妨记为 H_2。由于 $H_2 < H_1$,故在极限跨距的 $1/n$ 处坚硬顶板不会立刻断裂。随着采煤工作面的不断推进,在一定悬臂结构的作用下,分段压裂位置的前方会积聚额外的荷载。该荷载作用于厚硬顶板压裂裂缝处,从而实现延后有效破断。通过以上分析可知,合理控制分段压裂造缝点与支架处接顶之间的悬臂距离,可促使前方积聚的荷载达到预裂裂缝位置使顶板破断,能够有效提高强制放顶卸压质量,并避免支架间漏顶等风险。

为了实施超前分段压裂精细化改造,本章通过采取"及时但不漏顶"的断裂放顶卸压方式,建立了分段压裂位置前方距离与分段压裂造缝深度之间的定量关系。基于该定量关系,可在梁上任意一点实现精准超前压裂弱化、延后断裂的合理放顶。

(1) 固支梁断裂条件与爆破拉槽深度

假设厚硬顶板在某点 x 处可以通过向上拉槽提前达到断裂条件,如图 4-1 所示,设该点拉槽的深度为 H_1,厚硬顶板剩余的高度为 H_c,则有:

$$H_1 + H_c = H \tag{4-1}$$

式中 H——厚硬顶板的厚度,m。

将固支梁力矩 M 和梁上任意一点拉应力力矩及截面积判识关系式结合,可得梁上任意一点 x 的拉应力为:

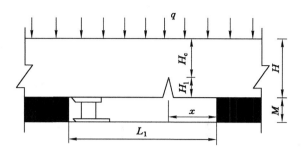

图 4-1　固支梁上任意一点 x 的拉槽深度示意图

$$\sigma_{\max} = \frac{6\left|\dfrac{ql}{2}x - \dfrac{q}{2}x^2 - \dfrac{ql^2}{12}\right|}{H_c^2} \tag{4-2}$$

假定在该点满足断裂条件，即 $\sigma_{\max} = [\sigma]$，则有：

$$\frac{6\left|\dfrac{ql}{2}x - \dfrac{q}{2}x^2 - \dfrac{ql^2}{12}\right|}{H_c^2} = [\sigma] = \frac{ql^2}{2H^2} \tag{4-3}$$

由上式可得：

$$H_c = \frac{\left|6lx - 6x^2 - l^2\right|}{l^2}H \tag{4-4}$$

通过 MATLAB 软件处理，分析了不同 x 点满足断裂条件的 H_c/H 变化曲线和 H_1/H 变化曲线，分别如图 4-2、图 4-3 所示。图中 L 为固支梁的极限跨距。

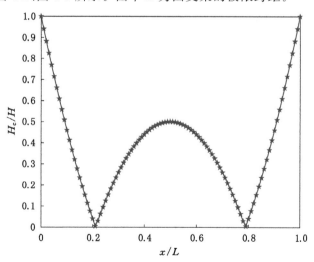

图 4-2　不同 x 点达到断裂条件下的 H_c/H 变化曲线

由图 4-2 和图 4-3 可以看出，对于固支梁而言，为了实现断裂，爆破切槽深度最小的位置是端点。基于该特点，王开、刘晓等[155-156]提出端部拉槽的深度应减小，以促使爆破工程量减小。假设需要断裂的点为 x，且 $x/L = 1/n$，则在 x 点达到断裂条件需要的拉槽深度 H_{11} 的计算公式如下所述。

由简支梁剪切应力计算公式可知：

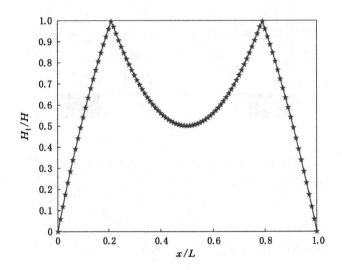

图 4-3　不同 x 点达到断裂条件下的 H_1/H 变化曲线

$$\sqrt{2\,(H-H_{11})^2\,[\sigma]/q} = \frac{\sqrt{2H^2\,[\sigma]/q}}{n} \tag{4-5}$$

求解可得：

$$H_{11} = \left(1-\frac{1}{n}\right)H \tag{4-6}$$

如果直接采用在端点爆破拉槽的及时断裂爆破技术，那么由式(4-6)得到的拉槽深度就是最优值。

（2）分段压裂延后断顶卸压方式

由达到断裂条件下的拉槽深度变化曲线可知，采用厚硬顶板定向长钻孔进行分段压裂卸压弱化方式可形成延后断裂，如图 4-4 所示。综合利用压裂破裂点回采方向积累的荷载，在减小造缝深度且超前治理的同时，可以实现厚硬顶板的合理破断。

由图 4-4 可知，假设要分段压裂造缝点的位置为 x，为了便于与爆破拉槽方式进行对比，本次同样假设 $x/L=1/n$。另外，L_1 代表分段压裂造缝点 x 达到断裂条件时回采的距离，假设分段压裂造缝点 x 的压裂造缝深度为 H_{12}，那么当工作面推进 L_1 时，分段压裂造缝点 x 的拉应力为：

$$\sigma_{\max} = \frac{6\left|\dfrac{qL_1}{2}x - \dfrac{q}{2}x^2 - \dfrac{qL_1^2}{12}\right|}{(H-H_{12})^2} \tag{4-7}$$

由式(4-3)可知，岩梁的许可拉应力可以表示为 $\dfrac{qL^2}{2H^2}$，故当工作面推进 L_1 时，分段压裂造缝点 x 达到断裂条件，即

$$\frac{6\left|\dfrac{qL_1}{2}x - \dfrac{q}{2}x^2 - \dfrac{qL_1^2}{12}\right|}{(H-H_{12})^2} = \frac{qL^2}{2H^2} \tag{4-8}$$

由式(4-8)可得：

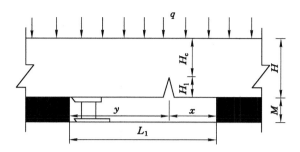

图 4-4 基于分段压裂延后断裂的造缝示意图

$$\frac{(H - H_{12})^2}{H^2} = \frac{\left| 6L_1 x - 6x^2 - L_1^2 \right|}{L^2} \quad (4\text{-}9)$$

进一步整理得到：

$$H_{12} = \left(1 - \sqrt{\frac{\left| 6L_1 x - 6x^2 - L_1^2 \right|}{L^2}}\right) H \quad (4\text{-}10)$$

由式(4-10)可知，当 $L_1 = x = L/n$ 时，该方法就是及时断裂的放顶方式。为了满足分段压裂造缝之后的剩余长度 $L_1 - x$ 不小于安全距离，即要在悬臂梁的极限跨距之内，必然有：

$$L_1 - x \leqslant L / \sqrt{6} \quad (4\text{-}11)$$

因此分析分段压裂造缝点 x 的最小工程量则转化为分析带约束的最小化问题，即在固定点 x 处，寻找使得 H_{12} 最小的 L_1。为了较直观地说明不同 L_1 对分段压裂造缝点 x 的造缝深度 H_{12} 的影响，分别展示了分段压裂造缝点为 $0.1L$、$0.25L$、$0.5L$ 时 L_1 与造缝深度之间的关系，如图 4-5～图 4-7 所示。

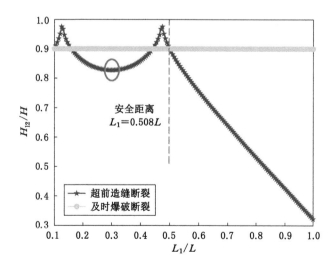

图 4-5 分段压裂造缝点为 $0.1L$ 时 L_1 与造缝深度的关系

由图 4-5～图 4-7 可以看出，并非所有 L_1 都可以减小造缝深度，长度为 L_1 的厚硬顶板

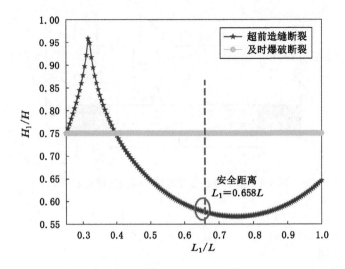

图 4-6　分段压裂造缝点为 $0.25L$ 时 L_1 与造缝深度的关系

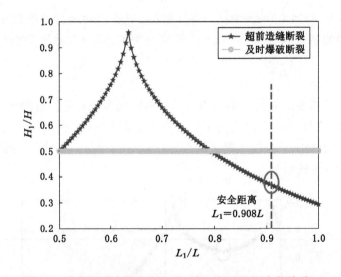

图 4-7　分段压裂造缝点为 $0.5L$ 时 L_1 与造缝深度的关系

会造成分段压裂造缝点荷载增大,也会提供对应的断裂阻力。不同分段压裂造缝点最优的 L_1 不同,图中红色虚线代表安全距离,在安全距离内的最优 L_1 用棕色椭圆进行标注。可以看到,最优的 L_1 普遍存在,超前造缝断裂的造缝深度 H_{12} 远小于及时爆破断裂。

　　综上所述,超前分段压裂弱化断裂的放顶方式可以有效减小施工工程量和实现超前区域改造。超前区域改造的具体措施为根据煤层顶板破断所需的分段压裂造缝点,在回采顶板安全垮落位置范围内的 $L_1(L_1 > x)$ 处进行分段压裂造缝。此外,我们对分段压裂造缝点 x 与其在压裂安全范围内的最小分段压裂造缝深度 H_{12} 的相互关系进行分析,可以得到如图 4-8 和图 4-9 所示的最优压裂造缝深度与造缝点位置之间的对应关系。

　　由图 4-8、图 4-9 可知,采用厚硬顶板超前分段压裂造缝的滞后断裂放顶方式可以有效减小造缝规模和爆破工程量,避免带来一系列次生问题。

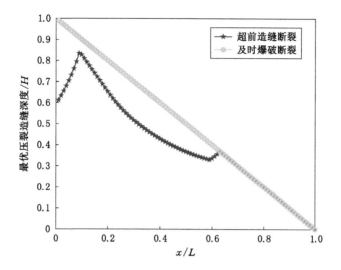

图 4-8　分段压裂造缝点 x 与该位置最优的造缝深度关系

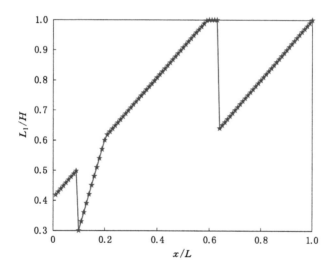

图 4-9　分段压裂造缝点 x 达到最优造缝深度时 L_1 的长度

4.1.2　周期破断期合理分段压裂控制卸压断顶分析

（1）合理卸压断顶位置

根据建立的悬臂梁力学模型可知,在既定的支架装置条件下,设顶板周期断裂时对支护的支护强度为$[p_0]$,支架所承受的悬臂梁长度为 d,且 $d = d_k + d_s$,悬臂梁煤壁上方破断为发生动力灾害的最危险情况,则有:

$$[p_0] d_k \frac{1}{2} d_k = \mathrm{d} m \gamma \frac{1}{2} d = \mathrm{d} q \frac{1}{2} d \tag{4-12}$$

$$[p_0] = \frac{q d^2}{d_k{}^2} = \frac{q (d_k + d_s)^2}{d_k{}^2} \tag{4-13}$$

式中　m——顶板厚度;

d_k——支架控顶距；

d_s——支架后岩梁悬顶长度；

r——顶板岩层的重力密度。

工作面在既定支架条件下，其支护强度无法无限增大，而是具有设计支护强度，即限定值。假设该值为$[p]$，为了保证工作面安全生产，那么顶板周期断裂时对支架的支护强度$[p_0]$就不能大于支架的设计支护强度$[p]$，即

$$\left.\begin{aligned}[p_0] &= \frac{q(d_k+d_s)^2}{d_k^2} \leqslant [p] \\ d_s &\leqslant d_k\left(\sqrt{\frac{[p]}{q}}-1\right)\end{aligned}\right\} \qquad (4\text{-}14)$$

通过以上分析，可得到基于支架设计支护强度的厚硬顶板合理悬顶长度d，即

$$d \leqslant d_k\sqrt{\frac{[p]}{q}} \qquad (4\text{-}15)$$

（2）合理造缝深度

由梁上任意一点受到的最大拉应力判识公式可知，假设厚硬顶板在某点x处可以通过分段压裂造缝提前达到断裂条件，那么对于悬臂梁而言，通过力矩计算公式可知，力矩的大小只与端点到分段压裂造缝点上方施加的荷载有关，如图4-10所示。

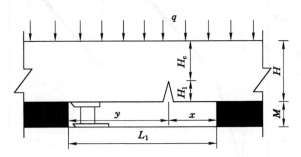

图4-10　悬臂梁条件下x点分段压裂造缝深度示意图

对于悬臂梁而言，裸眼分段压裂点x的拉应力为：

$$\sigma_{max} = \frac{qx^2/2}{(H-H_1)^2} \qquad (4\text{-}16)$$

由式（4-3）可知，悬臂梁条件下岩梁的许用拉应力$[\sigma]=\dfrac{3qL^2}{H^2}$。故悬臂梁条件下裸眼分段压裂点$x$断裂的条件是：

$$\frac{3qx^2}{(H-H_1)^2} = \frac{3qL^2}{H^2} \qquad (4\text{-}17)$$

由此可得：

$$H_1 = \left(1-\frac{x}{L}\right)H \qquad (4\text{-}18)$$

式中　L——悬臂梁极限跨距。

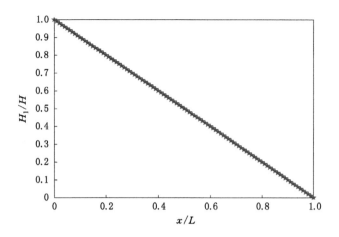

图 4-11 悬臂梁条件下分段压裂点 x 的造缝深度

4.2 压裂垮落充填支撑控能机制

4.2.1 "垮落填充体＋煤柱＋承重岩层"协同支撑力学模型

长壁工作面垮落法是最普遍的顶板管理采煤方法。随着工作面的推进,采场围岩应力不断重新分布,采空区直接顶垮落,基本顶及其上覆岩层破断运移,高位岩层缓慢沉降,最终导致垮落的松散岩体充填采空区形成垮落带,上覆岩层破断运移形成裂隙带,从高位岩层至地表那部分岩层为弯曲下沉带[157]。垮落岩体在上覆岩层沉降作用下,逐渐被压实,最终形成支撑上覆岩层的承载体,对顶板形成起限定变形和破断作用。但垮落岩体在常规回采过程中,因直接顶垮落高度较小,无法充满采空区,导致这一动态力学过程释放大量能量,诱发冲击地压、飓风等动力灾害(图 4-12)。

综上所述,模型以采空区填充支撑理论[158-162]为基础,采用厚硬顶板裸眼分段压裂技术,超前回采进行岩层改造,以形成规模化裂缝。在回采过程中通过增大垮落带高度,使垮落岩体充满采空区。其与顺槽留设煤柱和承重岩层(厚硬岩层,包括基本顶和关键层等)各自发挥作用,共同维持上覆岩层的稳定,形成"垮落填充体＋煤柱＋承重岩层"协同承载结构系统,如图 4-13 所示。图中,F_{fc} 为垮落充填体对煤柱产生的侧向支撑压力,F_{cr} 为煤柱对上覆岩层产生的支撑力,F_{fr} 为垮落充填体对上覆岩层产生的支撑力。

在该协同支撑系统作用下,垮落充填体不但会对上覆岩层产生支撑作用,有效抑制顶板下沉和破断能量释放,避免顶板岩层失稳垮落,而且会对煤柱产生侧向支撑压力,使其与垮落填充体紧密结合,从而形成更为宽大的支护体,提高煤柱的稳固性和支撑能力,减缓工作面两顺槽帮鼓和底鼓。

4.2.2 垮落支撑控能机制及稳定性分析

通过高压分段水力压裂促使顶板目标层位形成连续裂缝后,压裂改造岩层在采动作用下,随着直接顶的垮落向采空区充填。初始时垮落岩层处于离散分布状态,初始强度、压实

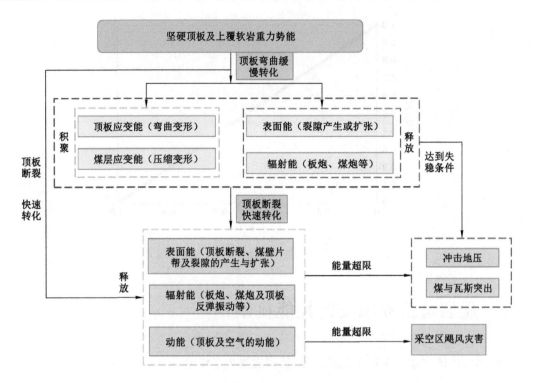

图 4-12　厚硬顶板断裂及能量变化引起灾害的过程

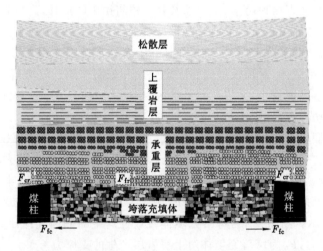

图 4-13　"垮落填充体＋煤柱＋承重岩层"协同支撑示意图

度和充填率相对较低,从而导致上覆岩层首先出现快速下沉,随后缓慢压实形成有效支撑系统。具体分析如下:

(1) 回采垮落阶段:煤层开采过程中,直接顶和弱化岩层发生垮落,上覆顶板岩层开始下沉,煤柱本身支撑作用力增大,产生侧向膨胀变形,增大了顶板岩层下沉量。该阶段顶板加速下沉,但垮落岩层与煤柱和顶板接触后,下沉速度降低。

(2) 充填接触压缩阶段:垮落充填后,由于尚未接触顶板压实,即充填率未达到 100％,顶板岩层继续下沉,但垮落充填体已对煤柱产生了一定的侧向支撑作用。且垮落体开始被压实,随着其不断被压实,向上支撑力不断增大,已开始有效抑制顶板下沉和煤柱变形。此阶段上覆岩层的下沉速度逐渐减小,并趋于匀速。

(3)压实支撑阶段:当顶板岩层下沉到一定程度后,垮落体被压密压实,形成有效的上覆支撑力和侧向煤柱支撑力,并最终保持稳定状态,形成了"垮落填充体+煤柱+承重岩层"协同支撑系统,共同维护上覆岩层的稳定。

依据岩层移动理论及梁原理可知,当上覆岩层的下沉量小于最大挠度时,才能形成稳定状态,即 $D \geqslant H_n + S_1 + S_2$。通过对"垮落填充体+煤柱+承重岩层"协同支撑系统分析可知,上覆岩层和煤柱的变形量主要由未完全充填高度 H_n、垮落填充体压实变形量 S_1 和在上覆岩层重力作用下垮落体变形量 S_2 组成。

未完全充填高度 H_n 的计算公式为:

$$H_n = (1 - \frac{H_f}{H_c})H_c \tag{4-19}$$

式中　H_f——垮落体高度,m;

　　　H_c——采空区高度,m。

若采用垮落充填体的孔隙比来表示压实度,则根据土力学原理分析可知,垮落填充体压实变形量 S_1 可表示为:

$$S_1 \geqslant \frac{e_0 - e}{1 + e}H_f \tag{4-20}$$

式中　e_0——垮落填充体初始孔隙比;

　　　e——垮落填充体压实后孔隙比。

通过垮落充填回采特点分析可知,上覆岩层的重力转移到充填支撑体上产生的弹塑性压缩量 S_2 为:

$$S_2 = \frac{T}{E_m}\left\{\frac{1.5[(1-k)bq - \sigma_{ct}\gamma_p + 2q\gamma_p]}{a - 2\gamma_p} - \frac{1}{2}\sigma_{ct}\right\} \tag{4-21}$$

$$q = \sum_{i=1}^{n}\gamma_i h_i \tag{4-22}$$

式中　E_m——充填体的动弹性模量,GPa;

　　　T——煤层采厚,m;

　　　k——垮落系数,$k = h_c/H$,h_c 为垮落高度;

　　　b——两煤柱中点之间的距离,m;

　　　γ_p——煤柱处于极限状态下的最大软化区宽度,m;

　　　σ_{ct}——煤柱的极限抗压强度,MPa;

　　　a——垮落填充宽度,m;

　　　q——作用在顶板岩层的集中荷载,MPa。

为了分析上覆岩层的稳定性,可将承重岩层看作简支梁,由此可得岩层下沉量 D,即简支梁的挠度,D 的计算公式为:

$$D = \frac{qx}{24E_r I}(b^3 - bx^2 + x^3) \tag{4-23}$$

式中　E_r——承重岩层的弹性模量,GPa;

　　　I——承重岩层的断面贯矩,m⁴;

x——采空区顶板到一侧煤柱中点的任意距离,m。

由上式可知,当 $x=b/2$ 时,D 有最大值 $D_{\max}$,即

$$D_{\max} = \frac{5qb^4}{384E_rI} \tag{4-24}$$

根据岩层移动理论及梁原理,并联合式(4-19)~式(4-21)和式(4-24),可得到"垮落充填体+煤柱+承重岩层"协同支撑系统稳定时垮落体高度需满足的条件,即

$$H_f \geqslant \frac{1+e}{2e+1-e_0}\left\{\frac{T}{E_m}\left[\frac{1.5(bq-kbq-\sigma_{ct}\gamma_p+2q\gamma_p)}{a-2\gamma_p}-\frac{1}{2}\sigma_{ct}\right]+H_c-\frac{5qb^4}{384E_rI}\right\} \tag{4-25}$$

4.3 基于压裂作用的覆岩运移与能量控制效果

4.3.1 覆岩运移特征控制效果

模型在隔离煤柱右侧布置采煤工作面,在左侧设置开切眼,待开切眼开挖完成后,持续进行工作面回采推进。工作面采高 5.6 cm,每次推进 2.0 cm,推进至 200.0 cm 时结束。当采用微型钻机钻至下位厚硬岩层中部时,采用高压水枪注水预裂,共压裂 6 段,每段注水完成后用橡胶塞封口,压裂位置距工作面开切眼上方垂向距离 17.0 cm,横向距离分别为50.0 cm、65.0 cm、80.0 cm、95.0 cm、110.0 cm、125.0 cm,如图 4-14 所示。

图 4-14　厚硬岩层预裂钻孔模型

根据模拟试验结果可知,当工作面推进至 42.0 cm 时,工作面初次来压,直接顶与厚硬顶板底部大面积垮落,垮落高度为 12.4 cm,顶板悬露长度为 26.8 cm,离层量最大为3.4 cm,破断角为 64°。

通过工作面来压情况分析,厚硬顶板垮落高度在 35.0 cm 以内,顶板破断层位主要集中在厚硬顶板,弱化后的顶板垮落破断角显著增大,基本维持在 55°以上,悬顶尺度明显减小,垮落特征主要以连续垮落拱为主,且顶板能够及时垮落。当工作面继续推进 70.0 cm 后,厚硬顶板裂隙发育,破断角相比未压裂时仍然呈显著增大趋势,且临近预裂孔范围时表现更为显著,在厚硬顶板预裂产生的微小裂隙不断延伸作用下,厚硬顶板垮落形态呈破碎状。上方横向裂隙扩展延伸成离层,在继续推进过程中其出现整体弯曲下沉运动特征。由于逐渐远离压裂弱化区域,顶板破断角有所减小,厚硬顶板及其上覆岩层的破断出现"小悬臂"结构特征,进一步说明压裂弱化区域的覆岩运移特征控制效果显著。

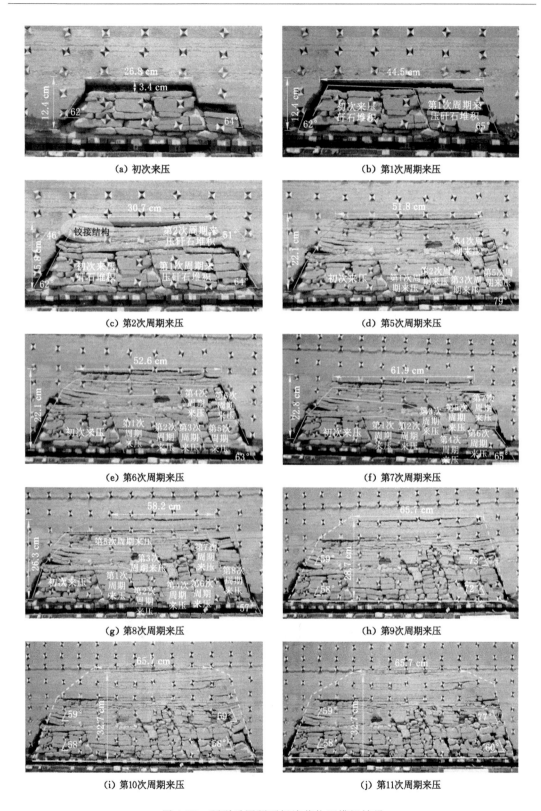

图 4-15 预裂后厚硬顶板垮落物理模拟结果

在工作面推进至 100.0 cm 时,未压裂工况下裂隙的发育高度为 20.6 cm,压裂后裂隙的发育高度为 22.8 cm,压裂后在垮落支撑范围内裂隙发育高度增幅为 10.7%。由此可见,压裂对顶板稳定性具有明显的降低作用,能够有效避免顶板整层突然垮落,增强顶板离层效应,促使顶板分层垮落,降低来压时的异常来压强度。

压裂前后厚硬顶板破断角和周期来压步距的变化情况分别如图 4-16、图 4-17 所示。由图 4-16 和图 4-17 可以看出,压裂前顶板破断角在 26°~47° 范围内变化,平均为 38.7°,压裂后顶板破断角在 40°~80° 范围内变化,平均为 62.5°,相比压裂前,顶板破断角平均增大 61.4%,最大增幅达 102.0%。压裂后来压频次增多,其中未压裂来压次数 11 次,压裂后来压次数 14 次。未压裂条件下来压步距为 10.0~13.0 cm,平均 10.6 cm,压裂后来压步距为 6.0~8.0 cm,平均 7.8 cm,来压步距最大降幅 38.5%,平均降幅 26.8%,可见厚硬顶板裸眼分段压裂大幅度减小了厚硬岩层的悬顶尺度,提高了来压频次和厚硬顶板压裂改造效果。

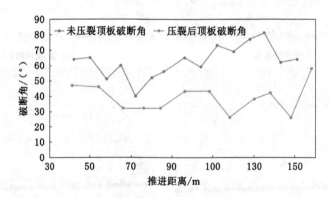

图 4-16　预裂前后厚硬顶板破断角的变化

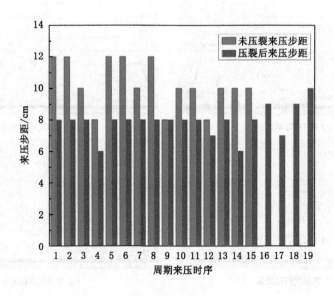

图 4-17　压裂前后周期来压步距对比

4.3.2　覆岩破断能量控制效果

（1）声发射监测变化特征

根据试验压裂位置，可分析距离开切眼 50.0 cm 后的压裂弱化区域声发射特征，分析结果如图 4-18 所示。由图 4-18 可以看出，工作面周期来压两侧的振铃计数和能量指标异常增大，总体仍呈 U 形分布。来压与非来压阶段能量差异明显，来压时能量指标总体远低于未压裂时顶板破断产生的能量指标。当工作面推进至 50.0～150.0 cm 压裂治理区域时，来压时的振铃计数为 9 794～25 137 个，能量指标为 6 850～13 109 mV·μs，最大振铃计数与能量指标较未压裂条件下的最大振铃计数（48 063 个）和最大能量指标（24 457 mV·μs）分别减小了 47.7％和 46.4％。

当工作面推进至 143.0 cm 时，即工作面一次见方阶段，其顶板破断能量达到峰值，振铃计数为 25 137 个，能量为 13 109 mV·μs，相比未压裂条件下的振铃计数（30 197 个）和能量指标（35 622 mV·μs）分别减小了 16.8％和 63.2％。

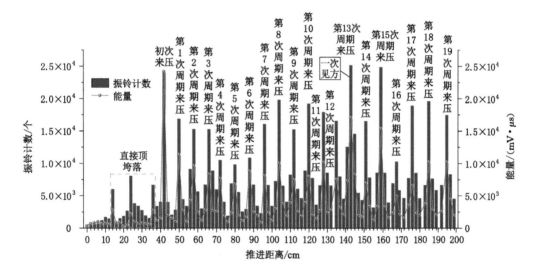

图 4-18　压裂后模型回采过程中声发射特征变化情况

综上所述，在压裂弱化范围内，覆岩破断能量释放控制效果显著，对比压裂前后声发射特征变化情况，最大振铃计数降幅 47.7％，最高能量降幅 63.2％，尤其在一次见方阶段，能量控制效果显著；水力压裂不仅降低了岩体的强度，减小了周期垮落步距，而且提前释放了部分原岩应力，降低了周期来压强度，对厚硬顶板降压、防灾具有显著效果。

（2）工作面覆岩破断过程中微震能量变化特征

在分段压裂模拟试验开始之前，同样在开采扰动范围之外（边界煤柱与隔离煤柱上方）预先埋设 4 个速度检波测量探头，其位置见表 4-1。在开采过程中，微震监测系统对工作面推进过程中微震事件分布特征、发生的位置和释放的能量进行监测，监测分析结果分别如图 4-19～图 4-21 所示。

表 4-1　速度检波测量探头位置

探头编号	坐标(x, y)/(mm,mm)
6	(2 500,1 300)
9	(2 500,140)
12	(4 850,1 300)
13	(4 850,140)

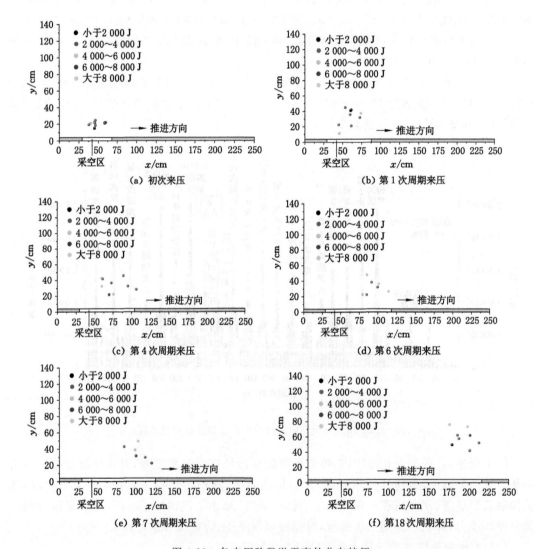

图 4-19　各来压阶段微震事件分布特征

由图 4-19、图 4-20 可知,当工作面推进至初次来压阶段,受下位厚硬岩层压裂影响,直接岩层垮落时微震能量多集中在 2 000~4 000 J 范围内,来压强度较压裂前大幅降低。随着工作面的持续推进,下位厚硬岩层压裂效果明显,周期来压步距相对减小,但受压裂段距离及压裂孔影响范围的限制,周期来压步距呈现增大-减小-增大趋势,微震事件能量监测显示其趋势与周期来压步距变化趋势基本一致。由图 4-21 可知,当工作面推进至第 13 次周

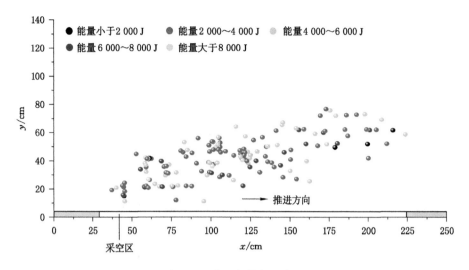

图 4-20　微震事件发生位置

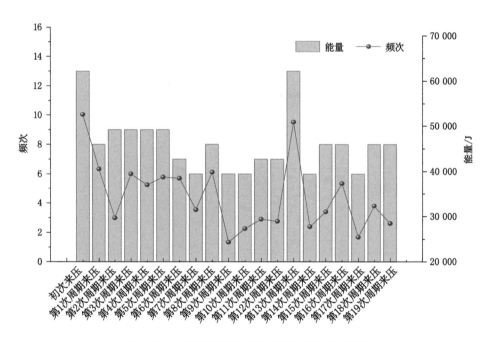

图 4-21　工作面回采结束微震事件能量分布特征

期来压阶段(一次见方附近)时,微震事件频次和能量增幅均达到峰值,释放能量 49 730 J,
在下位厚硬顶板弱化作用下,较未压裂区域降幅达 23.5%。

综上所述,压裂后微震能量呈现"增大-减小-增大"变化趋势,且相较于未压裂工况能量
大幅降低,压裂下位厚硬岩层可有效减小平均周期来压步距;当工作面推进到第 13 次周期
来压阶段(一次见方位置)时,微震事件能量为 49 730 J,与未压裂时微震事件能量 65 050 J
相比,降幅为 23.5%。由此可知,预裂下位厚硬岩层可对工作面开采过程中存在的顶板强
矿压动力灾害产生明显的防治作用。

4.3.3 围岩应力场控制效果

在模拟试验过程中,对工作面支承压力的分布特征进行了监测,各来压阶段支承压力曲线如图 4-22 所示,图中横坐标表示应力传感器序号,纵坐标表示支承压力大小。通过对比

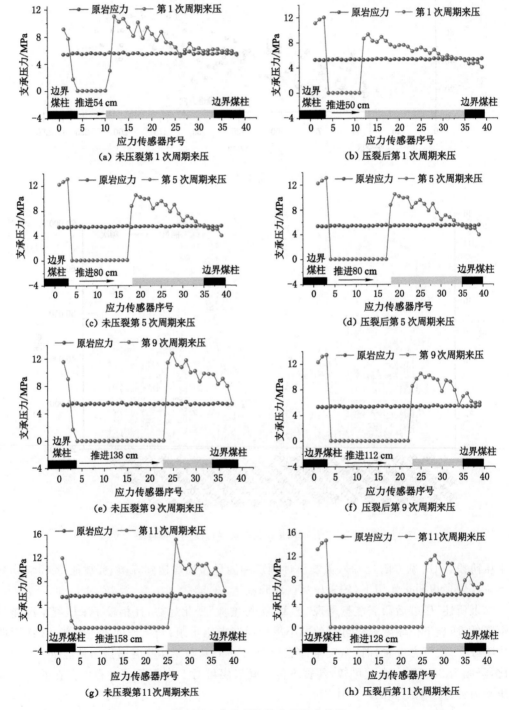

图 4-22 各来压阶段支承压力曲线

分析压裂和未压裂工作面开采过程中不同阶段的支承压力曲线,揭示了围岩应力分布演化规律。试验结束后对测得的数据按照应力相似比进行换算分析。

由工作面推进过程中不同阶段的支承压力曲线可以看出,在模型开挖过程中,工作面围岩应力"二次分布",采空区应力较小,但工作面煤壁前方和开切眼煤壁处应力较大。究其原因,当模型开挖后,直接顶岩层垮落,不规则地堆积在煤层底板,且其破碎程度较高;基本顶岩层垮落后,比较规则地排列在垮落带岩层上方。该现象导致采空区上覆岩层荷载难以全部传递到煤层底板,只有部分传递到煤层底板,剩余覆岩荷载通过弯曲下沉带岩层传递到采空区两侧煤壁,导致工作面煤壁前方和开切眼煤壁处支承压力增大。

典型时刻应力特征参数见表 4-2。表中支承压力峰值位置指在工作面前方的距离。

表 4-2　典型时刻应力特征参数

周期来压时序	未压裂支承压力峰值/MPa	未压裂支承压力峰值位置/cm	未压裂应力集中系数	压裂支承压力峰值/MPa	压裂支承压力峰值位置/cm	压裂应力集中系数	支承压力峰值降幅/%	支承压力峰值位置对比变化/%	应力集中系数降幅/%
第 1 次	10.85	9.10	1.97	9.35	10.00	1.70	13.82	9.89	13.71
第 4 次	14.03	9.20	2.56	11.54	10.00	2.10	17.75	8.70	17.97
第 5 次	12.41	8.80	2.26	10.41	10.00	1.89	16.12	13.64	16.37
第 9 次	12.79	9.20	2.32	10.46	15.00	1.90	18.22	63.04	18.10
第 11 次	14.95	9.20	2.72	12.03	15.00	2.19	19.53	63.04	19.49

通过典型时刻支承压力峰值及其位置和应力集中系数对比分析可知,随着工作面的不断推进,悬顶长度不断增大,工作面前方支承压力峰值也在不断增大,未压裂时工作面第 1 次周期来压的压力峰值为 10.85 MPa,压力峰值位置在工作面前方 9.10 cm,动载系数达 1.97;分段压裂弱化改造后,第 1 次周期来压压力峰值为 9.35 MPa,压力峰值位置在工作面前方 10.0 cm,动载系数为 1.70。支承压力峰值及应力集中系数降幅均达 13% 以上,随着压裂卸压及应力转移作用,工作面支承压力峰值位置向前转移量增幅接近 10%。随着工作面回采的推进,厚硬顶板分段压裂弱化作用明显得到提高,支承压力峰值及应力集中系数降幅均在 16.00%～19.50% 范围内,支承压力峰值位置向工作面前方转移量增幅达 63% 以上,有效地揭示了下位厚硬顶板分段压裂弱化机理,减小了厚硬顶板悬顶长度,降低了破断扰动强度,实现了应力场的有效转移。

综上所述,在分析了厚硬顶板"难垮难断"破断特点基础上,得到了厚硬顶板"悬臂梁"结构是造成工作面强烈来压的根本原因,其主要体现在来压前的能量积聚和破断后的能量释放。在此基础上提出了以弱化厚硬顶板为目标的控制方法,并采用物理模拟分析可知,弱化厚硬顶板能够有效减小悬顶面积,增大破断角,降低应力集中程度,进而控制顶板活动的剧烈程度,最终达到掩护工作面安全回采的目的。

4.4 裸眼分段水力压裂卸压机理

厚硬顶板在破断和失稳垮落过程中,一方面会引起下方煤岩体应力明显升高;另一方面积聚在煤岩体中的弹性能与其断裂破断释放的能量相互叠加,会引起大规模的矿震或冲击矿压等强矿压动力灾害。厚硬顶板发生主动破断后会导致下方岩层结构的被动失稳,此过程厚硬顶板释放的能量为:

$$U = \iiint_v \sum_{i=1}^{n} \left[U_{vi} + \frac{1}{2}\rho_i \left(\frac{\mathrm{d}u_i}{\mathrm{d}t}\right)^2 + \rho_i g u_i \right] \mathrm{d}V \qquad (4\text{-}26)$$

式中　n——厚硬岩层破断总数;

　　　u_i——第 i 层岩层运动的位移;

　　　U_v——岩层中积聚的弹性应变能,$U_v = \dfrac{(1-2\mu)(1+2\lambda)^2}{6E}\gamma^2 H^2$,其中 λ 为平均水平主应力与垂直应力的比值;

　　　ρ_i——第 i 层岩层密度;

　　　g——重力加速度。

式中,第一项为厚硬顶板岩层积聚的弹性应变能;第二项为厚硬顶板破断过程中的动能;而第三项为破断后结构失稳向下运动的重力势能。由式(4-26)可知,本书可从以下几个方面进行卸压防治机理分析,主要包括分块降低积聚应变能;利用分段压裂悬臂梁结构减小破断动能;分层充分垮落、采空空间充填抑制失稳运动重力势能、高压水的浸润作用。

4.4.1 分段压裂减块降能

水力压裂裂缝的最终扩展方向总是垂直于最小主应力方向,根据三向应力 σ_H、σ_v、σ_h 的关系,裂缝的扩展形态大致可分为以下 3 种情况。当 $\sigma_H > \sigma_v > \sigma_h$ 时,沿着定向长钻孔水平压裂段,在垂直于工作面开采方向上形成了椭球体裂隙网络,该类型裂缝的形成促使坚硬岩层切分为多个块段,降低了岩层的完整性和强度,有效减小了顶板来压步距,岩层突然破断释放的能量强度将大幅降低,如图 4-23(a)所示。当岩层最大、最小水平主应力方向不同,且满足 $\sigma_H > \sigma_h > \sigma_v$ 时,水平段分段压裂后在垂直于工作面方向上形成了一水平裂缝面网,从而实现厚硬顶板分层,减小了厚硬顶板的有效厚度,如图 4-23(b)所示。

当满足 $\sigma_v > \sigma_H > \sigma_h$,即岩层所受垂直应力最大时,裂缝扩展形态如图 4-23(c)所示。此时形成了以垂直缝为主的近线状裂缝面,这导致压裂目标层位压裂裂缝覆盖范围较小,对于岩层的控制程度有限,工程量大,对工作面的强矿压控制效果不佳。

本书基于 Kaiser 法获取了神东矿区地应力分布特征。神东矿区开采煤层埋深大部分不大于 400 m,经过测试,埋深小于 200 m 时,有 $\sigma_H > \sigma_h > \sigma_v$;大于 200 m 时,有 $\sigma_H > \sigma_v > \sigma_h$,符合分段压裂成缝条件,有利于厚硬顶板改造。

通过分段水力压裂可将厚硬顶板岩层压裂成不规则块段(图 4-24),各块段间形成弱面。当支承压力增大时,各块段将沿弱面滑移释放能量,减小岩层应力,达到"压裂减小蓄能块段,降低蓄能能力"的强矿压灾害控制目标。体积为 V 的岩体积聚的弹性能 U_v 为:

$$U_v = \frac{V}{2E}\left[\sigma_1{}^2 + \sigma_2{}^2 + \sigma_3{}^2 - 2\delta(\sigma_1\sigma_2 + \sigma_2\sigma_3 + \sigma_3\sigma_1)\right] \qquad (4\text{-}27)$$

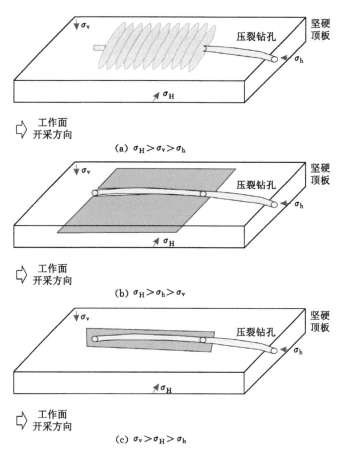

图 4-23 不同应力状态压裂裂缝形态

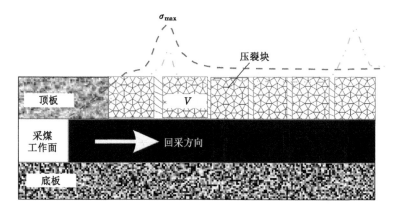

图 4-24 厚硬顶板分区分段压裂治理模型

式中 σ_1——第一主应力；

σ_2——第二主应力；

σ_3——第三主应力；

δ——岩体泊松比；

E——岩体的弹性模量。

由式(4-27)可知,岩体积聚的弹性能与岩体的块度和围岩应力呈正相关关系。因此,当完整岩体被压裂成若干小块时,其能量分散至各小块,且随着岩体块度的减小,积聚的能量随之降低,如图 4-24 所示。

4.4.2　厚硬顶板破断动能控制

从厚硬顶板破断失稳演化规律可以看出,厚硬顶板破断释放能量与岩层悬顶长度直接相关,卜庆为、涂敏等[163]通过对其建立的厚硬顶板能量积聚模型分析可知,厚硬顶板悬顶长度每增大 10 m,厚硬顶板的最大弯矩增大 50~100 MN·m,弯曲积聚能密度增幅达 30~150 kJ/m³,如图 4-25 所示。因此,控制悬顶长度(缩小顶板来压步距)是解决厚硬顶板强矿压灾害的重要途径。

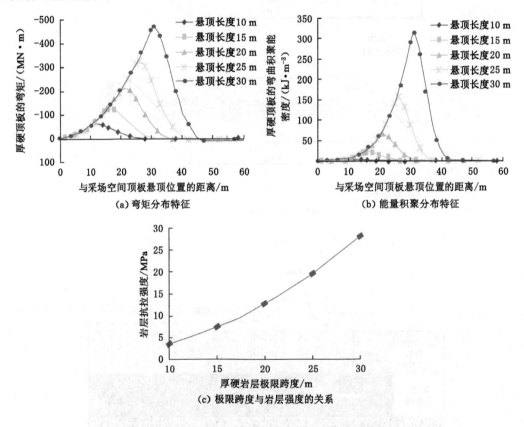

图 4-25　悬顶长度对厚硬顶板弯矩分布及能量积聚影响

本书通过 UDEC 离散元模拟分析方法建立了厚硬顶板破断及应力变化模型。分析可知,在未进行压裂处理时,随着工作面的推进,厚硬顶板悬臂梁结构开始形成,悬臂距逐渐增大,当悬臂距增大至 18 m 时,煤壁上部顶板应力增大至 17.8 MPa;当工作面推进至 22 m时,悬臂梁结构破断并产生滑落,与后方岩块铰接形成"砌体梁滑落失稳"结构,此时,煤壁上方顶板应力减小至 3.4 MPa;当"砌体梁滑落失稳"结构再次滑落失稳压实后,新的悬臂梁结构开始形成,应力增大至 10.32 MPa,如图 4-26 所示。

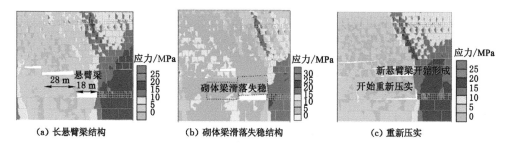

图 4-26　压裂弱化前工作面顶板破断特征及应力分布

压裂弱化处理后，随着工作面的推进，厚硬顶板应力逐渐增大，当推进至 10 m 时，顶板未垮落，且即将来压，煤壁上部顶板应力为 14.2 MPa；当推进至 12 m 时，厚硬顶板发生破断，形成较小尺度的砌体梁滑落失稳结构，工作面上方顶板应力为 0.7 MPa；顶板周期性垮落之后，岩块再次发生滑落失稳且逐渐稳定，顶板又形成新的砌体梁滑落失稳结构，此时顶板应力为 8.61 MPa，如图 4-27 所示。通过模型对比分析可知，厚硬顶板压裂弱化后，能够随着工作面的持续推进及时垮落，悬顶距离大幅度减小，且压裂后工作面在推进过程中有效避免了因长悬臂梁结构导致的应力集中现象。

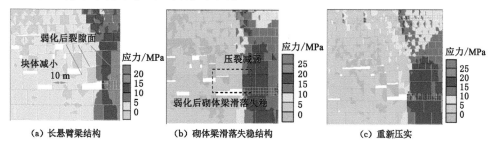

图 4-27　压裂弱化后工作面顶板破断特征及应力分布

通过厚硬顶板井下定向长钻孔分段压裂弱化后，顶板运移状态及应力分布得到了有效改变，使厚硬岩层在空间结构上产生三维弱面，在水力压裂弱化与支架联合作用下，厚硬顶板下部的强度及完整度均降低，顶板破断距减小，厚硬岩层顶板悬臂长度大幅度减小，如图 4-28 所示，厚硬顶板悬臂破断扰动能量降幅近 50%。

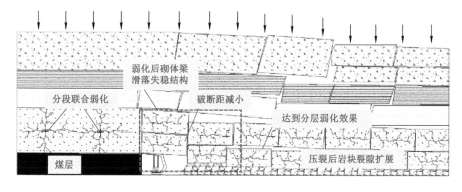

图 4-28　弱化后顶板破断示意图

4.4.3 分层垮落降能及支撑控能

基于最大拉应力破坏准则，当厚硬岩层所受的应力达到其极限抗拉强度时，岩层将发生拉伸破坏，由此推算得到的该岩层极限破断距为：

$$l_{max} = h \sqrt{\frac{\sigma_t}{q_0}} \tag{4-28}$$

式中　　l_{max}——厚硬岩层极限跨距，m；

　　　　h——厚硬岩层高度，m；

　　　　l——长度，m；

　　　　q_0——顶板岩层承受的单位面积荷载，MPa。

通过煤矿井下厚硬顶板定向长钻孔裸眼分段压裂技术，可在厚硬顶板中形成规模化压裂裂缝，形成人造层理面，减小岩层的有效厚度，将完整岩层分为两层或若干层（图 4-29）。由式（4-28）可知，岩层的极限破断距与岩层的厚度及岩石抗拉强度成正比，通过压裂裂缝的形成，可有效减小岩层的有效厚度和降低抗拉强度，减小极限破断距和岩层破断扰动荷载，有效防治厚硬顶板强矿压动力灾害。

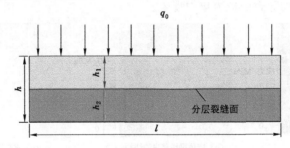

图 4-29　坚硬顶板分层结构示意图

通过前文对厚硬顶板分段压裂人工造缝前后覆岩破断运移特征模拟分析可知，在工作面推进过程中，在压裂裂缝弱化作用下，顶板垮落带高度由原始条件初采来压的 9.5 cm 和稳定后的 20.8 cm，大幅度增大至初次来压的 12.4 cm 和稳定后的 47.2 cm，稳定后的垮落带高度增幅达 126.9%。压裂厚硬顶板垮落岩体与巷道留设煤柱及承重岩层共同维持工作面的整体稳定。压裂厚硬顶板垮落岩体在充填采空空间的同时，抑制了低位厚硬顶板破断回转幅度，降低了破断岩块回转及自身重力产生的动载能量，同时，垮落岩体在充填完采空空间后，与高位厚硬岩层形成协同稳定体系，从而避免了高位厚硬岩层的过度变形、下沉及破断，阻断了其动载能量来源。

4.4.4 水的浸润弱化作用

水在岩石中主要有结合水和自由水两种赋存状态。水对岩石能够产生连接、润滑、水楔、孔隙水压和溶蚀等作用，影响岩石的力学性质。

因不同岩石的矿物成分、胶结类型及胶结程度等不同，不同含水率条件下的岩石中发生的一系列物化作用也不尽相同，水对岩石抗压强度和弹性模量等参数的作用机制也有差异。当水分子进入岩石颗粒间隙后，整体减小了颗粒之间的内聚力，导致岩石抗剪切强度降低，从而使岩石得到软化,岩石的强度有所降低。同时水也是一种溶解剂,可以浸润岩石中的水敏性矿物并与之作用,如黏土矿物中蒙脱石吸水膨胀,使得试样内部的应力分布不均匀或部分胶结物被溶解,对岩石起软化作用,从而降低了岩石材料的抗变形能力,使岩石试样的强度有所降低[164]。

通过不同岩石在不同含水率下实验室测定结果分析可知,岩石在高压水作用下,单轴抗压强度降低,内聚力、内摩擦角、冲击能量指数、弹性能量指数均减小,岩石塑性增强,岩石动态破坏时间增加,发生失稳的可能性降低。水对岩石力学性质影响试验结果如图 4-30 所示。由图可知,随着含水量的增大,岩石的弹性模量急剧减小,抗压强度大幅度降低。

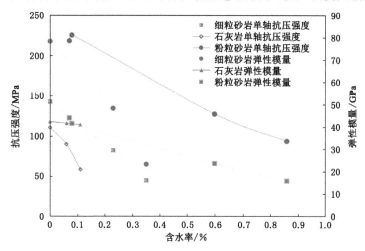

图 4-30　水对岩石力学性质影响试验结果

4.5　本章小结

(1) 基于厚硬顶板初次来压固支梁模型和周期来压悬臂梁力学模型,分析了分段压裂控制断顶的合理方式,得出了周期来压期间厚硬顶板合理的悬顶长度公式;提出了初次来压及周期来压合理的造缝深度判识公式。

(2) 建立了基于"垮落填充体＋煤柱＋承重岩层"协同支撑系统,分别从回采垮落阶段、充填接触压缩阶段、压实支撑阶段 3 个阶段分析了卸压控能防治机制,并构建了压裂垮落体填充支撑高度定量判识公式。

(3) 厚硬顶板弱化后,周期来压步距由平均 19.2 cm 减小至 16.8 cm,破断角由平均 40°增大至 63°,顶板悬顶长度降幅达 40％以上,破断能量释放频次大幅提高,总能量和单次破断释放能量降幅达 30％以上,实现了厚硬顶板的超前区域有效弱化控制。

(4) 基于厚硬顶板静载能量积聚和破断动载能量释放的灾害本源,揭示了厚硬顶板井下分段压裂卸压改造机理,实现了静载能量控制,最后分析了垮落充填支撑抑制高位能量补给的区域卸压防治机理。

5 研究区井下工程试验研究

前述研究给出了压裂目标层位选择和分段压裂合理断顶方式,研发了煤矿井下定向长钻孔裸眼分段压裂成套装备,同时分析了压裂前后覆岩运移特征和不同条件下裸眼分段压裂裂缝扩展规律,并揭示了厚硬顶板强矿压灾害裸眼分段水力压裂卸压机理。本章依托以上研究成果,以神东矿区典型矿井为工程背景,对厚硬顶板造成的强矿压动力灾害进行分析,研发煤矿井下定向长钻孔裸眼分段压裂工艺技术,并建立压裂效果综合监测评价方法体系,开展煤矿井下厚硬顶板强矿压动力灾害定向长钻孔裸眼分段压裂区域卸压防治应用示范工作,定量评价压裂裂缝扩展和区域卸压效果。

5.1 试验条件及设计

5.1.1 试验条件分析

神东矿区布尔台煤矿位于鄂尔多斯盆地东北部,属于典型的陆相沉积环境,煤系地层以侏罗系煤层为主。煤层顶板覆岩结构稳定,直接顶以砂质泥岩为主,基本顶发育厚层细粒砂岩、粉砂岩。砂岩矿物成分主要有石英、长石、岩屑、黏土矿物,其中石英含量越高,岩石强度越高。砂岩胶结类型主要有钙质、硅质、泥质、铁质胶结等,其中硅质胶结和钙质胶结的砂岩一般强度较高,泥质胶结的砂岩遇水后易软化。杜峰等[165]采用单偏光和正交偏光观测系统,对神东矿区布尔台侏罗系煤层砂岩矿物成分和胶结结构进行了测试。测试结果表明,研究区煤系砂岩主要由石英、长石、云母和岩屑组成,其中石英含量最高,含量为 $17.67\%\sim51.33\%$,平均 37.58%。砂岩抗压强度整体为 $18.33\sim72.41$ MPa,平均 46.58 MPa;粉砂岩抗压强度整体为 $18.33\sim57.78$ MPa,平均 34.90 MPa;细粒砂岩抗压强度整体为 $36.65\sim72.41$ MPa,平均 55.86 MPa;粗粒砂岩抗压强度 37.64 MPa。整体上细粒砂岩强度最高,其中钙质胶结细粒砂岩强度更高,抗压强度整体为 $64.73\sim72.41$ MPa,平均 67.85 MPa。

神东矿区布尔台煤矿 42202 工作面回采走向长度为 $4\,485.24$ m,工作面倾向长 313 m,主采煤层为侏罗系延安组 4-2 煤层,煤层厚度 $5.4\sim7.2$ m,平均 6.2 m,煤层倾角 $1°\sim4°$,煤层埋深 $390\sim480$ m。直接顶为砂质泥岩,平均厚度 5.92 m;4-2 煤层基本顶发育一层 $22\sim26$ m 厚的细粒砂岩,平均厚度为 24.06 m,岩层抗压强度平均达 64.73 MPa,坚硬难垮。如果不采取治理措施,工作面在回采过程中,则极有可能因为大面积悬顶造成巷道大面积变形、支架压死等强矿压灾害。

工作面采用综放开采方式,可实现一次采全高。在回采过程中,基本顶悬顶面积大,来压强度高,最大支架压力达 62.0 MPa,工作面巷道底鼓及煤壁片帮严重,最大底鼓量达 2.5 m,工作面支架有时出现压死、爆缸现象,如图 5-1 所示。

(a) 支架压死　　　　　(b) 立柱爆缸　　　　　(c) 支护破坏　　　　　(d) 巷道急剧收缩

图 5-1　厚硬顶板强矿压动力灾害形式

5.1.2　试验施工设计

42202 工作面回采倾向长度为 313 m,煤柱宽度为 35 m,基本顶垮落至采空区时孔隙比为 0.9,经过实测压实后孔隙比为 0.5。通过工作面回采过程中的跟踪观测,其自然垮落高度为 15 m 左右,动力灾害发生的主要原因为厚硬砂岩顶板悬顶面积大、未能及时垮落。因此压裂施工位置初步优选在该层位,依据"垮落填充体＋煤柱＋承重岩层"协同稳定支撑判识公式[式(4-25)]对所需垮落填充高度进行计算,其中煤柱的极限抗压强度取煤层最大抗压强度,γ_p 取煤柱宽度,I 为垮落体矩形贯矩,b 为砂岩层厚度(24.06 m),h 为填充体宽度,即工作面宽度(313 m)。经过计算,形成稳定"垮落填充体＋煤柱＋承重岩层"协同支撑系统所需的最小垮落体高度为 18.01 m。为了保证支撑系统的有效性和压裂裂缝延展的均匀性及弱化效果,设计的压裂钻孔应布置于基本顶细粒砂岩中部,即煤层顶板 26 m 位置。

针对 42202 工作面一次见方位置、二次见方位置、上覆已采煤层遗留煤柱等易发生强矿压显现问题,设计了钻孔布置方案,如图 5-2 所示。该方案共布设了 4 个钻场 12 个钻孔,设计孔径 96 mm,孔口一开 96 mm 钻进至直接顶,二开扩孔 153 mm,下 127 mm 套管跨过岩层 10 m。套管候凝结束后按照设计轨迹一开 96 mm 钻进至终孔,钻孔压裂目标层位为 4-2 煤层基本顶细粒砂岩。其中,1 号和 2 号钻场主要用于解决工作面见方期间矿压显现剧烈问题;3 号钻场的主要用途为避免出现上覆遗留煤柱高应力集中灾害区域;4 号钻场用于解决厚硬顶板末采区域矿压显现剧烈问题。单个钻场采取等间距工作面走向布置 3 个定向长钻孔方式,如图 5-3 所示。单孔长度 330～530 m,相邻钻场钻孔采取压茬覆盖方式实施,避免出现治理盲区。利用 ZDY6000LD 型定向钻机在煤层中部开孔。钻孔采用两级孔身结构,一开(孔径 96 mm)钻进至 35 m,经过两次扩孔后,下入 146 mm 套管,使用封孔水泥注浆、固孔,候凝 48 h。经注水试压合格后,进行二开(孔径 96 mm)定向钻进,钻进至设计孔深为止。为保证钻探及后期压裂施工安全,应在孔口安装孔外限位器。

试验运用回转和定向滑移技术,结合随钻测量系统,实现了压裂钻孔轨迹实时监测和精准控制;结合压裂区域岩性地层剖面,透明化监控钻孔轨迹,为优选压裂段位置提供可靠地质信息支撑。

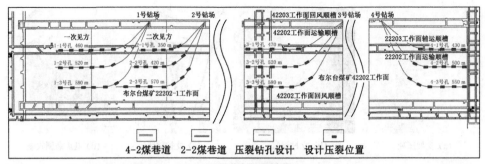

（a）压裂钻孔平面布置

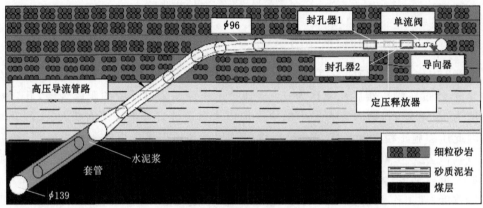

（b）压裂钻孔剖面布置

图 5-2　压裂钻孔布置方案

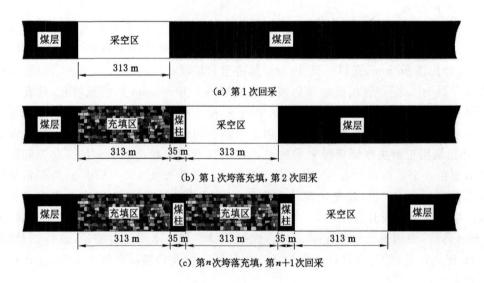

图 5-3　垮落充填开采过程

5.2 分段压裂工艺技术及效果评价

5.2.1 裸眼分段压裂工艺技术原理

利用煤矿井下定向钻进成套装备技术,首先按照压裂设计,在煤层顶板目标层位中施工长度大于 500 m 的定向裸眼钻孔,如图 5-4 所示。待完成钻进施工后进行钻孔清洗。按照孔内压裂装置功能顺序,利用定向钻机依次将正反洗导向器、高压压裂管、裸眼高压封隔器 1、高压压裂管、定压压裂释放器、高压压裂管、裸眼高压封隔器 2、安全分离装置及连接孔口的高压压裂管输送至孔内,如图 5-5 所示。通过高压压裂胶管和孔口安全装置,将高压压裂泵站系统与孔内成套装置连接,如图 5-6 所示。待输送完成后,利用正反洗导向器和小排量档位进行孔内反洗作业,将因摩擦产生的掉块或残渣清洗。之后,投入低密度封堵球,并利用高压水促使其处于正反洗导向器球座位置,封堵孔内压裂工具通道,在小排量档位下缓慢持续注入高压水,通过远程控制系统动态监测孔内注入压力。当压力达到 $2\sim5$ MPa 时,裸眼高压封隔器完成坐封,形成密封压裂空间,然后利用远程控制系统进行压裂泵组升档,持续注入高压水。当孔内注入压力达 $8\sim12$ MPa 时,在定压压裂释放器中控制弹簧压缩,开启注水通道,进行注水压裂作业。按照设计进行压裂施工,当单段压裂形成 $2\sim4$ 次明显压力降事件后,完成单段压裂施工。如在 30 min 内未出现明显的压力降事件,则需通过远程控制系统增大压裂泵泵注排量,以提高泵注压力,保证出现明显的压力降事件。在压裂施工过程中,应在压裂钻孔附近布设存储式微地震监测仪,以实时监测压裂裂缝的发育情况,然后结合明显的压力降事件,判断是否达到压裂设计,形成有效规模的压裂裂缝。在压裂施工过程中,利用远程控制系统,借助温度传感器、压力传感器及流量传感器,动态监测孔内注入压力及流量,实时分析压裂泵组的运行情况。

(a) 定向钻孔开孔

(b) 定向钻进施工

图 5-4 定向长钻孔施工

当完成钻孔单段压裂施工后,停止高压压裂泵运转,随着装置内压裂液的流出,裸眼高压封隔器逐步回缩至原始或近原始状态,定压压裂释放器弹簧回归原位。然后利用正反洗导向器注入小排量高压水进行反洗作业,当孔内冲洗干净后,停止洗孔作业。最后利用定向钻机,将孔内压裂装置推送至下一段压裂位置,如此循环完成单孔多段的压裂施工。根据压裂治理区域的需要,可进行多孔压裂施工,以实现厚硬顶板的有效弱化,如图 5-7 所示。

图 5-5　孔内压裂装置输送

图 5-6　孔外压裂泵组连接

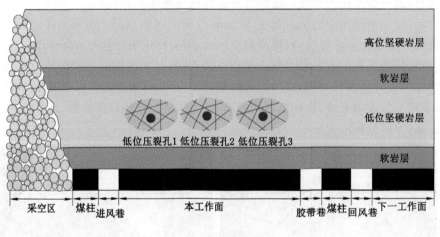

图 5-7　多孔压裂效果

5.2.2　研究区分段压裂关键技术参数设计

（1）压裂段间距及排量设计

① 模型设计

通过 3.5.3 小节压裂裂缝影响因素分析可知,压裂段间距和排量及结构面强度是影响压裂裂缝拓展的关键因素。因结构面强度为自然条件下的参数,难以调整,故本章主要对压裂段间距和排量关键技术参数进行优选。根据井下定向长钻孔裸眼分段压裂设计,结合研究区覆岩结构分布和地层相关参数,采集研究区地层岩石力学数据,依托矿区地应力分布特征,对模型相关参数赋值,其中地层最小水平主应力为 4.46～5.83 MPa,应力梯度为 1.22～1.33 MPa/100 m,依托 MFrac Suite 软件建立模型,如图 5-8 所示。地层物性参数见表 5-1。

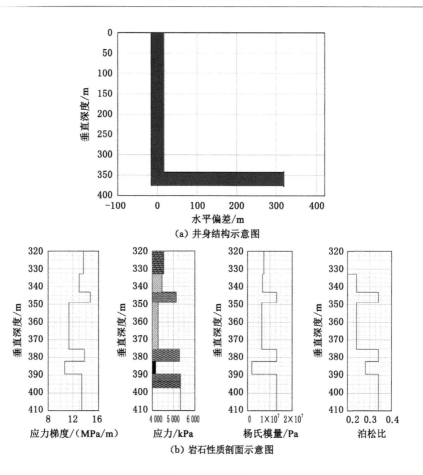

（a）井身结构示意图

（b）岩石性质剖面示意图

图 5-8　模拟模型

表 5-1　地层物性参数

岩性	底部深度/m	杨氏模量/Pa	泊松比	地应力/kPa	地层压力/kPa	渗透率/mD	孔隙度
细粒砂岩	343.26	6.75×10^6	0.24	4 545	3 982.50	0.10	0.138 4
粉砂岩	349.00	1.31×10^7	0.34	4 460	4 049.10	0.05	0.061 8
细粒砂岩	375.46	6.45×10^6	0.24	5 141	4 356.09	0.10	0.138 4
粉砂岩	382.12	1.31×10^7	0.34	4 280	4 433.36	0.05	0.061 8
煤	389.30	2.00×10^6	0.28	5 282	5 000.00	0.50	0.050 0
粉砂岩	397.13	1.31×10^7	0.34	4 160	5 000.00	0.05	0.061 8

② 模拟分析方案

基于 MFrac Suite 软件的压裂裂缝模拟功能，通过不同压裂段间距和排量条件下分段压裂裂缝扩展特征分析，优选压裂段间距、泵注排量关键技术参数。模拟对比方案见表 5-2。

a. 等压裂段间距、不同排量条件下裂缝特征分析方案。在厚硬顶板分段压裂改造过程中，通常采用较大的排量以扩大水力裂缝的波及范围和提高应力卸压及转移效果，但因受煤矿井下压裂施工空间和供水、供电的限制，压裂装备的工作能力受到影响。因此本书提出了多点拖动式裸眼分段压裂方式,采用该方法可在有限的压裂段空间内实现大规模三维裂缝。为了分析优选压裂施工排量参数,基于现有井下实际压裂排量使用工况,本次试验以井下实际供水流量 60 m^3/h 为边界,在等压裂段间距条件下,模拟分析压裂注水流量分别为 24 m^3/h、40 m^3/h、60 m^3/h 条件下的压裂裂缝发育特征。

表 5-2 模拟对比方案

序号	压裂段间距/m	压裂注水流量/($m^3 \cdot h^{-1}$)	注水时间/min	注水量/m^3
Ⅰ模拟对比设计	30	24	90	36
	30	40	60	40
	30	60	48	48
Ⅱ模拟对比设计	27	50	60	50
	30	50	60	50
	35	50	60	50

b. 一定排量条件下不同压裂段间距裂缝特征分析方案。在定向长钻孔分段压裂过程中,每个张开的裂缝对围岩、邻近裂缝产生的附加应力场被称为"应力影",它影响裂缝宽度和裂缝扩展的路径,制约了压裂裂缝的铺展和网状裂缝的形成规模,降低了压裂弱化治理效果。优选合适的压裂段间距可以有效避免该现象,规避后压裂的裂缝贯穿到已压裂的水力裂缝中。本次试验采取同一排量条件下,模拟分析压裂段间距分别为 27 m、30 m、35 m 条件下的裂缝特征。

③ 模拟结果分析

A. 不同泵注排量条件下压裂裂缝特征分析

通过不同泵注排量条件下压裂裂缝特征分析可知,当采取小排量(24 m^3/h)、大时长(90 min)、低液量(36 m^3)条件下进行压裂施工时,压裂裂缝半径为 30.91 m,垂向上裂缝高度为 27.32 m,平均压裂裂缝宽度为 0.128 cm。裂缝宽度随其与孔壁距离的增大而逐渐减小,裂缝在裸眼孔壁起裂位置最大宽度为 0.190 cm,延伸形态为椭球体。具体模拟结果如图 5-9 所示。

当采取中排量(40 m^3/h)、中时长(60 min)、中液量(40 m^3)条件下进行压裂施工时,压裂裂缝半径为 34.05 m,垂向上裂缝高度为 27.45 m,平均压裂裂缝宽度为 0.134 cm。裂缝在裸眼孔壁起裂位置最大宽度为 0.200 cm,在增大排量条件下,压裂裂缝半径增大较为明显,但裂缝高度和宽度变化较小。具体模拟结果如图 5-10 所示。

当采取大排量(60 m^3/h)、小时长(48 min)、高液量(48 m^3)条件下进行压裂施工时,压裂裂缝延展半径为 40.17 m,垂向上裂缝高度为 27.66 m,平均裂缝宽度 0.142 cm。裂缝在裸眼孔壁起裂位置最大宽度为 0.220 cm,在大排量、小时长、高液量注入条件下,压裂裂缝半径明显增大,裂缝高度和宽度也有不同程度的增大。具体模拟结果如图 5-11 所示。

B. 不同压裂段间距条件下压裂裂缝特征分析

当采取在定排量(50 m^3/h)、定时长(60 min)、定液量(50 m^3)和压裂段间距为 27 m 的条件下进行压裂施工时,压裂裂缝半径为 39.97 m,垂向上裂缝高度为 27.40 m,沿钻孔方向裂缝发育半径为 15.20 m,平均裂缝宽度为 0.143 cm。通过模拟结果的主视图和侧视图

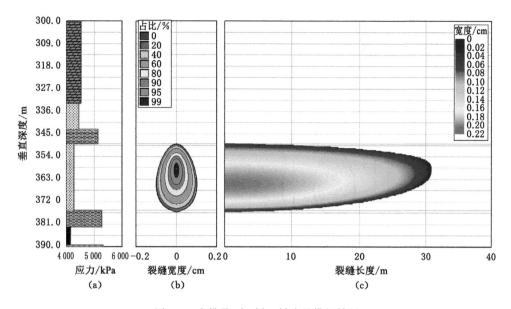

图 5-9 小排量、大时长、低液量模拟结果

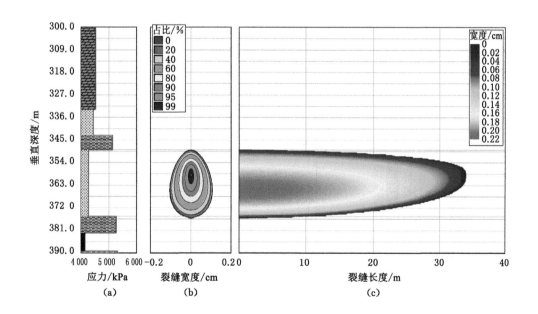

图 5-10 中排量、中时长、中液量模拟结果

分析可知,压裂裂缝延伸形态为明显的椭球体,压裂裂缝呈随孔壁向外延伸宽度逐渐变小的缝网结构,如图 5-12、图 5-13 所示。

当采取在定排量($50\ m^3/h$)、定时长($60\ min$)、定液量($50\ m^3$)和压裂段间距为 $30\ m$ 的条件下进行压裂施工时,压裂裂缝半径为 $37.61\ m$,垂向上裂缝高度为 $27.38\ m$,平均裂缝宽度为 $0.132\ cm$。在增大压裂段间距后,压裂裂缝半径明显减小,裂缝垂向扩展高度有所减小但整体不显著(图 5-14)。压裂裂缝缝网规模增大,压裂裂缝长度有所增大,但整体裂缝宽度有所减小,沿钻孔方向裂缝发育半径减小至 $14.20\ m$,如图 5-15 所示。

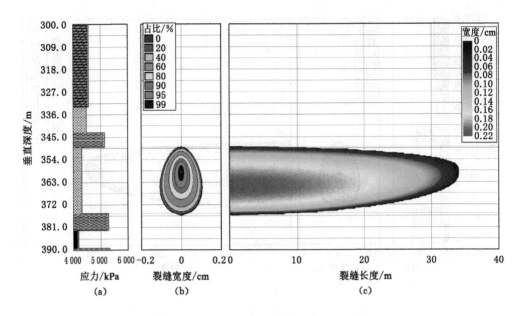

图 5-11 大排量、小时长、高液量模拟结果

当采取在定排量（50 m³/h）、定时长（60 min）、定液量（50 m³）和压裂段间距为 35 m 的条件下进行压裂施工时，压裂裂缝半径为 34.75 m，垂向上裂缝高度为 27.35 m，平均裂缝宽度为 0.129 cm。当压裂段间距增大至 35 m 时，裂缝半径明显减小，降幅达 2.85 m；裂缝垂向扩展高度有轻微减小，如图 5-16 所示。压裂裂缝缝网规模增大，压裂裂缝数目有所增加，但裂缝宽度有所减小，沿钻孔方向裂缝发育半径减小为 12.80 m，如图 5-17 所示。

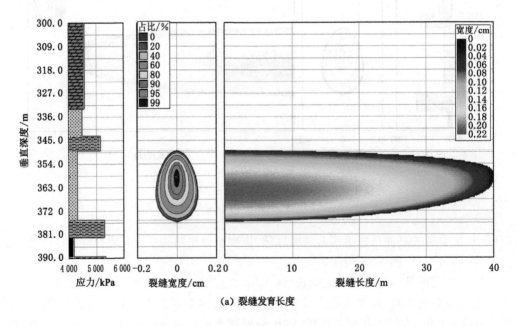

（a）裂缝发育长度

图 5-12 压裂段间距为 27 m 条件下的模拟结果

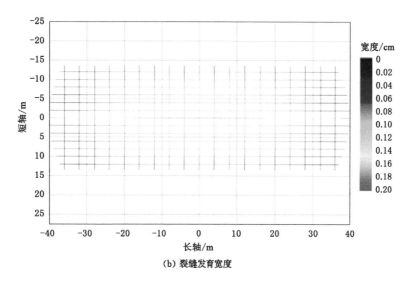

（b）裂缝发育宽度

图 5-12　（续）

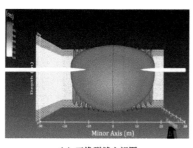

（a）三维裂缝主视图

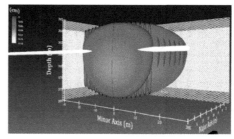

（b）三维裂缝侧视图

图 5-13　压裂段间距为 27 m 条件下的模拟结果三维视图

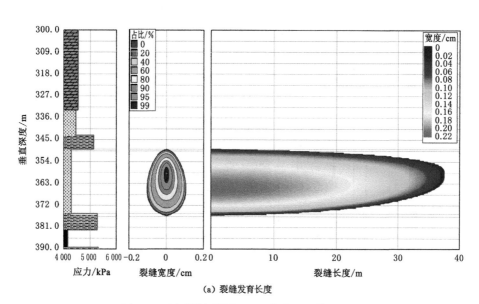

（a）裂缝发育长度

图 5-14　压裂段间距为 30 m 条件下的模拟结果

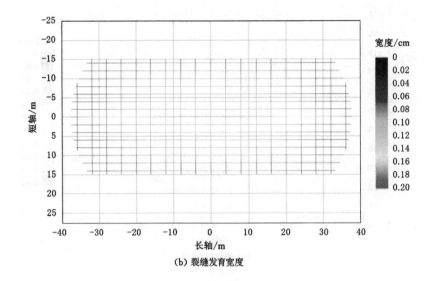

(b) 裂缝发育宽度

图 5-14 （续）

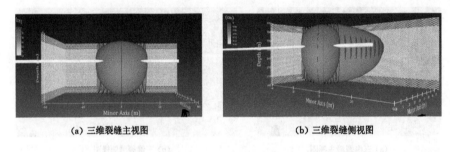

(a) 三维裂缝主视图　　　　　　　　(b) 三维裂缝侧视图

图 5-15　压裂段间距为 30 m 条件下的模拟结果三维视图

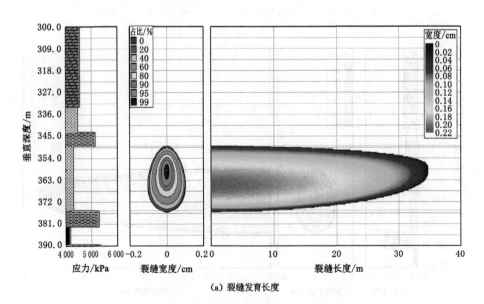

(a) 裂缝发育长度

图 5-16　压裂段间距为 35 m 条件下的模拟结果

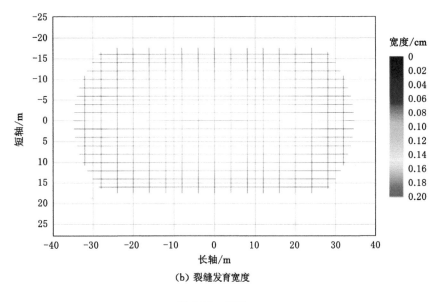

(b) 裂缝发育宽度

图 5-16　（续）

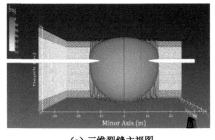

(a) 三维裂缝主视图

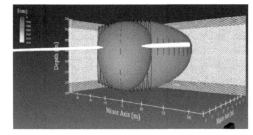

(b) 三维裂缝侧视图

图 5-17　压裂段间距为 35 m 条件下的模拟结果三维视图

由不同压裂段间距和不同压裂排量条件下的裸眼分段压裂水平钻孔段压裂裂缝缝网扩展形态可以看出：

a. 在厚硬顶板岩层进行分段压裂后,压裂裂缝形态整体呈椭球体,压裂裂缝宽度随其与孔壁距离的减小逐渐减小,裂缝在裸眼孔壁起裂位置最大宽度为 0.220 cm。

b. 在等压裂段间距条件下,分别对 24 m³/h、40 m³/h、60 m³/h 不同排量条件下的情况进行模拟分析。当采取大排量、小时长、高液量的压裂施工方式时,压裂裂缝延展半径明显增大,增幅近 9.26 m,垂向上裂缝高度变化不明显,压裂裂缝宽度有略微减小。

c. 压裂裂缝规模随压裂段间距的增大而增大,压裂段间距由 27 m 增大至 35 m 时,压裂裂缝半径减小,最大降幅达 2.85 m,沿钻孔方向裂缝发育半径由 15.20 m 减小为 12.80 m。考虑经济效益,压裂段间距选择 30 m 更为合理。

（2）压裂钻孔间距设计

① 模型建立

基于 XFEM 扩展有限元方法,借助 ABAQUS 大型压裂模拟软件,建立应力-渗流-损伤三场耦合有限元数值模拟模型,如图 5-18 所示。依据同类地质条件下长钻孔分段压裂影响范围,并考虑经济效益,二维平面应力模型宽(X 方向)设置为 60 m,长(Y 方向)设置为 160 m;边界条件设置为 X 方向施加最小水平主应力,Y 方向施加地层应力。在模拟过程中,基于最大拉应力准则判断裂缝的起裂情况。模型为单层细粒砂岩,岩层厚度为 160 m,主要模拟顶板定向长钻孔相邻钻孔分段压裂裂缝之间的干扰过程。

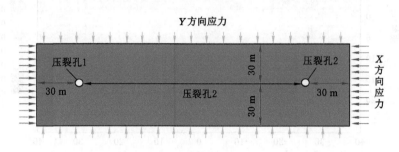

图 5-18　钻孔间距模拟数值模型

② 模型参数设置及方案

根据现场取样和岩石参数测试结果,并综合岩石的尺度效应,模型参数设置见表 5-3。

表 5-3　模型基础参数

参数	细粒砂岩
抗拉强度/MPa	0.56
弹性模量/GPa	10.30
泊松比	0.35
密度/$(kg \cdot m^{-3})$	2 500
渗透率/$\times 10^{-3} \mu m^2$	0.01
孔隙率/%	3
地层压力/MPa	5.14
最小水平主应力/MPa	4.36

模拟采用的压裂钻孔间距分别为 60 m、70 m、80 m,注水排量为 50 m³/h,压裂方式为顺序压裂。为保持压裂后应力对比条件的一致性,应固定应力监测点,监测从压裂起始位置 10 m 开始,长度为 60 m。

③ 模型结果分析

由不同压裂钻孔间距应力分布图(图 5-19)可知,压裂施工后,均能实现压裂区域的应力卸压沟通。当压裂钻孔间距为 60 m 时,缝间应力卸压沟通程度较高,原始应力为 4.25 MPa,压裂卸压后最低应力为 1.52 MPa,卸压系数为 2.79(卸压系数为原始状态应力与压裂改造后对应应力的比值);当压裂钻孔间距增大至 70 m 和 80 m 时,卸压系数分别为 1.48 和 1.34。随着压裂钻孔间距的增大,卸压程度逐渐降低。动力灾害的控制与压裂卸压效果直接相关,在同等地质条件下,优选卸压程度较高的钻孔间距。

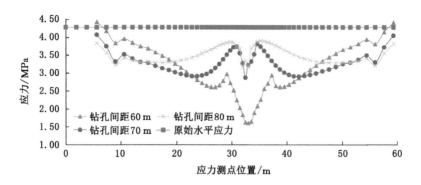

图 5-19　不同钻孔间距压裂后应力变化规律

5.2.3　分段压裂工艺技术

定向长钻孔裸眼分段水力压裂超前弱化控制技术是基于压裂垮落体充填支撑系统,结合厚硬顶板悬顶合理长度判识结果,综合压裂段间距、钻孔间距及施工排量等参数进行定量设计并开展实施的。其工艺流程主要包括目标层位定量判识、压裂技术参数设计优选、钻场准备、定向钻进施工、孔内工具下入、单段压裂施工和循环压裂施工等,如图 5-20 所示。

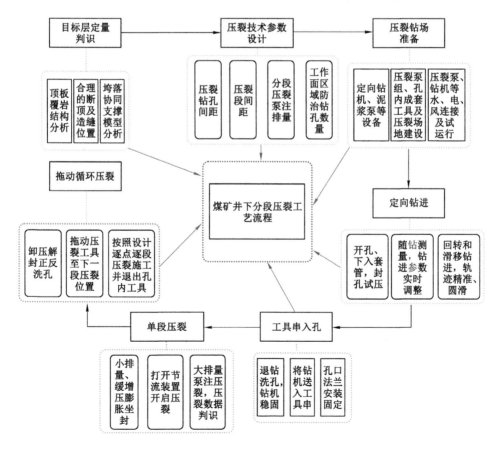

图 5-20　顶板定向长钻孔裸眼分段压裂工艺流程

(1) 目标层定量选择

根据厚硬顶板覆岩结构及力学特征分析结果,通过硬岩判识方法来筛选厚硬岩层;基于"垮落填充体＋煤柱＋承重岩层"协同支撑系统,结合周期来压期间厚硬顶板合理悬顶长度及初次来压和周期来压合理造缝深度判识公式,定量确定顶板定向长钻孔裸眼分段压裂卸压防灾目标层层位。

(2) 压裂技术参数设计

基于治理区域地质和生产相关资料,依托 MFrac Suite 和 ABQUS 分析软件,对厚层坚硬顶板压裂裂缝缝网形成的主要地质与施工因素进行讨论分析,筛选关键控制因素,优选合理的压裂段长度、钻孔数量、注入排量等参数。

(3) 钻探及压裂设备优选

根据煤矿井下定向长钻孔裸眼分段压裂区域卸压技术模式,结合研发的孔内成套装置特点,钻探设备需要具备以下功能:① 钻机高度不超过 1.8 m,长度不大于 7 m,宽度不大于 1.5 m;② 钻机在厚硬顶板能够实现一次长度为 800 m 以上的成孔;③ 钻孔成孔直径为 96 mm 或 120 mm,钻孔水平成孔精度为 ±5 m,垂直成孔精度为 ±0.2 m,钻孔需平稳、光滑;④ 钻机能够实时记录钻进数据,并自动成图展示,分析工具输送情况,还可自动输送压裂成套工具进入定向长钻孔指定位置。

压裂泵组应具备以下功能:① 不同输出排量和压力调整能力;② 排量应大于 60 m³/h,输出最高压力不低于 60 MPa,以满足高滤失目标层位压裂弱化需求;③ 远程视频监控功能,避免高压危险区域作业,且能够动态观测压裂过程中顶板、煤壁及孔口出水卸压情况;④ 应能够远程(距离 1 km 以上)自动控制,且具备压裂期间压力、流量等数据的存储、记录和成图功能,便于对于压裂施工质量评判。

煤矿井下裸眼钻孔分段压裂孔内成套工具应具备的功能有:① 钻孔中的分段压裂装备所承受的压力不低于 70 MPa;② 可实现单孔 1 000 m 距离以上输送和无限级压裂实施;③ 压裂段间距等参数可根据需求进行调整。

(4) 分段压裂施工流程

分段压裂施工流程为:首先,采用厚硬顶板定向长钻孔多点拖动式分段水力压裂弱化技术,根据定向长钻孔施工轨迹,优选压裂封孔器坐封位置,将压裂成套工具输送至设计位置;然后通过双封隔器单卡压裂目标层层位,在封隔器中设计平衡卸压通道,以实现高压管柱中压裂液与封隔器压力的平衡传递,达到"即压即封、卸压解封"的目标;最后,待完成单段压裂施工后,排水卸压,拖动压裂装置至下一位置,如此循环进行压裂施工。

5.2.4 分段压裂效果评价体系

煤矿井下厚硬顶板定向长钻孔裸眼分段压裂区域卸压防治效果评价主要分为压裂裂缝发育特征和矿压动力灾害卸压防治效果两部分。准确掌握顶板分段水力压裂裂缝的几何形态和延展情况,对评价厚硬顶板弱化效果,检验和提高压裂设计的准确性,提高厚硬顶板卸压防灾效果具有重要指导作用。现有的煤矿井下厚硬顶板压裂弱化技术多利用压裂过程中压力和流量变化曲线,并配套井下孔内三维电视成像和微震监测等技术进行压裂裂缝延展情况的评价。但对压裂过程压裂数据的监测分析,只能间接反映压裂是否形成了一定规模的裂缝,无法展示裂缝展布形态、大小及延展方向。井下孔内三维电视成像监测方法是利用钻孔内摄像仪器采取平面反光方式观测和记录钻孔孔壁图像,以反映钻孔孔壁结构、裂隙发育情况和井中其他地质现象等的测试方法。它能够直观地记录和展示裂缝起裂位置和基本形态,但限于技术因素需要利用电缆传输信号,无法进行深孔(深度大于 200 m)探测记录,且其仅能揭露钻孔孔壁裂缝发育情况,无法反映裂缝的延展长度和宽度等信息。因此,亟须针对煤矿井下压裂过程中裂缝延伸的监测技术进行研究。

在压裂过程中,随着压裂液的注入,孔隙内的压力迅速升高。当此注入压力高于孔壁附近的地应力和地层岩石抗张强度时,岩石发生破裂,孔内地层产生裂缝。随着压裂液的持续注入,裂缝向前延伸,逐渐形成具有一定几何尺寸的裂缝。岩石破裂过程将产生一系列向四周传播的微震波和声波,其释放的能量较常规地震波小很多,故俗称"微地震"。通过在压裂监测区域布置监测仪器来接收波能信号,从而确定微地震震源即岩石起裂位置,但微地震震源仅能反映裂缝开始发育的空间位置和裂缝发育方向,无法对压裂裂缝延展规模和展布形态进行精确定位。针对以上问题,本书提出了煤层厚硬顶板分段压裂效果立体综合时空监测方法,以及实时、动态地在时间和空间上监测压裂裂缝发育特征的思路,以期能够实现有效数据记录和分析,多方法、多手段地揭示压裂裂缝空间展布规模和形态。

在分段压裂卸压效果评价方面,构建了应力、能量及变形等多场融合的压裂卸压效果定量评价体系。利用该体系对压裂与未压裂区域,从来压步距、来压强度、动载系数及煤体应力变化等方面定量评价区域卸压防灾效果。具体评价体系如图 5-21 所示。

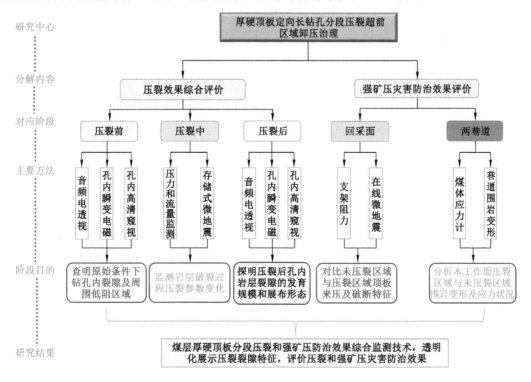

图 5-21 压裂效果综合监测评价体系

5.3 井下工程试验实施

5.3.1 工程试验情况

42202工作面累计完成了12个压裂钻孔的施工,每个压裂钻孔长度350～580 m。在钻孔实施过程中,要全程跟踪定向钻孔施工,根据孔口返渣岩样进行岩性鉴定,并结合压裂工艺及装备,优选轨迹平缓稳定的位置作为压裂封隔器坐封点。钻孔垂向控制轨迹精度为±0.4 m,水平控制轨迹精度为±3.0 m,单孔压裂6～10段,累计压裂111段,最高压力33.1 MPa,出现3.0 MPa以上明显压力降近700次,最大压力降为12.8 MPa,形成了有效的三维裂缝,降低了顶板整体强度。具体的压裂钻孔数据见表5-4。

表5-4 压裂钻孔数据

钻孔号	孔深/m	压裂段数/段	最高压力/MPa	最低压力/MPa	最大压降/MPa	压降次数/次
1-1	460	8	25.1	14.1	8.2	74
1-2	520	8	25.9	10.9	9.8	56
1-3	580	10	29.2	10.6	7.0	71
2-1	350	6	30.7	14.7	9.2	47
2-2	426	8	28.0	14.2	7.1	55
2-3	570	9	26.9	9.9	10.0	65
3-1	470	8	33.1	14.5	12.8	66
3-2	520	9	31.3	12.6	8.0	87
3-3	580	9	28.8	8.6	11.8	72
4-1	430	8	30.5	16.3	7.7	33
4-2	500	9	33.1	12.7	10.2	27
4-3	550	10	25.7	13.1	9.8	40
合计	5 956	101				693

5.3.2 压裂裂缝监测评价

为了有效揭示井下厚硬顶板裸眼分段压裂裂缝发育特征,本试验采用煤矿井下音频电透视监测技术揭示压裂裂缝体积全貌,通过孔内瞬变电磁仪展示裂缝平面范围及方向,然后采用微地震监测仪器重点监测裂缝破断、形成规律,以及岩层压裂裂缝表面的具体特征,最后通过综合对比实现压裂裂缝发育特征的定量化分析。

(1) 压裂施工数据分析评价

针对厚硬顶板厚度大、强度高、致密性强,以及回采过程中难以垮落、来压强度大等特点,结合合理悬顶长度控制计算结果,单个钻场应采取等间距沿煤层方向布置3个定向长钻孔,每个钻孔长350～580 m,采用"双封单卡"裸眼分段水力压裂工艺技术对钻孔进行由内至外的逐段压裂施工。压裂位置为进入目标层位的水平段,单孔有效水平段长260～

460 m，压裂段间距 30 m，泵注流量 60 m³/h，单孔累计注水量 280～540 m³。由某段压裂数据的分析结果可知，最大压力 30.5 MPa，最小压力 12.4 MPa，最大压力降 12.9 MPa，压裂效果明显，如图 5-22 所示。

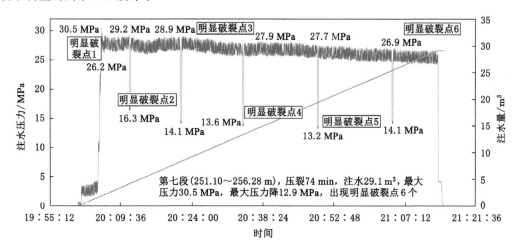

图 5-22　分段压裂过程压力曲线变化规律（部分）

（2）微地震监测技术分析

本试验利用 YTZ3 型高精度微震监测系统（图 5-23）来监测震动能量大于 100 J、频率范围为 1～1 000 Hz 及强度高于 120 dB 的震动事件，采用三分量法精准定位，以布尔台煤矿 42202 工作面 4 号钻场 4-3 号孔为例进行监测分析。

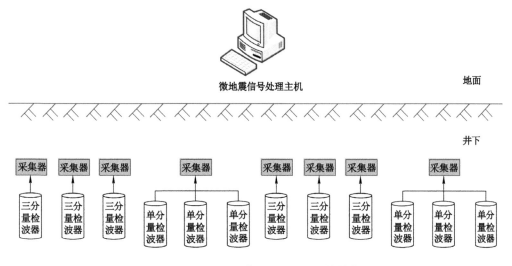

图 5-23　YTZ3 型井下微震监测系统结构

为了实现工作面水力压裂裂缝发育特征的有效监测，试验采用"U"形布设方案，多方位、大区域、近距离覆盖监测压裂实施区域，共安装 15 套设备。其中，在 42203 工作面回风顺槽顶板安装 3 套微震检波器，其间距为 120 m，回撤通道与距离最近的设备间距为 120 m；在 42202 工作面回撤通道顶板安装 5 套微震检波器，其间距为 60 m，42202 工作面辅运顺槽距离最近设备的距离为 60 m;在 42202 工作面辅运顺槽顶板安装 7 套微震检波器,其间距为 60 m,回撤通道与邻近设备的距离为 60 m。具体的钻孔实钻平面图和微震检波器布置图如图 5-24 所示。

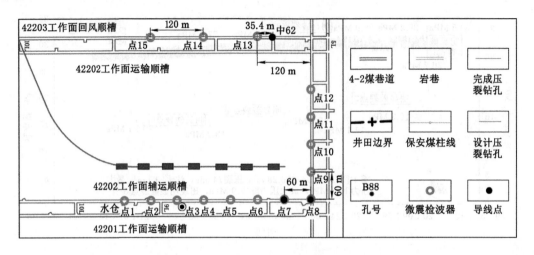

图 5-24　钻孔实钻平面图和微震检波器布置图

本次微震监测有效监测时长累计 43 h,共监测压裂段 5 段,通过事件自动截取和手动交互监测综合方式,从监测数据中筛选有效事件 139 个。在水力压裂治理过程中,厚硬顶板破裂成缝后,其平衡状态被破坏,产生瞬间震动,且从物理破坏点(震源)向外传播地震波,诱发微震事件。微震监测能够直观、准确地判断压裂时产生的能量事件,分析并筛选压裂过程中的岩层破裂关键能量来源,进而判断裂缝规模及压裂效果。压裂裂缝发育平面图如图 5-25 所示。由图可知,在水力压裂过程中,在平面上监测到的微震事件在 42203 工作面辅运巷沿钻孔径向分布,主要影响范围集中在钻孔两侧约 63 m 距离范围内,即以钻孔为中心,实体煤侧展布 30 m,采空区侧延展 33 m;在剖面上微震事件主要分布在工作面中部,在其他区域分布比较零散,如图 5-26 所示。此外,统计分析了沿钻孔径向方向发育的微裂缝。图 5-26 中黑色十字叉代表钻孔位置,由图可以发现,水力压裂裂缝发育方向与水平方向有一定夹角,经测量具体方位为 NEE78°,其与研究区最大主应力方向接近平行,剖面微震事件分布范围为裂缝垂向长度 19～42 m。

（3）煤矿井下音频电透视监测技术

本试验以岩(矿)石、矿井水等的电阻率值存在差异(表 5-5)为基础,利用 YT120（A）型音频电透视仪探查工作面顶板压裂前后的具体情况。该音频电透视仪主要由供电机、接收机两个箱体组成,分别选取 120 Hz 和 15 Hz 频点进行发射和接收。在工作面音频电透视仪探测时,在工作面一侧巷道内布置发射电极 A1、A2;另一侧巷道内布置移动测量电极 M、N,如图 5-27 所示。然后对工作面两侧巷道进行以发射点为中心的扇形扫描,获取工作面探测成果图。针对压裂钻场,设计发射点间距为 30 m,接收点间距为 10 m,两顺槽各布置 21 个发射点和 61 个接收点。针对每个发射点,在另一侧巷道与之对称的一定区段内进行扇形扫描接收,每个发射点对应 21 个接收点,探测区段长度为 600 m。

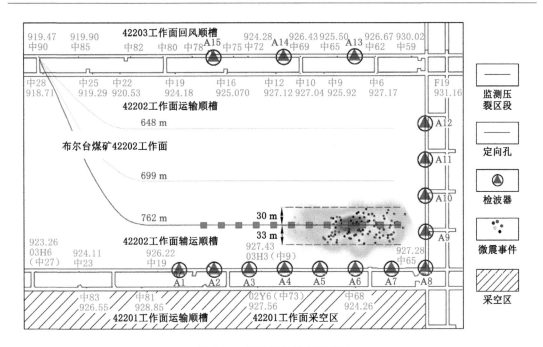

图 5-25 压裂裂缝发育平面图

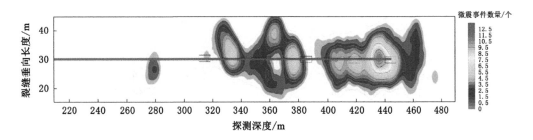

图 5-26 压裂裂缝发育剖面图

表 5-5 煤系地层常见岩石及矿井水电阻率

岩性	煤	泥岩	砂岩	石灰岩	矿井水
电阻率/Ω·m	$10\sim10^4$	$1\sim50$	$1\sim10^5$	$60\sim4\times10^5$	$1\sim10$

通过压裂前后低阻范围测试数据对比分析(图 5-28)可知,未压裂时,靠近运输巷侧存在局部低阻区域。经与水文地质报告对比可知,该区域为 4-2 煤层顶板富水区,走向范围为 $200\sim300$ m、倾向范围为 $210\sim260$ m,垂向范围为 $25\sim35$ m;压裂施工后,低阻区域范围明显增大,且与原有的低阻区域形成了有效联通,走向范围为 $150\sim450$ m、倾向范围为 $50\sim280$ m,垂向范围为 $10\sim49$ m;揭示了压裂裂缝的延展和形成规模,初步判识单个钻场钻孔压裂施工后,压裂裂缝延展范围为走向 300 m、倾向 230 m、垂向 29 m。

当进行钻场 2 号孔压裂施工时,发生数次明显压降,临近的 1 号孔出现明显返水,压裂段与邻近孔间距为 70 m,说明压裂裂缝发生了规模化延展,如图 5-28(e)所示。

(4)钻孔电视探测技术

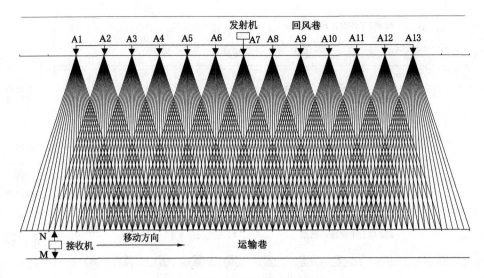

图 5-27　音频电透视法测试布置图

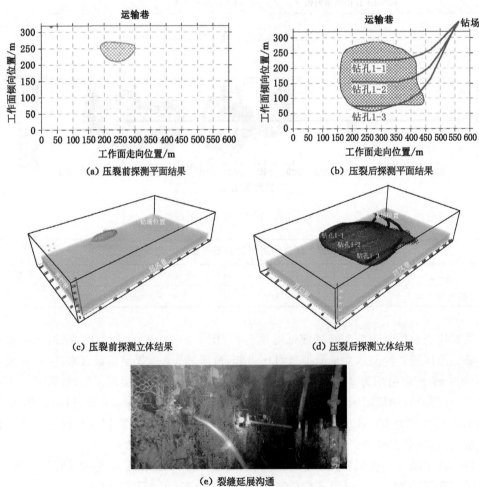

（a）压裂前探测平面结果　　（b）压裂后探测平面结果

（c）压裂前探测立体结果　　（d）压裂后探测立体结果

（e）裂缝延展沟通

图 5-28　压裂影响范围判识

利用 CXK12(B)型矿用钻孔成像仪(图 5-29),基于钻孔电视数字探测技术观察测量钻孔并生成钻孔三维数字岩芯图和钻孔轨迹图,实现探测区域的全景成像。

图 5-29 CXK12(B)型矿用钻孔成像仪

由压裂施工情况可知,该试验孔在孔深 54.0～60.2 m 处布置压裂段,压裂前后孔壁裂缝发育情况如图 5-30、图 5-31 所示。对比分析可知,在水力压裂前,钻孔孔壁岩石完整,无明显裂隙及破碎,虽然局部存在微小原生裂隙,但对岩石的完整性以及岩石强度基本无影响。在压裂后,钻孔孔壁在孔深 55.0～58.0 m 范围内出现了较多裂隙,在孔深 55.0～56.0 m 范围内,裂隙分布密集,且分布较为随机,表明岩石压裂效果明显;在孔深 57.0～57.7 m 范围内,裂隙有所减少,但仍可观测到裂隙分布;在孔深 57.7～58.3 m 范围内,裂隙以纵向发育为主,且随机密集分布。通过未压裂段与压裂段情况对比可知,压裂之前,孔壁形态完整,未见明显裂隙及破碎;水力压裂以后,孔壁出现明显破碎,裂缝发育且分布密集,表明压裂效果良好。

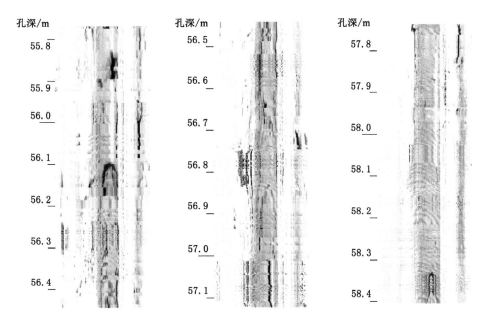

图 5-30 试验孔压裂前钻孔电视结果

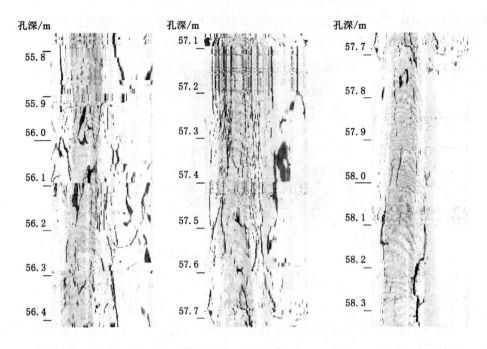

图 5-31　试验孔压裂后钻孔电视结果

（5）长钻孔孔内瞬变电磁测试技术

利用孔内瞬变电磁探测仪进行压裂前后治理区域电阻率空间分布数据采集，采用压裂前后对应位置的数据做差来提取电阻率纯异常增量的方法，监测和揭示压裂裂缝展布特征。该仪器由发射线框、接收探头两个管体组成。发射机以一定频率向地层发射脉冲磁场，接收机在一定区域接收脉冲磁场。钻孔瞬变电磁剖面探测将发射线框和探头一同送入钻孔中，逐点进行三分量测量，通过沿钻孔方向的垂直分量 Z 的二次场分析钻孔周围可能存在的低阻异常区，然后利用垂直于钻孔且相互正交的两组水平分量 X、Y（X 分量垂直于孔向右，Y 分量垂直于孔向下）的二次场分析相对钻孔的异常空间方位，最终形成以钻孔为中心，径向上一定距离范围内的圆柱形探测区域。孔内瞬变电磁法探测示意图如图 5-32 所示。

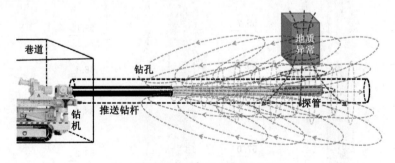

图 5-32　钻孔瞬变电磁探测示意图

本次主要探测钻孔深度为 $111 \sim 357$ m 的区段。在视电阻率剖面图上，若地层不受富水区或含导水构造影响，则煤系的电阻率有序变化；在视电阻率断面图上，等值线变化稳定，呈近似层状分布；当存在低阻富水区或含导水构造时，异常处电阻率减小，等值线扭曲、变形或呈密集条带等形状分布,如图 5-33 所示。图中横坐标为钻孔深度,纵坐标为钻孔径向探测深度,蓝、绿色部分为电阻率低值异常区,颜色越深表明电阻率向低值变化越大。通过探测数据分析可知,钻孔径向探测深度 0~35 m 范围内低阻异常,电阻率等值线呈明显条带状分布。

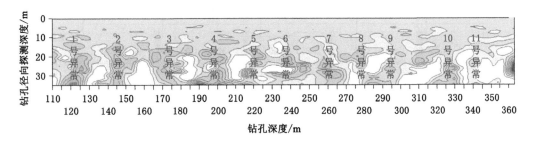

图 5-33 压裂后纯异常分布情况

根据上述探测成果,11 个主体异常区的方位主要是钻孔的第二、四象限,裂缝方向多处于第二、四象限,即北偏东 53°~68°。为了更清晰地展示空间分布,分析主体异常区位置,在 VOXLER 中绘制了三维图(图 5-34)。图中 X 轴方向为正东方向,Y 轴方向为正北方向,Z 轴方向为垂直于水平面向上方向。

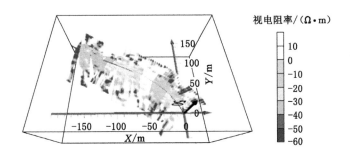

图 5-34 压裂异常空间分布展示

5.3.3 厚硬顶板分段压裂区域卸压效果

(1)矿压显现数据分析

根据井下采集的数据绘制了工作面已采位置支架阻力变化云图(图 5-35)。由图可知,当工作面回采至 66 m 时初次来压,最高压力为 58.80 MPa,平均压力为 47.10 MPa;正常推进时支架的稳定压力为 33.00 MPa,平均动载系数达 1.43,初次来压步距为 66.00 m。

未进入压裂段前,各周期来压期间压力最高值为 53.80~59.10 MPa,平均值为 55.45 MPa;来压期间压力均值为 41.60~44.70 MPa,平均值为 42.97 MPa;正常推进时支架的稳定压力 29.70 MPa,动载系数 1.41~1.52,平均达 1.46,周期来压步距 21.00~26.00 m,来压范围广。进入压裂段后,各周期来压期间压力最高值为 46.80~50.10 MPa,平均值为 48.00 MPa;来压期间压力均值为 37.5~40.6 MPa,平均值为 39.02 MPa;正常推进时支架的稳定压力 29.02 MPa,动载系数 1.32~1.38,平均达 1.34,周期来压步距

17.00～21.00 m,来压范围小。顶板分段水力压裂弱化施工后,顶板来压步距、动载系数、最高压力降幅分别为 20.00%～69.70%、5.79%～7.90%、13.44%～18.37%,验证了压裂对厚硬顶板弱化的有效性。

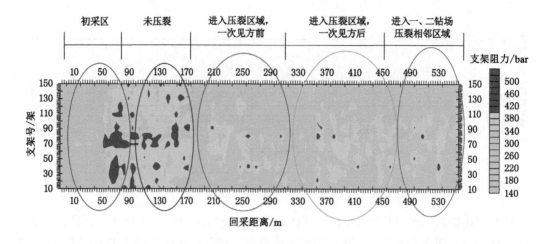

图 5-35　工作面矿压变化平面图

（2）煤体应力监测

利用围岩应力监测设备,每隔 50 m 在正帮安装一组围岩应力监测设备来监测压裂前后工作面超前围岩应力,然后进行对比分析,结果如图 5-36 所示。图中红色虚线为压裂区域,虚线外为未压裂区域。分析可知,超前未压裂区域煤体应力受采动影响较大,最高应力达 8.0 MPa,平均 6.8 MPa;超前压裂区域煤体应力最高为 7.0 MPa,平均 5.4 MPa,煤体应力峰值降幅为 12.5%。未压裂区域应力值维持在 3.0 MPa 左右,压裂后维持在 2.0 MPa左右。由此得出,水力压裂超前弱化对降低煤体应力峰值和煤体应力均匀分布均有良好的改造效果。

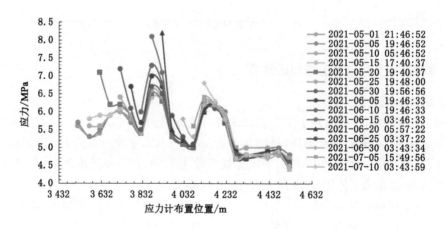

图 5-36　工作面超前围岩应力压裂前后对比

（3）煤层顶板变形监测分析

在运输顺槽至开切眼范围内每间隔 60 m 安装一组顶板下沉监测仪器,以监测工作面进入压裂区域前后顶板的下沉情况。图 5-37 为不同时间顶板下沉量变化曲线,图中第一个位置点和最后一个位置点为未压裂区域收敛仪监测数据点,中间三个位置点为压裂区域收敛仪监测数据点。由图可知,所有监测位置均在采煤工作面接近时监测到顶板下沉现象,并且在未压裂区域顶板下沉量较大,最大达 13 cm,在压裂区域顶板下沉量较小,最大不超过 5 cm,有效控制了巷道变形。

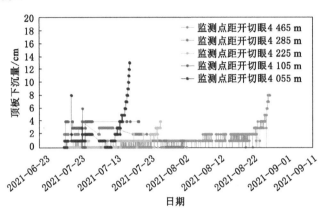

图 5-37   4-2 煤层顶板下沉量监测

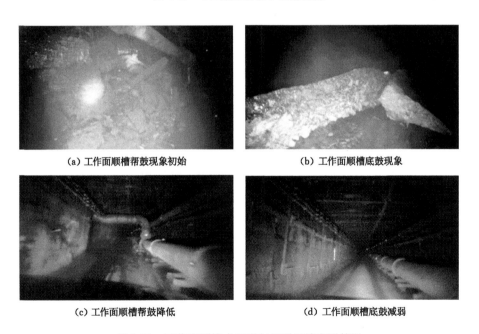

（a）工作面顺槽帮鼓现象初始   （b）工作面顺槽底鼓现象

（c）工作面顺槽帮鼓降低   （d）工作面顺槽底鼓减弱

图 5-38   工作面顺槽未压裂与压裂区域变形情况

5.4 本章小结

（1）借助 MFrac Suite 压裂裂缝三维模拟展示功能,依托研究区地层力学参数及覆岩结构特征,通过建立等压裂段间距、不同排量和定排量的不同压裂段间距及等排量不同压裂钻孔间距 3 种工况 9 组模型的裂缝扩展特征分析可知,在等压裂段间距条件下,当采取大排量、小时长、高液量的压裂施工方式时,压裂裂缝延展半径增幅明显(近 9.26 m),压裂裂缝宽度有轻微减小。当压裂段间距由 27 m 增大至 35 m 时,压裂裂缝影响半径减小,最大降幅达 2.85 m,沿钻孔方向裂缝发育半径由 15.20 m 减小至 12.80 m。随着压裂钻孔距离的增大,卸压程度逐渐降低。试验结果表明,压裂段间距为 30 m、钻孔间距为 60 m、泵注排量为 60 m³/h 是最优裸眼分段压裂施工参数组合。

(2)建立了时间上分压裂前、压裂中、压裂后,空间上在钻孔内、两巷顺槽的对压裂裂缝扩展效果实时全过程监测,涵盖应力场、能量场及变形场等多场条件的强矿压区域防治效果综合立体监测体系。通过压裂裂缝监测和回采过程中矿压数据分析,单个钻场 3 个钻孔压裂影响范围为走向长度为 300 m,倾向长度为 230 m,压裂裂缝高度 29 m,验证了压裂裂缝发生了规模化延展,并有效掩护了工作面安全回采。

(3)形成了一套适合研究区的"由内而外"的裸眼、无限级分段水力压裂工艺技术。该技术主要包括目标层定量选择、压裂参数设计、压裂设备选型、快速封孔技术、逐段拖动分段压裂施工技术等方面,并可成功实现压裂装备的安全、快速、有效回收。

(4)在井下定向长钻孔裸眼分段压裂顶板弱化技术实施后,厚硬顶板分段压裂卸压效果显著,压裂区域较未压裂区域来压步距减小 23%以上,动载系数减小 18%,煤体应力降幅达 12.5%,这说明顺槽变形得到了有效控制;验证了"垮落填充体+煤柱+承重岩层"协同支撑力学系统的合理性及分段压裂成套技术装备的适用性;有效规避了强矿压动力灾害的发生,为神东矿区强矿压动力灾害区域防治提供了有效支撑。

6 结论与展望

6.1 主要结论

我国厚硬顶板煤层分布广泛,煤层在回采过程中易产生强烈动力灾害,引发大面积切顶来压、支架压死、爆缸、冲击地压、矿震、顺槽异常变形等矿压异常显现现象。由于多数煤层不具备保护层开采、开采接续调整等规划设计阶段的区域防治技术条件,加上现有防治力法主要集中在短钻压裂、爆破、加强支护等局部治理手段,煤矿井下厚硬顶板强矿压灾害区域防治技术及卸压机理有待研究。为此,本书以厚硬顶板分段压裂区域卸压为研究对象,采用理论分析、数值计算、物理模拟、装置研发和现场实测等方法,揭示了厚硬顶板的基本特征、分段压裂区域卸压机理,研发了煤矿井下无限级、耐高压、裸眼分段压裂装备,形成了井下定向长钻孔裸眼分段压裂工艺技术。研究取得的成果如下:

(1)从厚硬顶板物性、岩石力学及沉积特征等地质因素出发,研究指出厚硬顶板岩层宏观上呈分选中等、次棱-次圆磨圆,以钙质、钙泥质、铁质胶结为主,局部有石英加大胶结特征;微观上除粗粒砂岩外,其他砂岩均呈低孔隙度、超低渗、特小孔道和微细喉道等特征;最大抗拉和抗压强度分别为 6.7~9.0 MPa 和 90.0~112.0 MPa,具有较高的静载能量容积能力;随着抗拉强度和厚度的增大,岩层破断步距逐渐增大,积聚的弹性能也逐渐增大。

(2)在煤层回采过程中,厚硬顶板初次破断过程仅存在拉伸破坏模式,厚硬顶板沿倾向长边率先拉裂,底面走向发生"X"型张拉破断,短边拉破坏紧随其后发生。物理模拟和实测数据分析显示,厚硬顶板初次破断步距达 70 m 以上,声发射振铃计数为 22 462 次,释放能量单次达 6 000 J 以上。周期来压期间顶板呈"倒梯形"长悬臂结构破断特征,声发射振铃计数平均为 15 000 次,释放能量为 4 000 J 左右,相邻周期来压步距有明显差异,来压步距最大达32.8 m,破断角为 46°,"见方"和"来压"效应显著,动载系数大于 1.4,破断动载能量频次及大小为未来压的 5 倍以上,极易诱发强矿压动力灾害。

(3)构建了初次破断期、周期来压期合理悬顶长度和造缝深度判识力学模型,定量判识了合理悬顶长度和造缝深度。

(4)基于断裂力学及采空区填充支撑理论,提出了"压裂垮落体+煤柱+承重岩层"协同支撑系统,分析了压裂改造岩体的回采垮落、充填接触压实、压实支撑的作用机制,提出了压裂垮落体高度定量判识公式,其可通过采高、埋深、垮落系数、垮落体宽度、弹性模量等参数进行计算,所有参数均可通过实测和测试获取。

(5)构建了不同地质因素和施工因素条件下压裂裂缝扩展模型。模拟结果显示,当水平应力差在 0.50 MPa 以内时,压裂裂缝穿层之后易发生转向;当水平应力差增大至

1.00 MPa 以上时,裂缝穿层后平直扩展,更有利于覆岩应力释放。厚硬顶板上下围岩结构对称时,压裂裂缝穿层后平直延伸;在非对称条件下,水力裂缝穿层后在泥岩内易弯曲扩展,形态不易控制。当结构面胶结强度小于 0.50 MPa 时,压裂裂缝扩展至界面后无法穿层,沿着层间延伸;当结构面胶结强度大于 0.75 MPa 时,水力裂缝容易穿层扩展。随着压裂注入排量的增大,压裂裂缝由易弯曲扩展变为平直延伸。当压裂段间距较小时,相邻裂缝之间应力干扰增大,导致多段裂缝之间因产生吸引或排斥作用而发生转向。适当增大压裂段间距,有利于水力裂缝穿层后平直扩展。

(6) 提出了井下定向长钻孔裸眼分段压裂超前区域卸压技术。采用厚硬顶板定点、均等分区压裂改造方法实现了区域、均匀、有效卸压防灾。通过建立等压裂段间距、不同排量和定排量不同压裂段间距及定排量不同压裂钻孔间距 3 种工况 9 组模型的裂缝扩展模型,优选了关键技术参数。等压裂段间距条件下,当采取大排量、小时长、高液量的压裂施工方式时,压裂裂缝延展半径增大明显,压裂裂缝宽度有略微减小。压裂段间距由 27 m 增大至 35 m 时,压裂裂缝影响半径减小,最大降幅达 2.85 m,沿钻孔方向裂缝发育半径由 15.2 m 减小为 12.8 m。随着压裂钻孔间距的增大,卸压程度逐渐降低。分析可知,压裂段间距 30 m、钻孔间距 60 m、泵注排量 60 m³/h 为最优裸眼分段压裂施工参数组合。

(7) 开发了压裂效果"时空"响应的多参量动-静载结合的综合监测评价技术体系,该体系时间上分压裂前、压裂中、压裂后,空间上涉及工作面、孔内及顺槽。通过压裂数据、孔内瞬变、音频电透视、孔内窥视及存储式微地震方法,全面揭示了分段压裂裂缝发育及展布特征。在应力场、能量场及变形场等多场条件下定量评价了厚硬顶板强矿压动力灾害防治效果。

(8) 从静载和动载能量灾害本源出发,分析了厚硬顶板岩层弹性能积聚、破断扰动动能释放及回转下沉重力势能叠加效应,揭示了通过厚硬顶板井下分段压裂卸压改造,实现减小厚硬顶板蓄能块体、应力转移与均布化的静载能量控制;减小来压步距、分层垮落降低破断及回转的动载能量;垮落充填支撑高位能量抑制补给的区域卸压防治机理。

(9) 研发了一种煤矿井下长钻孔裸眼分段压裂装备及工艺,并开展了室内和现场试验研究。该装置由正反洗导向器、裸眼高压封孔系统、定压压裂释放器等七大系统组成,裸眼密封能力 80 MPa,无限级压裂,遇阻可自动分离、回收工具,具备 2 km 以上远程控制和实时记录功能,排量 87 m³/h 以上,最高输出压力达 70 MPa。该工艺技术主要包括目标层位定量判识、压裂技术参数设计、装备优选及钻场准备、定向钻进、孔内工具下入、单段压裂及循环压裂等。

(10) 试验结果表明,实现了一次性井下直径为 96 mm、长度为 580 m 长钻孔分 10 段多点拖动压裂施工,单孔最高注水压力达 33.1 MPa,最大压力降达 12.8 MPa,累计出现 3.0 MPa 以上压力降 700 次。通过压裂裂缝和回采过程中矿压数据分析,单个钻场 3 个钻孔压裂裂缝范围为走向长度 300 m×倾向长度 230 m×垂向长度 29 m。厚硬顶板分段压裂后卸压效果显著,压裂区域较未压裂区域来压步距减小 23% 以上,动载系数减小 18%,来压频次增幅达 27% 以上,能量降幅达 50% 以上,峰值位置向工作面前方转移距离增幅 63% 以上,有效规避了强矿压动力灾害的发生,为神东矿区强矿压动力灾害区域防治提供了有效支撑。

6.2 创　新　点

本书创新点主要体现在以下 3 个方面：

（1）揭示了厚硬顶板强矿压动力灾害分段压裂动静荷载协同控制的区域卸压机理，实现了水力浸润降能和应力消除转移控制，降低了岩体积聚的弹性能，显著提高了区域卸压防治作用。

（2）构建了厚硬顶板压裂卸压位置精准判识模型，提出了压裂造缝深度计算方法，建立了基于"垮落填充体＋煤柱＋承重岩层"协同支撑系统，形成了厚硬顶板强矿压动力灾害控制的"纵、横、深"压裂裂缝判识方法。

（3）研发了煤矿井下定向长钻孔裸眼分段压裂装备及全流程工艺技术，并实现了该工艺技术定量设计、远程操控、大排量、高压力输出、高压裸眼密封、超长单孔、无限级超前区域压裂改造。

6.3 研　究　展　望

本书针对厚硬顶板强矿压灾害区域控制，开展了综合研究探索，取得了一定的研究成果，但厚硬顶板运移特征多变，影响因素复杂。煤矿井下定向长钻孔裸眼分段压裂作为一种新型厚硬顶板强矿压动力灾害区域防治技术，后续主要在以下 2 个方面仍需进一步深入开展研究：

（1）复合坚硬顶板致灾机制及区域防控机制

我国西部矿区多为复合坚硬顶板结构，该结构表现为纵向多期厚层坚硬砂岩叠置发育特征，因此亟须深入研究覆岩运移过程中发生两层或多层岩层破断时扰动叠加灾害特征及诱冲机制。

（2）煤矿多灾害协同控制技术

针对煤矿开采过程中顶板冲击地压、水、瓦斯等多灾害耦合致灾链，亟须研究厚硬顶板双梳状定向长钻孔分段压裂多灾害协同控制技术。对于冲击地压、粉尘、瓦斯等灾害威胁，要进一步研究超长钻孔分段压裂技术，以实现冲击地压、粉尘与瓦斯等多灾害协同控制，间接进行煤层块煤率提高和夹矸层弱化治理等工作。

参 考 文 献

[1] 袁亮.废弃矿井资源综合开发利用助力实现"碳达峰、碳中和"目标[J].科技导报,2021,
39(13):1.

[2] 于斌,刘长友.大同矿区特厚煤层综放开采理论与技术[M].徐州:中国矿业大学出版
社,2012.

[3] 郑凯歌,王林涛,李彬刚,等.坚硬顶板强矿压动力灾害演化机理与超前区域防治技术
[J].煤田地质与勘探,2022,50(8):62-71.

[4] 于斌,朱卫兵,李竹,等.特厚煤层开采远场覆岩结构失稳机理[J].煤炭学报,2018,43
(9):2398-2407.

[5] GONG S,TAN Y,LIU Y P,et al. Application of presplitting blasting technology in
surrounding rock control of gob-side entry retaining with hard roof:a case study[J].
Advances in materials science and engineering,2021,10:1318975.

[6] ZHAO T B,GUO W Y,TAN Y L,et al. Casestudies of rock bursts under complicated
geological conditions during multi-seam mining at a depth of 800 m[J]. Rock mechanics and
rock engineering,2018,51(5):1539-1564.

[7] 王开.普采工作面坚硬顶板控制及其研究[D].太原:太原理工大学,2006.

[8] KRATZSCH H. Mining subsidence engineering [M]. Berlin:Springer,1983.

[9] 克拉茨,马伟民.采动损害及其防护[M].北京:煤炭工业出版社,1984.

[10] 谢和平.深部高应力下的资源开采现状、基础科学问题与展望[C].科学前沿与未来(第
六集).北京:中国环境科学出版社,2002.

[11] QIAN M G. A study of the behaviour of overlying strata in longwall mining and its
application to strata control[J]. Developments in geotechnical engineering,1981,32:
13-17.

[12] QIAN M G,HE F. The behaviour of the main roof in longwall mining weighting
span,fracture and disturbance[J]. Journal of mines, metals and fuels, 1989, 37:
240-260.

[13] 钱鸣高,缪协兴.采场上覆岩层结构形态与受力分析[J].岩石力学与工程学报,1995,
14(2):97-106.

[14] 钱鸣高,张顶立,黎良杰,等.砌体梁的"S-R"稳定及其应用[J].矿山压力与顶板管理,
1994,6:6-10.

[15] 钱鸣高,缪协兴,何富连.采场"砌体梁"结构的关键块分析[J].煤炭学报,1994,19(6):
557-563.

[16] 钱鸣高,缪协兴,茅献彪.综放采场围岩-支架整体力学模型[J].矿山压力与顶板管理,

1998,6:1-5.

[17] 宋振骐.实用矿山压力控制[M].徐州:中国矿业大学出版社,1988.

[18] 钱鸣高,缪协兴,许家林.岩层控制中的关键层理论研究[J].煤炭学报,1996,21(3):225-230.

[19] 钱鸣高,缪协兴,许家林,等.岩层控制的关键层理论[M].徐州:中国矿业大学出版社,2003.

[20] 姜福兴,刘烨,刘军,等.冲击地压煤层局部保护层开采的减压机理研究[J].岩土工程学报,2019,41(2):368-375.

[21] 姜福兴,张兴民,杨淑华.长壁采场覆岩空间结构探讨[J].岩石力学与工程学报,2006,25(5):979-984.

[22] 姜福兴,陈洋,李东,等.孤岛充填工作面初采致冲力学机理探讨[J].煤炭学报,2019,44(1):151-159.

[23] 赵德深,杨翊,郭东亮,等.煤层开采覆岩应力场及地表移动特征[J].辽宁工程技术大学学报(自然科学版),2016,35(9):45-56.

[24] 王双明,孙强,乔军伟,等.论煤炭绿色开采的地质保障[J].煤炭学报,2020,45(1):8-15.

[25] 王双明,杜麟,宋世杰.黄河流域陕北煤矿区采动地裂缝对土壤可蚀性的影响[J].煤炭学报,2021,46(9):3027-3038.

[26] 窦林名,田鑫元,曹安业,等.我国煤矿冲击地压防治现状与难题[J].煤炭学报,2022,47(1):152-171.

[27] 牟宗龙,王浩,彭蓬,等.岩-煤-岩组合体破坏特征及冲击倾向性试验研究[J].采矿与安全工程学报,2013,30(6):841-847.

[28] 贺虎,窦林名,巩思园,等.覆岩关键层运动诱发冲击的规律研究[J].岩土工程学报,2010,32(8):1260-1265.

[29] 庞绪峰.坚硬顶板孤岛工作面冲击地压机理及防治技术研究[D].北京:中国矿业大学(北京),2013.

[30] 李超.复采工作面矿压显现规律及过冒顶区顶板断裂特征研究[D].太原:太原理工大学,2016.

[31] 涂敏,林远东,张向阳,等.大空间孤岛采场覆岩结构演化与区段煤柱合理宽度研究[J].采矿与安全工程学报,2021,38(5):857-865.

[32] 宋高峰,王振伟,钟晓勇.坚硬顶板破断冲击机理及支架与围岩"收敛-约束"耦合机制研究[J].采矿与安全工程学报,2020,37(5):951-959.

[33] 霍丙杰,荆雪冬,于斌,等.坚硬顶板厚煤层采场来压强度分级预测方法研究[J].岩石力学与工程学报,2019,38(9):1828-1835.

[34] 杜学领.厚层坚硬煤系地层冲击地压机理及防治研究[D].北京:中国矿业大学(北京),2016.

[35] 杨强,王昀,段宏飞,等.基于不平衡力的坚硬顶板破断数值分析[J].煤炭学报,2023,1:1-13.

[36] 王锐,张镇,华照来,等.浅埋深坚硬厚顶板动压巷道采动应力演化规律研究[J].煤炭

工程,2022,54(11):29-34.

[37] 赵通.近距离巨厚坚硬岩层下厚煤层开采顶板的破断失稳机理及控制研究[D].徐州：中国矿业大学,2018.

[38] 许斌.巨厚坚硬岩层覆岩结构与采动效应特征研究[D].青岛:山东科技大学,2019.

[39] 轩大洋,许家林,冯建超,等.巨厚火成岩下采动应力演化规律与致灾机理[J].煤炭学报,2011,36(8):1252-1257.

[40] 胡敏军,王连国,朱双双,等.巨厚火成岩诱发冲击矿压的原因与防治技术[J].矿业研究与开发,2013,33(6):54-57.

[41] 窦林名,刘贞堂,曹胜根,等.坚硬顶板对冲击矿压危险的影响分析[J].煤矿开采,2003(2):58-60.

[42] 牟宗龙.顶板岩层诱发冲击的冲能原理及其应用研究[D].徐州:中国矿业大学,2007.

[43] 贺虎.煤矿覆岩空间结构演化与诱冲机制研究[J].煤炭学报,2012,37(7):1245-1246.

[44] 庞绪峰.坚硬顶板孤岛工作面冲击地压机理及防治技术研究[D].北京:中国矿业大学(北京),2013.

[45] 邰阳.坚硬顶板采场定向造缝覆岩三维破断特征及应力场演化规律[D].徐州:中国矿业大学,2021.

[46] 谭诚.煤层巨厚坚硬顶板超前深孔爆破强制放顶技术研究[D].淮南:安徽理工大学,2011.

[47] 钱鸣高,赵国景.基本顶断裂前后的矿山压力变化[J].中国矿业学院学报,1986,15(4):11-19.

[48] 钱鸣高.基本顶初次断裂步距[J].矿山压力与顶板管理,1987,1:1-6.

[49] 杨胜利.基于中厚板理论的坚硬厚顶板破断致灾机制与控制研究[D].徐州:中国矿业大学,2019.

[50] 蒋金泉,张培鹏,秦广鹏,等.一侧采空高位硬厚关键层破断规律与微震能量分布[J].采矿与安全工程学报,2015,32(4):523-529.

[51] 潘岳,顾士坦,戚云松.周期来压前受超前隆起分布荷载作用的坚硬顶板弯矩和挠度的解析解[J].岩石力学与工程学报,2012,31(10):2053-2063.

[52] 李新元,马念杰,钟亚平,等.坚硬顶板断裂过程中弹性能量积聚与释放的分布规律[J].岩石力学与工程学报,2007,26(增1):2786-2793.

[53] 李新元.坚硬顶板断裂振动型冲击地压机理研究及其工程应用[D].北京:中国矿业大学(北京),2005.

[54] 郭惟嘉,刘利民,郭炳正,等.巨厚坚硬覆盖层矿井开采灾害与防治措施的研究[J].中国地质灾害与防治学报,1994(2):37-42.

[55] 吴洪词.长壁工作面基础板结构模型及其来压规律[J].煤炭学报,1997,22(3):259-264.

[56] 贺广零,洪芳,王艳苹.采空区煤柱顶板系统失稳的力学分析[J].建筑科学与工程学报,2007,24(1):31-36.

[57] 贺广零,黎都春,翟志文,等.采空区煤柱-顶板系统失稳的力学分析[J].煤炭学报,2007,2(9):897-901.

[58] 贺广零,黎都春,翟志文,等.采空区顶板塌陷破坏的力学分析[J].石河子大学学报,2007,25(1):103-108.

[59] 王金安,尚新春,刘红,等.采空区坚硬顶板破断机理与灾变塌陷研究[J].煤炭学报,2008,3(8):850-855.

[60] 王金安,李大钟,尚新春.采空区坚硬顶板流变破断力学分析[J].北京科技大学学报,2011,33(2):142-148.

[61] 潘红宇,李树刚,张涛伟,等.Winkler地基上复合关键层模型及其力学特性[J].中南大学学报,2012,43(10):4050-4056.

[62] 刘晓青,李同春,李文虎.考虑地基分布反力的弹性基础板有限元计算[J].水利水运工程学报,2004(2):51-54.

[63] 李洪,代进.支承压力的弹性基础梁解算初探[J].矿山压力与顶板管理,2005,2:4-6.

[64] 牟宗龙,窦林名.坚硬顶板突然断裂过程中的突变模型[J].矿山压力与顶板管理,2004,4:90-92.

[65] 刘贵,张华兴,徐乃忠.煤柱顶板系统失稳的突变理论模型研究[J].中国矿业,2008,17(4):101-103.

[66] 吴志刚,翟明华,周廷振.徐州西部矿区坚硬顶板来压预测预报[J].岩石力学与工程学报,1996,15(2):68-75.

[67] 姚顺利.巨厚坚硬岩层运动诱发动力灾害机理研究[D].北京:北京科技大学,2015.

[68] 唐巨鹏,潘一山,徐方军.上覆砾岩运动与冲击矿压的关系研究[J].煤矿开采,2002,2:49-51.

[69] 马其华.长壁采场覆岩"O"型空间结构及相关矿山压力研究[D].青岛:山东科技大学,2005.

[70] 陈殿赋.采空区下坚硬顶板动压显现特征及控制技术[J].煤炭科学技术,2014,42(10):125-128.

[71] 姬健帅,李志华,葛胜文,等.坚硬顶板深孔预裂爆破强制初放技术研究[J].矿业安全与环保,2021,48(6):34-39.

[72] 顾成富.大采高工作面厚硬顶板控制技术[D].淮南:安徽理工大学,2015.

[73] 王开,弓培林,张小强,等.复采工作面过冒顶区顶板断裂特征及控制研究[J].岩石力学与工程学报,2016,35(10):2080-2088.

[74] 于斌,杨敬轩,刘长友,等.大空间采场覆岩结构特征及其矿压作用机理[J].煤炭学报,2019,44(11):3295-3307.

[75] 于斌,朱卫兵,高瑞,等.特厚煤层综放开采大空间采场覆岩结构及作用机制[J].煤炭学报,2016,41(3):571-580.

[76] LEI Q,WENG D W,GUAN B S,et al. A novel approach of tight oil reservoirs stimulation based on fracture controlling optimization and design[J]. Petroleum exploration and development,2020,47(3):632-641.

[77] BLANTON T L. Propagation of hydraulically and dynamically induced fractures in naturally fractured reservoirs[C]. [S. l. :s. n],1986.

[78] WASANTHA P L P,KONIETZKY H,XU C. Effect of in-situ stress contrast on

fracture containment during single- and multi-stage hydraulic fracturing[J]. Engineering fracture mechanics,2019,205:175-189.

[79] SHAKIB J T. Retracted: numerical modeling of hydraulic fracture propagation: accounting for the effect of stresses on the interaction between hydraulic and parallel natural fractures[J]. Egyptian journal of petroleum,2013,22(4):557-563.

[80] 吕帅锋,王生维,刘洪太,等.煤储层天然裂隙系统对水力压裂裂缝扩展形态的影响分析[J].煤炭学报,2020,45(7):2590-2601.

[81] SOLIMAN M Y, EAST L E, AUGUSTINE J R. Fracturing design aimed at enhancing fracture complexity[C].[S. l. :s. n],2010.

[82] ROUSSEL N P, MANCHANDA R, SHARMA M M. Implications of fracturing pressure data recorded during a horizontal completion on stage spacing design[M]. [S. l. :s. n],2012.

[83] LIU J, YAO Y, LIU D, et al. Experimental simulation of the hydraulic fracture propagation in an anthracite coal reservoir in the Southern Qinshui Basin,China[J]. Journal of petroleum science and engineering,2018,168:400-408.

[84] GUO C H,XU J C,WEI M Z,et al. Experimental study and numerical simulation of hydraulic fracturing tight sandstone reservoirs[J]. Fuel,2015,159:334-344.

[85] GAO Q,CHENG Y F,HAN S C,et al. Numerical modeling of hydraulic fracture propagation behaviors influenced by pre-existing injection and production wells[J]. Journal of petroleum science and engineering,2019,172:976-987.

[86] AZADEH R,BRANKO D. Numerical study of interaction between hydraulic fracture and discrete fracture network[C].[S. l. :s. n],2013.

[87] LU C,GUO J,LIU Y,et al. Perforation spacing optimization for multi-stage hydraulic fracturing in Xujiahe formation:a tight sandstone formation in Sichuan Basin of China [J]. Environmental earth sciences,2015,73(10):5843-5854.

[88] HE H,DOU L M,FAN J,et al. Deep-hole directional fracturing of thick hard roof for rock burst prevention[J]. Tunneling and underground space technology,2012,32: 34-43.

[89] 杨俊哲,郑凯歌,王振荣,等.坚硬顶板动力灾害超前弱化治理技术[J].煤炭学报,2020,45(10):3371-3379.

[90] 史元伟,齐庆新,古全忠.实用矿山压力与控制[M].北京:煤炭工业出版社,2013.

[91] 孙守山,宁宇,葛钧.波兰煤矿坚硬顶板定向水力压裂技术[J].煤炭科学技术,1999,27(2):55-56.

[92] 李玉生.矿山压力和冲击地压[M].北京:煤炭工业出版社,1985.

[93] 张晓春,缪协兴,杨挺青.冲击矿压的层裂板模型及实验研究[J].岩石力学与工程学报,1999,18(5):497-502.

[94] 潘俊锋,刘少虹,秦子晗,等.深部盘区巷道群集中静荷载型冲击地压机理与防治[J].煤炭学报,2018,43(10):2679-2686.

[95] 钱鸣高,石平五,许家林.矿山压力与岩层控制[M].徐州:中国矿业大学出版社,2010.

[96] 齐庆新,潘一山,舒龙勇,等.煤矿深部开采煤岩动力灾害多尺度分源防控理论与技术架构[J].煤炭学报,2018,43(7):1801-1810.

[97] 窦林名,李振雷,何学秋.厚煤层综放开采的降载减冲原理及其应用研究[J].中国矿业大学学报,2018,47(2):221-230.

[98] SUN Y X,FU Y K,WANG T. Field application of directional hydraulic fracturing technology for controlling thick hard roof:a case study[J]. Arabian journal of geosciences,2021,14(6):438.

[99] 陈炎光,钱鸣高.中国煤矿采场围岩控制[M].徐州:中国矿业大学出版社,1994.

[100] SNEDDON I N,ELLIOT H A. The opening of a griffith crack under internal pressure[J]. Quarterly of applied mathematics,1946,4(3):262-267.

[101] BRUNO M S,NAKAGAWA F. Pore pressure influence on tensile fracture propagation in sedimentary rock[J]. International journal of rock mechanics and mining sciences,1991,28(4):261-273.

[102] ROUNDTREE R. Experimental validation of microseismic emissions from a controlled hydraulic fracture in a synthetic layered medium[D]. Golden:Colorado School of Mines,2016.

[103] 付江伟.井下水力压裂煤层应力场与瓦斯流场模拟研究[D].徐州:中国矿业大学,2013.

[104] 康红普,冯彦军.定向水力压裂工作面煤体应力监测及其演化规律[J].煤炭学报,2012,37(12):1953-1959.

[105] 于斌,高瑞,夏彬伟,等.大空间坚硬顶板地面压裂技术与应用[J].煤炭学报,2021,46(3):800-811.

[106] 李化敏,李回贵,宋桂军,等.神东矿区煤系地层岩石物理力学性质[J].煤炭学报,2016,41(11):2661-2671.

[107] 严继民,张启元.吸附与聚集[M].北京:科学出版社,1979.

[108] 靳钟铭.坚硬顶板长壁采场的悬梁结构及其控制[J].煤炭学报,1986,2:71-75.

[109] 鞠金峰,许家林,朱卫兵.浅埋特大采高综采工作面关键层"悬臂梁"结构运动对端面漏冒的影响[J].煤炭学报,2014,39(7):1197-1204.

[110] 邱棣华.材料力学[M].北京:高等教育出版社,2004.

[111] 王开,康天合,李海涛,等.坚硬顶板控制放顶方式及合理悬顶长度的研究[J].岩石力学与工程学报,2009,28(11):2320-2327.

[112] 张宏伟,朱志洁,霍利杰,等.特厚煤层综放开采覆岩破坏高度[J].煤炭学报,2014,39(5):816-821.

[113] 王开,田取珍,张小强.松软破碎带中巷道围岩注浆加固参数研究[J].太原理工大学学报,2011,42(5):521-523.

[114] 杨敬轩.坚硬厚顶板条件下岩层破断及工作面矿压显现特征分析[J].采矿与安全工程学报,2013,30(2):211.

[115] 钱鸣高,刘听成.矿山压力及其控制[M].北京:煤炭工业出版社,1991.

[116] 王恩元,冯俊军,孔祥国,等.坚硬顶板断裂震源模型及应力波远场震动效应[J].采矿与安全工程学报,2018,35(4):787-794.

[117] 唐春安,唐烈先,李连崇,等.岩土破裂过程分析 RFPA 离心加载法[J].岩土工程学报,2007,29(1):71-76.

[118] 邓楚键,何国杰,郑颖人.对"基于 M-C 准则的 D-P 系列准则在岩土工程中的应用研究"讨论的答复[J].岩土工程学报,2006,28(12):2169.

[119] 刘少虹.动载冲击地压机理分析与防治实践[D].北京:煤炭科学研究总院,2014.

[120] 崔峰,贾冲,来兴平,等.缓倾斜冲击倾向性顶板特厚煤层重复采动下覆岩两带发育规律研究[J].采矿与安全工程学报,2020,37(3):514-524.

[121] 夏永学,康立军,齐庆新,等.基于微震监测的 5 个指标及其在冲击地压预测中的应用[J].煤炭学报,2010,35(12):2011-2016.

[122] 赵通,刘长友,弓培林.近距离巨厚坚硬岩层破断结构及分区控制[J].采矿与安全工程学报,2019,36(4):719-727.

[123] 刘斌慧,杨军,田锋,等.巷旁切顶对采场下位岩层垮落特征的影响机制[J].岩土力学,2023,44(1):289-302.

[124] 崔楠,马占国,杨党委,等.孤岛面沿空掘巷煤柱尺寸优化及能量分析[J].采矿与安全工程学报,2017,34(5):914-920.

[125] 张明,姜福兴,陈广尧,等.基于厚硬岩层运动状态的采场应力转移模型及其应用[J].岩石力学与工程学报,2020,39(7):1396-1407.

[126] 涂敏,林远东,张向阳,等.大空间孤岛采场覆岩结构演化与区段煤柱合理宽度研究[J].采矿与安全工程学报,2021,38(5):857-865.

[127] 程心平.扩张式封隔器胶筒力学性能分析[J].石油机械,2014,42(6):72-76.

[128] 张晓林,张棣,武玉贵,等.封隔器胶筒结构优化及优化方法比较[J].石油机械,2013,41(6):101-105.

[129] 张阳波,欧阳云丽,周世忠,等.封隔器力学分析与优化设计研究[J].当代化工,2016,45(4):763-765.

[130] 杨浩.水力扩张式封隔器管柱力学分析[D].西安:西安石油大学,2016.

[131] 朱晓荣.封隔器设计基础[M].北京:中国石化出版社,2012.

[132] 范青,陈永红,卫玮.封隔器胶筒损坏失效分析[J].油气井测试,2014,23(5):48-50.

[133] 刘永辉,付建红,林元华,等.封隔器胶筒密封性能有限元分析[J].石油矿场机械,2007,36(9):38-41.

[134] 李旭,窦益华.压缩式封隔器胶筒变形阶段力学分析[J].石油矿场机械,2007,36(10):17-19.

[135] 杨浩.水力扩张式封隔器管柱力学分析[D].西安:西安石油大学,2016.

[136] 李晓芳,杨晓翔,王洪涛.封隔器胶筒接触应力的有限元分析[J].润滑与密封,2005,5:90-92.

[137] 周先军,平利,季公明.封隔器胶筒接触应力分布有限元计算[J].钻采工艺,2002,25(4):59-60.

[138] 王岩.新型可洗井封隔器密封元件结构设计及有限元分析[D].大庆:东北石油大学,2010.

[139] 岳欠杯.压裂管柱有限元分析及应用[D].大庆:大庆石油学院,2009.

[140] 李明,陈昭,赵岐,等.基于 PHF-LSM 模型岩石分段水力压裂应力阴影效应[J].东北大学学报(自然科学版),2022,43(11):1613-1622.

[141] 李明,郭培军,李鑫,等.基于水平集法的非均质岩石建模及水力压裂传播特性研究[J].岩土力学,2016,37(12):3591-3597.

[142] 才博,唐邦忠,丁云宏,等.应力阴影效应对水平井压裂的影响[J].天然气工业,2014,34(7):55-59.

[143] 李全贵,武晓斌,胡千庭,等.含结构面相似材料水力裂缝演化的实验研究[J].煤田地质与勘探,2022,50(8):45-53.

[144] 李浩,梁卫国,李国富,等.碎软煤层韧性破坏-渗流耦合本构关系及其间接压裂工程验证[J].煤炭学报,2021,46(3):924-936.

[145] 宋晨鹏,卢义玉,夏彬伟,等.天然裂缝对煤层水力压裂裂缝扩展的影响[J].东北大学学报(自然科学版),2014,35(5):756-760.

[146] MORGAN W, ARAL M. An implicitly coupled hydro-geomechanical model for hydraulic fracture simulation with the discontinuous[J]. International journal of rock mechanics and mining sciences,2015,73:82-94.

[147] ZHANG X,JEFFREY R G. Reinitiation or termination of fluid-driven fractures at frictional bedding interfaces[J]. Journal of geophysical research:solid earth,2008(B8):113-129.

[148] HOU P,GAO F,JU Y,et al. Effect of water and nitrogen fracturing fluids on initiation and extension of fracture in hydraulic fracturing of porous rock[J]. Journal of natural gas science and engineering,2017,45:38-52.

[149] 陈铭,张士诚,胥云,等.水平井分段压裂平面三维多裂缝扩展模型求解算法[J].石油勘探与开发,2020,47(1):163-174.

[150] 王天宇,郭肇权,李根生,等.径向井立体压裂裂缝扩展数值模拟[J].石油勘探与开发,2023,50(3):613-623.

[151] 张洪,孟选刚,邵长金,等.水平压裂裂缝形成机理及监测:以七里村油田为例[J].岩性油气藏,2018,30(5):138-145.

[152] 马衍坤,刘泽功,周健.压裂钻孔孔壁破坏行为与注水流量相关性试验研究[J].中国安全生产科学技术,2016,12(6):82-87.

[153] 杨勇,杨永明,马收,等.低渗透岩石水力压力裂纹扩展的 CT 扫描[J].采矿与安全工程学报,2013,30(5):739-743.

[154] 赵金洲,任岚,胡永全,等.裂缝性地层水力裂缝张性起裂压力分析[J].岩石力学与工程学报,2013,32(增1):2855-2862.

[155] BORESI A,SCHMIDT R,SIDEBOTTOM O. Advanced mechanics of materials[M]. New York:Wiley,1985.

[156] LIU X, YAN P, LU W, et al. Numerical investigation of an improved deep-hole presplitting method based on notched blasting for deep-buried high sidewall structures[J]. Journal of building engineering,2023,70:106310.

[157] 高瑞.远场坚硬岩层破断失稳的矿压作用机理及地面压裂控制研究[D].徐州:中国矿

业大学,2018.

[158] 蔡嗣经,王洪江.现代充填理论与技术[M].北京:冶金工业出版社,2012.

[159] 杨俊哲,郑凯歌.厚煤层综放开采覆岩动力灾害原理及防治技术[J].采矿与安全工程学报,2020,37(4):750-758.

[160] 陈炎光,钱鸣高.中国煤矿采场围岩控制[M].徐州:中国矿业大学出版社,1994.

[161] 郑凯歌,杨俊哲,李彬刚,等.基于垮落充填的坚硬顶板分段压裂弱化解危技术[J].煤田地质与勘探,2021,49(5):77-87.

[162] ZHENG K G,ZHANG T,ZHAO J Z,et al.Evolution and management of thick-hard roof using goaf-based multistage hydraulic fracturing technology——a case study in western Chinese coal field[J].Arabian journal of geosciences,2021,14(10):1866-1877.

[163] 卜庆为,涂敏,张向阳,等.采场厚硬顶板破断失稳与能量聚散演化研究[J].采矿与安全工程学报,2022,39(5):867-878.

[164] 李回贵,李化敏,许国胜.含水率对弱胶结砂岩力学特征的影响规律[J].采矿与岩层控制工程学报,2021,3(4):60-66.

[165] 杜锋,PENG S S.神东矿区岩石物理力学性质变化规律研究[J].采矿与安全工程学报,2019,36(5):1009-1015.